微服务追踪与监控：
Zipkin、Jaeger、Prometheus 详解

田雪松　编著

机械工业出版社

本书详细讲述微服务追踪与监控领域主要的开源软件和可观察性相关的技术标准。开源软件主要介绍了 Zipkin、Jaeger 和 Prometheus 等服务端组件的使用，并重点介绍了它们的埋点库编程接口及其实现原理。对于使用 Spring Cloud 开发微服务的读者，本书介绍了在 Spring Cloud 中可以无缝集成的追踪框架 Sleuth 和监控框架 Micrometer。在开放标准方面，本书主要介绍了 OpenTracing、OpenCensus 和 OpenTelemetry 三种标准，包括它们的技术规范及具体的实现代码库。本书介绍了 W3C 的 Trace Context 和 Correlation Context 协议，它们定义了追踪与监控在 HTTP 中传播的标准协议。此外，本书还简要介绍了监控指标暴露格式协议 OpenMetrics。

本书涵盖了微服务追踪与监控、可观察性相关领域的大部分内容，是了解和掌握这一领域技术知识和发展趋势必不可少的参考书籍。本书适合具有一定编程基础且了解微服务技术的研发人员，也是架构师、运维人员必备的技术手册。本书也可作为大学高年级本科生、研究生专业课程教材。

图书在版编目（CIP）数据

微服务追踪与监控：Zipkin、Jaeger、Prometheus 详解/田雪松编著. —北京：机械工业出版社，2020.10
ISBN 978-7-111-66269-3

Ⅰ.①微… Ⅱ.①田… Ⅲ.①互联网络–网络服务器
Ⅳ.①TP368.5

中国版本图书馆 CIP 数据核字（2020）第 148770 号

机械工业出版社（北京市百万庄大街22号　邮政编码100037）
策划编辑：吕　潇　责任编辑：吕　潇
责任校对：孙丽萍　封面设计：马精明
责任印制：张　博
三河市骏杰印刷有限公司印刷
2020 年 9 月第 1 版第 1 次印刷
184mm×260mm·17 印张·421 千字
0001—2000 册
标准书号：ISBN 978-7-111-66269-3
定价：89.00 元

电话服务　　　　　　　网络服务
客服电话：010-88361066　　机　工　官　网：www.cmpbook.com
　　　　　010-88379833　　机　工　官　博：weibo.com/cmp1952
　　　　　010-68326294　　金　书　网：www.golden-book.com
封底无防伪标均为盗版　机工教育服务网：www.cmpedu.com

前　言

对于一个商业组织来说，在 21 世纪面临的最基本挑战，就是互联网已经不再是一个替代或可选渠道。互联网已经成为许多商业组织最主要的，甚至是惟一的销售平台。保持互联网渠道正常运转，与维护实体店面正常运转一样重要。当商务网站变成商店时，它将面临与商店几乎相同的问题，所以必须要像监视实体店面一样监控它们。比实体店面更为复杂的是，几乎所有互联网应用都会采用微服务架构，这导致一次交易可能会由后台成百上千的服务共同完成。所以除了监控单个服务以外，追踪服务之间的调用链路也变得极为重要。所以微服务的追踪与监控对于商务网站来说，至少在技术层面已经成为决定其成败的关键因素之一。一方面微服务追踪与监控可以保证商务网站正常运转，在潜在灾难性错误出现前就阻止它，或是在灾难性错误发生后迅速定位原因并恢复系统；另一方面微服务追踪与监控收集到的数据，经过聚合与分析可以产生巨大价值，人们可以从中发现巨大商机。这使得追踪与监控的性质发生了变化，未来微服务追踪与监控将不仅只是追踪与监控，而是追踪与监控数据辅以人工智能形成的市场分析与决策。

随着微服务与 DevOps 方法论的兴起，分布式追踪与监控的使用人员也不再仅局限于运维人员，而是受到越来越多研发人员的重视。但与此形成鲜明对比的是，国内多数软件研发人员对追踪与监控技术知之甚少。尤其是分布式追踪技术，它与微服务架构共同成长，国内几乎没有介绍 Zipkin、Jaeger 等追踪框架的图书。这使得许多人甚至并不知道微服务追踪这回事，而这也正是促成笔者编写本书的源动力之一。本书介绍的重点主要就集中在分布式追踪技术上，除了介绍使用方法，主要介绍它们在代码层面的原理。近几年随着云原生概念的兴起，人们将日志、监控和追踪都统一归入可观察性的范畴。所以本书在介绍追踪框架之后再以 Prometheus 为例介绍监控技术，同时还介绍与可观察性相关的几个开放标准 OpenTracing、OpenCensus 和 OpenTelemetry。尽管 OpenTelemetry 目前还处于开发阶段，但未来可观察性的样子已经可见一斑了。

在编写本书时，笔者面临了不少挑战，是否要关注底层实现细节的问题一直困扰着我。因为分布式追踪与监控本身应该对开发人员屏蔽技术细节，开发人员其实不需要关注太多底层细节，即使是在业务系统中也不需要编写太多与之相关的代码。而本书的写作目标恰恰就是要暴露这些技术细节，所以笔者不清楚读者是否会有兴趣。但以笔者二十多年的开发经验来看，越是这种封闭良好的技术框架，出现问题时付出的代价就会越大。这就是所谓的抽象泄漏问题。当一种组件对人们来说是一个黑盒，它出现问题时就会让人们不知所措。由于追踪与监控对开发人员来说影响比较大的是埋点库，所以本书关注的技术细节也只是在埋点库的实现上。对于追踪与监控的服务端来说，本书则着重介绍它们的安装、配置与使用方法。有些内容为了描述上的方便，并没有完全按代码逻辑去介绍，但从总的流程上来看，遵从了框架的设计思路。读者要想了解其中细节内容，还是需要自行查看源代码。

另一个挑战就是微服务的追踪与监控技术是近些年才兴起的技术，一些专业术语在国内还没有形成统一的认识。有些术语的含义接近，但却对应了不同的英文单词；而有些则代表了不同的概念，但对应了相同的中文词语。为了不至混乱，这里先对一些术语做一些约定。

- Tag 与 Label。

Tag 在书中翻译为标签，Label 在书中翻译为标记。标签一般代表数据一些内在特征，而标记则是人为附加的记号以区分数据。在书中标签主要出现在追踪系统中，而标记则出现在监控系统中。但它们的确也有混用的情况，本书严格按上述翻译约定。

- Metric 和 Instrument

Metric 在本书中翻译为指标，Instrument 在本书中翻译为埋点。IEEE 的软件工程术语标准辞典（IEEE Standard Glossary of Software Engineering Terms）中定义 Metric 为对一个系统、构件或过程的某个给定属性的一个定量测量。而 Instrument 在英文中泛指一切工具，但它一般是指用于测量数据的仪表。在追踪与监控领域，Instrument 有一个比较通俗的叫法，那就是埋点。简单来说，Metric 就是被监控的数据，而 Instrument 则是用来收集数据的工具或方法。Instrument 并非只收集指标，在追踪中的追踪数据也是通过埋点的方式收集。

- Measure 与 Measurement

Measure 在本书中翻译为测度，Measurement 在本书中翻译为测量。在软件工程领域中，Measure 是对一个产品某个属性的数量、大小等提供的一个定义，而 Measurement 则是对其进行的一个具体测量行为。这两个术语主要出现在 OpenCensus 中，在第 9 章会有更详细说明。

在分布式追踪与监控领域，可以清晰地看到 Spring 和 Kubernetes 两个阵营。Spring 以开源为背书，在追踪与监控方面主推 Zipkin 和 Micrometer 等开源框架；而 Kubernetes 则以 CNCF 为基础，主推 OpenTracing 和 OpenTelemetry 为主的开放标准。这背后实际上是在云计算技术背景下，各大厂商对计算虚拟化市场抢夺的一种表现形式。本书内容基本上涵盖了这两大阵营在追踪与监控上的技术框架和开放标准，相信读者最终可以作出自己的正确判断。

最后，谨以此书献给我的母亲！

田雪松

2020 年 6 月 20 日

目 录

第3章　使用 Brave 埋点

第 4 章　Spring Cloud Sleuth

第 5 章　Jaeger 组件与应用

第6章 OpenTracing 与 Jaeger 埋点库

第7章　Prometheus 服务概览

第8章　Prometheus 客户端组件

第9章　OpenCensus 与 OpenTelemetry

第 1 章
微服务追踪与监控概览

随着互联网产业的迅猛发展，微服务已经被越来越多的公司采纳为基础架构。微服务不仅可以提升系统性能、可用性和可扩展性，而且也让产品研发与发布变得更为灵活。微服务架构可以在不影响用户体验的情况下实现产品的快速迭代升级，这对于竞争激烈的互联网行业来说无疑非常诱人。尽管微服务带来了诸多红利，但它也同时引发了一系列问题。最主要的就是在微服务体系结构下，产品的部署与运维变得更加复杂。由于微服务允许单个服务独立发布，而产品迭代又要求服务可以快速升级，这导致微服务发布与部署比以往更加频繁。此外为了提升单个服务的性能和可用性，每个服务又会根据其负载要求部署多个实例，这意味着人们需要维护的物理节点比以往更多。所以在实施微服务之前必须先要解决微服务的部署与运维问题，于是一种被人们称为 DevOps 的方法论诞生了。

在许多文献中，DevOps 常常会与微服务相提并论。唯有 DevOps 落地了，微服务才是真正意义上的落地实施。尽管学术界还没有给 DevOps 做出完整定义，但它的主要目标就是将软件研发、产品运维和质量保障融合在一起，以实现在产品快速迭代中性能与质量不受影响。DevOps 定义的生产链条包括开发、构建、测试、打包、发布、配置和监控七个步骤，浓缩一下其实主要就是集中在开发、部署和运维等三大领域。以前这些领域之间是割裂的，快速的软件研发与发布往往意味着产品质量的下降。DevOps 则试图将它们打通，开发中的变更需要同步给部署和运维，而部署和运维中出现的问题也需要反馈给开发，最终形成一个相互促进的闭环。除了在理念上的进步以外，DevOps 还应该借助工具实现软件的自动化交付。在上述几个领域中，开发工具已经相当成熟，而部署则可借助持续集成工具协助完成，而运维最为核心的就是本书要介绍的追踪与监控系统。只有借助追踪与监控才可以发现产品运行过程中的问题，所以它们是微服务与 DevOps 中非常重要的一环。

1.1 从监控到可观察性

从软件诞生的那一天开始，监控就一直与软件相生相伴。人们需要在软件运行异常时获取相关信息，这样才能分析原因并改进软件质量。早期软件系统在出错时只会生成所谓的转储文件（Dump file），稍好一些的软件则可能会带有一些文本格式的日志。这些文件就是监控系统最早的原型，即使放在今天它们也是分析错误原因的重要依据。后来随着软件功能需求的增加，软件系统也变得越来越复杂，软件性能问题就变得重要起来。所以软件监控重点就从异常分析转至性能分析，并催生了专业的应用程序性能管理工具（Application Performance Management，APM）。APM 主要用于检测和诊断应用系统的性能问题，它可以帮助运维和开发人员快速定位和解决问题，从而保证应用系统以预期的性能要求对外提供服务。这在今天看来也是非常重要的，挑剔的互联网用户会在一个 APP 响应过慢时毫不犹豫地转而使用竞对产品，这对于竞争异常激烈的互联网行业来说是致命的打击。APM 这个名称也在一些系统中沿用至今，比如在 Elastic Stack 中就有专门的 APM 组件。APM 为了达到监控目标，需要在业务系统中收集与性能相关的数据，比如 CPU 和内存使用率、网络速率等。这种数据一般称为指标（Metrics），早期它们通常都是直接通过文本形式表达。

早期应用程序的性能瓶颈主要集中在硬件设备和网络通信上，所以 APM 主要用于监控硬件设备和网络通信相关的性能指标。这一时期使用 APM 的主要人员是运维，他们根据监控系统调整硬件配置以满足人们对性能的需求。后来随着硬件技术的发展，硬件和网络变得越来越廉价也越来越快，这种监控和管理就变得没有之前那么重要了。但随着互联网的快速发展，基于互联网的应用也变得比传统应用更为复杂，所以人们开发和使用了各种各样的基础组件或中间件来降低应用的复杂度。由于基础组件或中间件在大部分互联网应用中起着关键性的作用，所以 APM 的重点就从硬件设备和网络通信转移到基础组件或中间件上，比如HTTP 服务器、消息队列、数据库等。这一时期使用监控系统的人员除了运维以外也有开发，运维通过 APM 发现问题后将问题反馈给基础组件或中间件供应商，然后供应商的开发人员再通过修改配置或代码改善性能。近些年来云原生（Cloud Native）的概念越来越普及，基础组件或中间件与云平台结合得越来越紧密，所以业务系统的监控开始更多地向业务本身倾斜。这一时期的开发人员已经越来越依赖于监控系统，他们通过监控系统追踪服务运行情况，并根据监控数据完善和优化服务。而监控系统本身也从对单机应用的监控，进化到了对分布式系统或微服务的监控。

与此同时，分布式的监控也对分布式请求链路追踪（Tracing）提出了要求。这是因为在一些大型互联网应用中，用户单个请求可能会触发后台上千个服务，想要弄清楚一次业务处理的性能瓶颈变得非常困难。首先，人们可能无法准确定位业务处理调用了哪些服务。因为即使清楚地知道后台都有哪些服务，但每次业务处理的流程可能并不相同。所以具体到某一次特定的业务处理，它经过哪些服务的处理可能很难查清楚。其次，人们也不太可能对所有参与业务处理的服务都了如指掌，即使是直接参与开发的人员也不太可能完全清楚自己维护的服务都调用了哪些服务。因为即使清楚地知道自己服务触发了哪些服务，但这些服务又可能会在不同条件下触发更多不同的服务，而这些被触发的服务都有可能成为性能上的瓶颈。不仅如此，在微服务体系结构中，每一个微服务都并不只是给单一客户端提供服务。所以即使最终定位到了性能出现瓶颈的服务，但导致性能瓶颈的原因可以并不是服务本身，而有可能是调用这个服务的其他服务。在这种背景下监控系统如果只单纯地反映某一服务的性能表现，而不能反映出在处理业务过程中服务与服务之间的调用链路，那么想要定位性能瓶颈也就没了可能。由于涉及内部开发的微服务，所以解决这些问题不仅需要运维人员参与，也更需要开发人员共同参与进来，这也是 DevOps 在微服务中必须要先落地的一个重要原因。所以当代监控系统不仅要包括单个服务的性能表现，更重要的是包括处理业务请求时服务与服务之间的调用链路。

由此可见，在软硬件技术发展的过程中，监控重点从硬件逐渐转至应用本身，监控对象也从单机应用发展为分布式应用。而分布式监控又对分布式追踪提出了要求，分布式追踪可以说是对分布式监控的扩展要求。对于采用微服务体系结构的应用来说，微服务的监控与追踪缺一不可。微服务追踪展现了单一业务请求的服务调用链路，而监控则可以将每一个服务中的性能指标展现出来，这些数据对于分析系统错误、提升系统质量都非常有价值。

在监控与追踪的发展历史上，出现过不少有价值的相关软件或系统。它们对于当今微服务监控与追踪都产生了积极影响，下面就来简单看看它们的发展历史。

1.1.1　监控系统

早期人们需要监控的对象主要是操作系统以及操作系统运行的物理节点，所以监控本身往往就是集成在操作系统中的命令。比如 UNIX 中的 top、fuser、vmstat、syslog 等命令，它们可以获取到当前操作系统进程、文件等相关指标信息。后来随着图形化界面的出现，操作系统中也会集成一些可视化监控软件。最典型的就是 Windows 中查看进程的任务管理器，通过它可以直观地监控到系统中进程对 CPU、内存等资源的消耗情况。这些监控命令或软件都相当于是操作系统自带的工具，所以提供的监控数据还比较有限。

到了 20 世纪 90 年代，开始出现了一批独立的监控软件，像 Nigel Monitor（简称 nmon）、Big Brother（简称 BB）等都诞生于这一时期。与操作系统中的监控命令不同，nmon 和 BB 除了收集本机软硬件指标以外，还可以收集网络相关监控指标。nmon 主要用于监控 AIX 和 Linux 操作系统，它可以以文本形式在屏幕上直接展示监控指标，也可以以 CSV 格式将监控数据保存为文件。特别是 BB，由于它诞生于 HTML 产生之后，采用了 HTML 的形式展示监控指标，所以它应该是历史上第一款使用 Web 界面的监控系统。从这一角度看，BB 已经具备了现代监控系统的雏形。早期监控系统往往与业务系统集成在一起，监控数据的收集、分析与展示也集成在一起。这会导致监控系统挤占业务系统资源，尤其是在业务繁忙时这种矛盾会更加突出。BB 对之后的追踪与监控系统影响比较大，像 Zipkin 最早的名称 BigBrother-Bird 就来源于 BB。这一时期还涌现像 MRTG（Multi Router Traffic Grapher）等专门用于监控网络流量的软件，但它们对网络的监控还局限于小规模访问量的局域网监控。

但是到了 21 世纪初期，人们对互联网应用的需求越来越强烈，这也将网络监控的需求从局域网扩展到了广域网。此时期诞生了 Cacti、Nagios 和 Zabbix 等一系列基于互联网的监控系统，它们一般都可扩展并且对外提供基于 Web 的接口。这些监控工具还主要集中在对功能和性能指标的监控，重点监控服务器硬件通信相关指标，但它们在体系结构上已经具备了现代分布式监控系统的基本特征。以 Cacti 为例，它通过 SNMP 协议从指定的远程物理设备收集监控数据，这些数据会被存储至专门的数据库 RRDTool 中。所有被监控设备的自身数据（如 IP 地址等）则保存在 MySQL 中，当用户希望查看某一设备监控数据时会先从 MySQL 中查询相关信息，再向 RRDTool 发送请求并将监控数据绘图后返回给用户。

由此可见，Cacti 已经将指标数据的收集、存储以及可视化分离开来，这在当代分布式监控系统中已经基本成为共识。在 Nagios 和 Zabbix 系统中都明确地提出了客户端组件的概念，它们负责从被监控节点收集指标数据，然后再将这些数据发送给监控系统的服务端。服务端则负责分析和可视化指标数据，同时还将报警功能也集成了进来。这与当代监控系统都已经十分接近，其中最为重要的一点就是将指标数据的收集与处理分离。指标数据的收集由与业务系统集成在一起的客户端组件完成，而指标数据的处理则由独立部署的服务端组件完成。这一时期提供的客户端组件还是以收集某些特定指标的组件为主，它们通常被称为代理（Agent）或导出器（Exporter）等。它们虽然可以在不编写代码的情况下直接使用，但想要自定义业务指标却相对来说比较麻烦。

我们今天所处的阶段正是传统应用大面积上云的年代，硬件与基础组件的监控已经基本被云平台所覆盖。监控系统除了要监控所有功能与性能问题之外，还需要监控越来越多与业务相关的指标。比如，监控从一个页面（或页面中的一个元素）到下一个页面的流量顺序，监控流量随时间变化的模式和流量的地理来源等。这些需求对监控系统提出了更高的要求，不仅需要对分布式系统具有监控能力，还要能够定制业务相关的更多指标。从目前的情况来看，Prometheus 已经开始被越来越多的公司采纳。Prometheus 是一个开源的分布式系统监控与报警工具，最初是在一个称为 SoundCloud 的音频音乐发布与共享平台上使用。SoundCloud 自 2007 年成立后用户快速增长，这使得其已有的监控系统不能满足实际需求。所以该公司就在 2012 年启动 Prometheus 项目，并且在一开始就将项目源代码托管在 Github 上开源。到 2013 年的时候，Prometheus 就已经在 SoundCloud 生产环境中开始使用了，但 SoundCloud 直到 2015 年才正式宣布 Prometheus 在 SoundClound 的应用。由于 Prometheus 的开源性质，许多其他公司和组织也从很早就开始在生产环境中使用 Prometheus。

事实上，Prometheus 是受 Google 监控工具 Borgmon 启发，所以 Prometheus 中的一些设计和理念实际上也是源于 Google。在 2016 年 CNCF 将 Prometheus 接收为自 Kubernetes 之后的第二个孵化项目，同年 Prometheus 正式发布了 1.0 版本并于 2017 年发布了 2.0 版本。CNCF 是 Cloud Native Computing Foundation 的首字母缩写，国内一般翻译为云原生计算基金会。CNCF 成立于 2015 年，是 Linux 基金会旗下的一个旨在推广以容器为中心的云原生系统的组织。CNCF 在成立之初并没有受到太多关注，但近些年来它在微服务领域的影响力越来越大。看一下 CNCF 的铂金会员就知道其在行业内的份量有多大，国内有阿里巴巴、华为、京东，国外有 AWS（亚马逊）、Google、Intel、Microsoft 等。其他级别的会员就更多，几乎所有在微服务、云计算和大数据等领域有些影响力的机构都是 CNCF 的成员。所以被 CNCF 认可的技术或标准，基本也可以说是被整个行业认可了。事实上，CNCF 的第一个项目 Kubernetes 就源于 Google，所以 CNCF 的最主要推手也是 Google。Prometheus 在 2018 年从 CNCF 孵化项目中毕业，标志着 Prometheus 在分布式监控与报警领域事实标准的地位已经确立。

未来人们对于监控的需求会变得愈发强烈。除了源于互联网应用的监控需求以外，人工智能与物联网也会极大地促进监控技术的发展。比如近些年非常热门的自动驾驶技术，如果没有对汽车行驶中速度、方向等各项指标的监控，就不可能正确地采取加速或制动等具体操作。监控数据未来会与机器学习、人工智能更为紧密地结合在一起，这也对监控数据的存储提出了更高的要求，但这方面 Prometheus 做得并不突出。从目前发展的情况来看，InfuxDB 在指标数据的存储中表现更好。

1.1.2 追踪系统

与监控不同，追踪主要是针对分布式系统的。如果请求只在一个单体应用中处理，调用链路的追踪只反映线程间或方法间的调用关系。而这种调用关系在分析性能问题时的参考意义不大，所以人们通常所说的追踪系统都是指分布式追踪系统。分布式追踪（Distributed

Tracing）也称为分布式链路追踪或分布式请求追踪，是一种用于帮助人们分析和监控应用程序调用链路的方法，尤其适用微服务架构下应用系统。分布式追踪系统可以借助一些技术手段，将业务请求经过的服务及服务处理情况记录下来，从而协助人们快速定位和解决问题，所以分布式追踪系统也成了互联网公司必不可少的基础服务之一。

分布式追踪技术在 2010 年之前基本上处于探索阶段，人们对分布式追踪技术或多或少还存在着一些分歧。2010 年 Google 公司发表了一篇有关分布式追踪系统设计与实现的论文。这篇论文犹如黑暗中的一线光明，彻底将分布式追踪领域激活。这篇论文就是大名鼎鼎的"Dapper, a Large-Scale Distributed Systems Tracing Infrastructure"（以下简称 Dapper 论文），如今它几乎成了分布式追踪领域的"圣经"。Dapper 论文的主要作者是 Ben Sigelman，他不仅主持开发了 Google 的 Dapper 系统，后来还共同参与起草了 OpenTracing 规范。这篇论文主要介绍了 Dapper 的设计与实现原理，同时还探讨了一些 Dapper 在 Google 内部应用时的最佳实践。现在许多分布式追踪领域中的术语，比如 Trace、Span、Annotation 等，都源自这篇论文。Dapper 最终虽然没有向社区开源，但 Dapper 论文中提及的理论和实践为开发分布式追踪系统提供了足够的指导。所以 Dapper 论文极大地带动了分布式追踪领域的快速发展，并最终催生了许多开源的分布式追踪框架，比如本书将要重点介绍的 Zipkin 和 Jaeger 都是受到这篇论文的影响而开发的。

Zipkin 是 Twitter 公司在 2011 年开始构建的一套分布式追踪系统，这套系统最初的名字叫 BigBrotherBird，但在 2012 年开源时使用的名字是 Zipkin。显然这个名称是受到了 1.1.1 节中介绍的监控系统 Big Brother 影响，因为 Twitter 公司开发的应用都习惯以 Bird 结束（Twitter 公司的 LOGO 是小鸟）。直到今天 BigBrotherBird 这个名字还能在 Zipkin 中找到痕迹，比如在使用 HTTP 传播 Trace 信息时 Zipkin 使用的 HTTP 报头都以 B3 开头，而 B3 其实就是 BigBrotherBird 的缩写。BigBrotherBird 最终更名为 Zipkin，跟 Twitter 系统有一定的关系。早期 Twitter 由于业务发展迅猛经常会出现系统过载的情况，这时 Twitter 会在页面上显示一条搁浅的鲸鱼。而 Zipkin 这个单词刚好有鱼叉的含义，所以 Twitter 最终使用 Zipkin 这个名称代替了 BigBrotherBird，希望通过 Zipkin 这个鱼叉捕获到因系统过载而搁浅的鲸鱼。这个名称一起沿用至今，现在 Zipkin 的 LOGO 也还是一个鱼叉。Zipkin 开源后受到极大的关注并形成了庞大的社区，为了更有利于 Zipkin 的开放与发展，2015 年 Zipkin 社区有人呼吁将项目迁移到更开放的地方。这之后的 2015 年 7 月 Zipkin 迁移至 Github 并更名为 OpenZipkin，开发使用的首选语言也由 Scala 变为 Java。目前 OpenZipkin 的主要维护人是 Adrian Cole，他也是起草 OpenTracing 规范的核心成员之一。

Jaeger 是 Uber 公司于 2015 年开发的一款分布式追踪系统，并于 2016 年在 Uber 内部大规模使用。最开始的时候，Jaeger 在 Uber 内部支撑几百个系统的追踪任务，后来它追踪的系统发展到上千个，而每秒记录的追踪记录也达到数千条。由于 Jaeger 在 Uber 内部表现优异，所以 Uber 于 2017 年依照 Apache License 2.0 将 Jaeger 开源。Jaeger 这个单词源于德语 Jäger（发音[ˈyä-gər]，音同"雅戈尔"），它在德语中的含义是猎手或狩猎中的帮手。显然 Jaeger 这个名字的寓意就是要成为一个出色的"猎手"，通过分布式追踪技术去猎捕分布式系统中的错误和性能瓶颈等问题。Jaeger 诞生时间晚于 Dapper 和 Zipkin，所以 Jaeger 得以借鉴 Dapper 和 Zipkin 的许多经验，并且从一开始就与 OpenTracing 兼容。不仅如此，Jaeger 还在 2017 年被 CNCF 接收为第 12 个项目，这使得 Jaeger 一下子就具备了强大的官方背景。Jaeger 官方网站为 https://

www.jaegertracing.io/，读者可以在其官网上找到文档、工具和相关安装包。

由于追踪系统大多从 Dapper 中借鉴了设计思想，所以它们的体系结构也都基本相同，主要由客户端和服务端两部分组成。追踪系统的客户端与监控系统的客户端类似，也是在业务系统中收集信息，只是收集的信息不再是监控指标而是跨度数据（Span）。本节多次提到的 OpenTracing 就是一个有关客户端的标准，它的目标是定义一个独立于具体实现的开放标准，从而实现业务系统与追踪系统之间的松散耦合。OpenTracing 分为规范和实现两部分，而实现就是提供某一种编程语言的组件库。Ben Sigelman、Yuri Shkuro、Adrian Cole 是 OpenTracing 的主要起草者，Ben Sigelman 是 Dapper 论文的第一作者，而 Yuri Shkuro 则是 Jaeger 的创建者和主要维护人，Adrian Cole 是 OpenZipkin 的主要维护人。单从这三个起草者的身份就可以感受到这个标准在行业内的地位。2016 年 10 月 11 日 CNCF 宣布接收 OpenTracing 为 CNCF 第 3 个项目，而在其之前的两个项目就是 Kubernetes 和 Prometheus。第一个项目 Kubernetes 是云平台，而第二、第三个项目就是监控与追踪相关的软件，可见在云原生的概念中它们是有多么的重要。

1.1.3　可观察性

由前述两个小节的介绍可以看到，追踪与监控系统在体系结构上存在着一些相似之处。它们都可以由客户端和服务端组件构成，客户端负责收集数据而服务端则负责处理数据。它们的客户端都需要预先与业务系统部署或集成在一起，只不过它们收集数据的内容不相同罢了。追踪系统收集的数据是追踪（Tracing）数据，而监控系统收集的则是指标（Metrics）数据。尽管这两种数据的内容和格式不尽相同，但它们的目的都是为了方便人们更清晰地了解系统的运行状态。

由于客户端组件会对业务系统产生侵入，所以有必要形成一个客户端组件之间的行业标准，1.1.2 节中介绍的 OpenTracing 就是对追踪系统客户端组件统一标准的尝试。监控系统的客户端组件库也存在这样的统一尝试，比如 Open Metrics 和 Micrometer。前者致力于统一指标数据编码与格式，而后者则尝试屏蔽指标客户端组件库之间的差异。除了这些以外，OpenCensus 也是一个非常重要的开放标准。OpenCensus 也是源于 Google，它提供了一套可供追踪和监控同时使用的客户端组件库。也就是说，它的目标是要将追踪与监控统一起来，提供一套独立于具体实现的标准和接口。

实际上除了追踪与监控，日志（Logging）数据也具有这样的特点。首先，日志也需要预先在业务系统中添加相关代码，只不过人们并没有意识到这其实就是一种客户端收集数据的行为。开发人员经常使用的 SLF4J、Log4J、Logback 等框架，本质上来说就是一种日志系统的客户端组件库。只不过日志通常会直接写入到文件中，而不会发送给后台的存储服务。但是近些年随着大数据技术的发展，日志也已经开始被人们集中存储起来。比如使用 Elastic Stack 收集、存储和分析日志，这在许多公司中已经得到了很好的应用。其次，日志数据本质上也是反映了系统的运行状态，并且提供的信息更为详细和庞大。在很多情况下，追踪与监控提供的信息还不足以解决问题，必须要借助日志信息才能分析问题产生的原因。事实上，由于日志、指标与追踪三种数据在用途上比较接近，人们在一段时期内甚至没有清晰地定义它们之间的边界。

在 2017 年分布式追踪大会上，Peter Bourgon 在演讲中梳理了这三者的各自特点和相互关系。指标的核心特征是它们可以聚合或累加，并且都是具有原子性的数值或数值分布，都有一个逻辑上的计量单位。比如请求的响应时间就是一个指标，它的计量单位一般是秒；响应时间的聚合或累加体现在通过它可以计算平均响应时间、请求次数等，聚合或累加可以反映在一段时间内系统的运行状态。日志的核心特点是它们描述的是一些离散的事件，日志内容则往往以文本描述为主。比如在业务系统中，日志通常会分为 DEBUG、ERROR 等多种级别，这种日志级别其实就可以理解为是一种事件。当 ERROR 日志输出时，应该有相应的机制处理这样的事件。追踪的核心特点是它们聚焦在单次请求范围内，所有数据都被绑定到业务系统中的单个事务上。尽管它们都有各自专注的领域，但显然它们也有交集。追踪与日志的交集反映了单个请求内的事件，这在微服务系统中有着比较强烈的需求。因为微服务后台往往有多个服务节点，日志也就同样分散于不同的服务节点上，所以想要查看一次业务处理的全部日志必须要借助追踪系统。而追踪与指标的交集则体现了单个请求内的指标数据，比如想要查看在一次业务处理中每个服务的监控指标等。这三种数据之间的关系可以由维恩图（Venn Diagram）很好地体现出来，如图 1-1 所示。

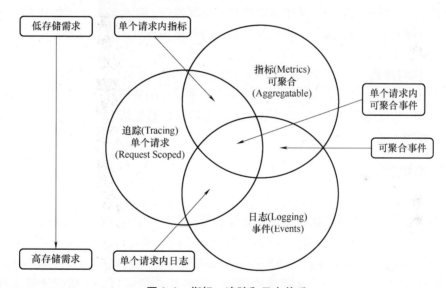

图 1-1　指标、追踪和日志关系

图 1-1 中由上至下的箭头反映的是这三种数据对存储空间的要求。指标数据量最少，因为它主要的数据是一些测量数值；日志的内容一般是一些描述性的内容，所以对存储空间的要求最高。此外监控一般讲求时效性，对于几天前的监控异常人们往往没有太多兴趣。所以指标数据一般不会长时间保存，非实时数据会在分析后压缩存储，历史数据超过一定期限则会直接删除。而日志则更注重事后分析，往往需要保存更长的时间，所以日积月累日志对空间的要求就会非常惊人。

在人们梳理清楚了日志、指标与追踪之间的关系后，2018 年可观察性（Observability）的概念就被引入到软件研发领域。可观察性最早来源于控制论，它是一种通过系统外部输出判断系统内部状态的测量方法。对于软件系统来说，可观察性的内涵最主要的就是通过日志、指标与追踪等数据，判断软件系统的运行状态以保证其性能和可用性。可观察性已经与可用性（Availability）、可扩展性（Scalability）等非功能性需求一样，成为一个系统在研发开始之前就必须要考虑和设计的重要内容。在 CNCF 的全景图（Landscape）中，可观察性已经是其中一个重要的领域。本书将要介绍的 Zipkin、Jaeger 以及 Prometheus 全都在这个领域中，而有关日志处理的内容可以参考笔者的另一本书《Elastic Stack 应用宝典》。

不仅如此，在 CNCF 的推动下人们还开始了对日志、指标和追踪的整合工作。OpenTracing 虽然制订了追踪客户端组件库的统一标准，但它没有包含监控客户端组件库的内容；OpenCensus 虽然同时包含了追踪和监控客户端组件库，但它在追踪接口设计上比 OpenTracing 还是要差一些；最重要的是它们都没有把日志整合进来。所以最终人们推出了 OpenTracing 和 OpenCensus 下一代的终极标准 OpenTelemetry，在这个标准中日志、监控和追踪将被最终统一起来。OpenTelemetry 目前也已经进入 CNCF 的 Sandbox 项目中，但相关标准制订和接口定义还没有完成，所以目前还不能直接在项目中使用。

1.2　分布式监控系统设计

从简单命令到可视化界面，从单机监控到分布式监控，如今监控系统的体系结构已基本上稳定为客户端和服务端两部分。不同监控系统的具体实现可能有些差异，但大体上来说还是遵从了这种总体的风格。另一方面，当代监控系统大多也都采用时间序列数据（Time Series Data，简称时序数据）的形式来表示指标数据，时序数据被认为是描述指标数据的最好形式之一。由于时序数据具有一些区别于传统关系型数据的鲜明特征，所以时序数据一般会存储在时间序列数据库（Time Series Database，简称时序数据库）。本节也会简要介绍时序数据与时序数据库的一些基本知识。

1.2.1　体系结构

如果按是否可以直接执行来分类，监控系统的客户端组件实际上又可细化为两种类型。第一种类型的客户端组件是可执行的数据收集组件，它们与业务系统部署在同一节点上，直接运行或简单配置一下就可以使用。比如在 Zabbix 中的代理组件（Agent）和 Prometheus 中的导出器（Exporter）就都属于这种类型的客户端组件。另一种类型的客户端组件是不可直接执行的代码组件库，需要在业务系统中调用该组件库中的接口添加指标才能实现数据收集。由于它们完全与业务系统集成在一起，所以它们需要与业务系统采用相同的语言编写。1.1.3 节中提到的 OpenTracing、OpenCensus、OpenTelemetry 和 Micrometer 都属于这种类型的客户端组件，所以它们形成的代码组件库也就分为多种语言版本。在英文文献中一般将这种从业务系统中收集数据的行为称为 Instrumentation，意思就是将业务系统仪表化以使之可追踪和可监控。Instrumentation 是分布式追踪与监控系统的核心，离开了它追踪与监控都无从谈起。Instrumentation 的概念最早是由 Houston 大学的 J. C. Huang 教授在 1978 年发表的论文"Program Instrumentation and Software Testing"中提出，国内一般翻译为程序插桩，但在业界通常会使用更通俗的叫法——埋点。本书后续章节将主要使用埋点这种通俗叫法，对于可直接使用的客户端组件称为埋点组件，而对于提供了埋点功能的代码组件库则统一称为埋点库。

对于服务端组件来说，当代监控系统大多采用时序数据描述指标数据，所以一般都会将指标数据存储到时序数据库中。有些监控系统使用的时序数据库是独立的第三方组件，比如前面提到的 Cacti 使用的 RRDTool 就是最早的时序数据库。而像 Prometheus 则将时序数据库（TSDB）内置在监控服务之中，也就是说 Prometheus 没有采用独立的时序数据库。而像 In-fluxDB 这样的监控系统，其本身定位其实更接近于时序数据库，监控功能只是其众多应用场景中的一种。

指标数据在监控系统中的主要应用体现在可视化与报警上，所以监控系统一般都会包含有可视化与报警组件。可视化组件可以以图表的形式直接展示被监控系统当前状态，而报警则是在被监控系统发生异常时及时通知到相关人员或系统。类似于时序数据库，可视化和报警组件也并非与监控服务集成在一起，有些组件在可视化指标数据方面非常专业，比如 Grafana；而有些组件则在报警方面非常专业，比如 PagerDuty 等。

综上所述，整个分布式监控系统的架构大体如图 1-2 所示。

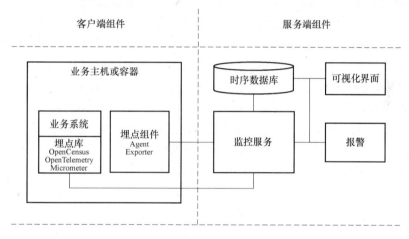

图 1-2　分布式监控系统架构

如图 1-2 所示，埋点组件与监控服务之间的连线并没有标明箭头。这主要是因为客户端向服务端上报指标数据分为推送（Push）和拉取（Pull）两种方式。推送方式由客户端向服务端上报指标数据，而拉取方式则是由服务端主动从客户端爬取指标数据。像 Zabbix 就为不同的应用场景设置了不同的代理组件，它们可以通过推送或拉取的方式将指标数据传递给服务端。Prometheus 客户端虽然可借助推送网关（Pushgateway）实现指标推送，但就 Prome-theus 本身而言，它其实只支持拉取一种方式。推送和拉取究竟哪一个更好，这个问题争论了好多年。应该说两者各有长处也各有短处，拉取总的来说有一些小优势，但拉取方式却不能应用在一些特殊场景。拉取的一个显著优势就是在数据拉取的同时也可以顺带检查服务是否可用，也就是说指标数据拉取本身就是相当于一个指标。此外无论是推送还是拉取实际上都涉及服务发现问题，推送方式的服务发现在客户端，而拉取方式的服务发现则在服务端。客户端服务发现会增加业务系统对外界的依赖，而服务端的服务发现则将这种依赖统一管理。在直接配置服务地址的情况下，监控系统如果发生变更也不会影响到客户端。拉取方式比较适合微服务体系结构下的监控，但它却没有办法处理一些短生命周期任务的监控。因为拉取方式需要被监控系统长时间"存活"，如果监控系统还没有来得及拉取数据，服务或任务就已经停止执行了，那么监控也就无从谈起。所以采用拉取还是推送要根据实际场景来确定，不能一概而论。

1.2.2　时序数据

　　监控系统的核心价值在于及时发现异常并触发告警，所以时间对于监控系统来说是非常重要的属性。如果监控系统监控到的异常发生在一天之前，那么此时异常可能已经导致了严重的事故。所以无论是什么样的指标数据，它都需要与一个时间戳相关联，以标明该指标数据采集的时间点。由于监控系统需要持续对业务系统做数据采集，所以指标数据也一定是一系列按时间排列的数据。除了时间戳以外，指标数据一定还有一个体现被监控指标的具体数值，通常这个数据是以整数或浮点数的形式体现。所以总的来说，指标数据由一个时间戳和一个整数或浮点数组成，它们会按时间排列形成一组持续的数据。这种带有时间戳的数据就是前面提到的时序数据，而专门保存时序数据的数据库就是时序数据库。

　　时序数据区别于其他类型数据，有一些独有的概念，比如指标（Metric）、标签（Tag）或标记（Label）、域（Field）、时间点（Data Point）等。指标就是那些被监控的数据对象，例如风力、温度、速率、响应时间等。指标区别于其他数据的鲜明特征是其具有计量单位，比如风力的单位是级、响应时间是秒等。指标可以包含一个或多个标签（Tag），标签是对指标特征的详细说明。一个标签由一个标签键（Tag Key）和一个相应的标签值（Tag Value）组成，比如响应时间可以有一个"path =/metrics"的标签，它代表的含义就是当前指标是路径/metrics上的响应时间。所以当一个指标的标签值不相同，它们会形成一个新的指标实例。标签在不同的时序数据库中的叫法不一样，包括 Prometheus 在内的一些时序数据库称之为标记（Label）。但不管是标签还是标记，它们作用其实都相当于增加了指标表达数据的维度。有些时序数据库并不支持标签，这时可以将带标签的指标升级为一个新的指标。大多数指标只有一个值，但有些指标则可能会有多个值。比如风力就可能会包含风向和风速两个值，这些值称为指标的域（Field）。但并不是所有时序数据库都支持域，比如本书将要重点介绍的 Prometheus 就不支持域，这种情况下也可以将域升级为新的指标单独计量。当然除了指标的测量值以外，指标的值还应该有时间戳。

　　由此可见，指标及标签决定了一个计量的单元，而域及时间戳则是这个计量单元的值。如果以传统关系型数据库来存储时序数据，那么每一个指标就应该对应着一张表，而指标的每一个标签则对应着表中每一个字段。除了标签对应的字段以外，还应该包含时间戳、域和测量值三个字段。除了测量值以外，其他字段中任意一个值发生了变化都必须单独保存为一行。这样的一行数据在时序数据库中称为一个数据点（Data Point），也就说以上这些项目惟一确定了一条时序数据。由于时间戳字段在监控过程中持续发生着变化，所以每一个指标都会对应着海量的数据点。如果在以上这些项目中不考虑时间戳，或是将时间戳限定在一个时间范围内，这些数据点就会形成一个按时间排列的数据序列，这或许正是时序数据名称的来源。

1.2.3　时序数据库

　　相较于其他种类的数据，时序数据具有一些非常鲜明的特征。首先，时序数据会持续产生少量数据，不存在数据量上的波峰与波谷。监控系统一般都会采用定时推送或拉取的方式收集数据，所以无论业务系统是否繁忙，其收集的数据量都不会有太大的变化。但由于监控系统会持续不间断地采集数据，时序数据总量最终仍然是海量的。其次，时序数据都是插入操作而没有更新删除操作。时序数据反映的是指标在某一时间点上的状态，所以一旦收集上来就没有再修改的意义了。第三，时序数据对近期数据关注度更高，而时间久远的数据则极少被访问。所以时序数据库在设计上必须要考虑数据热度问题，对于实时数据应该以性能为主要设计考量，而对历史数据则应以节省空间为主要考量。最后一点就是时序数据都存在着聚合（Aggregation）查询的高性能要求。除了可以按时间聚合以外，时序数据还经常会按标签做聚合。比如可以聚合某一路径上的响应时间，计算它们的平均值、最大值、最小值等。可聚合性是时序数据的重要特征之一，由于经常需要按标签对指标做聚合，所以时序数据库在设计上就必须要选择合适的数据结构以提升聚合效率。

　　时序数据的以上特征使得它并不适合在关系型数据库中保存，而必须要使用专业的时序数据库保存。传统关系型数据库存储采用的数据结构类似于 B-Tree，它可以简单地理解为二叉排序树。由于数据在插入 B-Tree 时需要做排序，所以 B-Tree 在写硬盘时需要随机读写，而随机读写则会显著降低数据写入速度。硬盘随机读写主要是慢在磁盘寻道上，一般的磁盘寻道时间需要 10ms 左右。但对于时序数据库来说，它需要支持时序数据持续少量的写入，同时又要满足海量时序数据的存储问题，所以类似 B-Tree 这种结构显然并不适合时序数据。由于时序数据多数只需要插入，所以完全可以为其选择更为合适的数据结构，这种数据结构就是 LSM-Tree。LSM-Tree 是 Log-Structured Merge-Tree 的简写，代表的数据结构是日志结构的合并树，它在 HBase、Cassandra 等 NoSQL 数据库中已经是比较通用的解决方案。

　　总体来说，LSM-Tree 包括内存数据结构和硬盘文件两部分，内存数据结构只有一份，而硬盘文件则可能有一组。一般称这些硬盘中的文件为区块（Block），它们中的每一个都是由内存数据写入硬盘后形成。当有数据项需要写入数据库时，这些数据项首先会写入位于内存的数据结构。为了防止数据丢失，在写入内存的同时也会将操作记录在日志文件中，这个日志文件就是 WAL（Write Ahead Log，预写日志）文件。因意外崩溃导致数据项丢失时，可以使用 WAL 记录的日志恢复数据。由于数据写入都是在内存中进行，所以数据写入操作会非常快。当内存数据结构达到固定大小或达到一定的时间周期，内存中的数据就会直接写入到硬盘形成一个区块文件。由于每次写入硬盘时都会直接形成一个新的区块文件，所以这个写入过程并不存在随机写入。以 Prometheus 为例，它会每隔两小时将内存中的数据写入到硬盘中，每次写入都会形成一个新的文件夹。但由于每次写入都会形成新的区块文件，每个区块文件都有可能包含相同的数据项，这通常出现在对同一数据项进行了多次更新操作时。所以随着硬盘上积累的文件越来越多，需要定时对区块文件进行合并以消除冗余并减少文件数量。

　　显然，LSM-Tree 的核心思想是通过内存直接写入数据，以及后续的硬盘顺序写入获得更高的写入性能。但这会牺牲数据的读取性能，因为同一个数据项可能存在于多个区块文件中。但对于时序数据来说，它几乎没有更新或删除操作，所以时序数据的区块文件中存在相同数据项的可能性极低。虽然 LSM-Tree 会降低查询的效率，但监控系统往往只对实时数据感兴趣。而 LSM-Tree 会将近期数据保存在内存中，这反而有利于实时数据的查询。所以对于时序数据库来说，LSM-Tree 这种数据结构实在是再合适不过了。图 1-3 展示了 LSM-Tree 这种数据结构的基本操作流程。

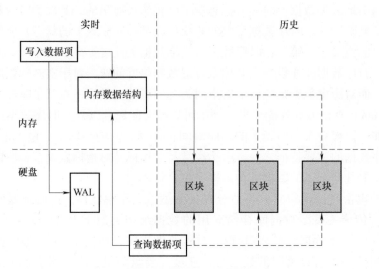

图 1-3　LSM-Tree 数据结构

除了采用 LSM-Tree 数据结构以外，时序数据库还往往会采用数据分级存储，或是给时序数据添加 TTL（Time To Live）属性等方式来节省存储空间。这一方面是因为时序数据总量巨大，另一方面是因为时序数据冷热性质非常鲜明。数据分级存储要求能够将最近小时级别的数据放到内存中，将最近天级别的数据放到 SSD，更久远的数据则放到更加廉价的 HDD 或者直接通过 TTL 删除。

1.3　分布式追踪系统设计

分布式追踪系统的核心功能是在分布式环境下，将一次业务请求的调用链路清晰无误地展现出来。从实现的角度来说，分布式追踪系统可通过基于规则（Schema-based）、黑盒推测（Black-box inference）和元数据传播（Metadata Propagation）等三种方案来识别服务与服务之间的调用链路。

在这三种方案中，基于规则和黑盒推测这两种方案都不需要向业务系统添加额外代码，所以它们是零侵入的实现方案，或者说它们具有良好的应用透明性。由于没有向业务系统中添加有关调用链路的追踪信息，所以它们只能通过预定义规则或使用算法甚至机器学习的方法来判断服务与服务之间的调用关系。但由于没有精确的追踪信息作为保证，这种方法得出的调用链路很难保证结果的准确性。不仅如此，如果有新的业务系统加入到调用链路中时，很难保证之前预定义的规则或算法也适用于新的业务系统。换句话说，基于规则和黑盒推测这两种方案并不具备良好的伸缩性。所以这两种方案都只是看上去很美好，在实际应用中以它们为基础实现的分布式追踪系统并不多见。元数据传播虽然需要向业务系统植入代码，进而破坏了分布式追踪系统的透明性，但它却可以保证调用链路的准确性和可伸缩性。所以如何在不破坏应用透明性的前提下更好地应用元数据传播方案，一直以来都是采用这种方案的追踪系统要解决的首要问题。

由此可见三种追踪技术方案各有优劣，而 Dapper 论文的一大贡献就是确定了元数据传播在分布式追踪系统中的最终地位。Dapper 论文认为分布式追踪系统需要满足两个需求，一是无所不在的部署（Ubiquitous deployment），二是持续的监控（Continuous monitoring）。所谓无所不在的部署是指分布式追踪系统必须要监控某项业务涉及的所有子系统，只要涉及业务的子系统在追踪上有所缺失，那么人们就有理由对追踪系统的分析结果产生怀疑。因为分布式追踪系统主要用于分析整个业务系统的性能瓶颈或异常是在哪一个子系统或微服务中，而整个系统的瓶颈或异常很可能就出现在监控缺失的子系统或微服务中。持续的监控指的是对系统的监控应该是 7×24 小时的，因为业务发生异常的时间是无法预知的，不持续的监控可能会错过重要的监控信息。由无所不在的部署和持续的监控这两个需求出发，就可以得到分布式追踪系统在设计上的三个目标，即低损耗（Low overhead）、应用级透明（Application-level transparency）和可伸缩（Scalability）。

低损耗目标的原因是显而易见的，无所不在的部署和持续的监控都意味着追踪系统的高损耗，有可能导致整个系统在性能上出现明显下降。任何一个业务系统在添加追踪能力之后如果出现性能上的影响，都会降低业务系统集成追踪系统的意愿。而追踪的业务系统如果出现了缺失，又会导致追踪信息的不完整。所以低损耗是分布式追踪系统最基本也是最重要的一个设计目标。所谓应用级透明指的是业务系统在集成追踪系统时应该是无感知的，也就是说业务系统在添加追踪能力时不需要对系统做太多修改，甚至完全不需要改动。应用级透明可以降低业务系统集成分布式追踪系统的成本，从而增强业务系统集成分布式追踪系统的意愿。试想一下，如果集成分布式追踪系统需要大量修改现有业务系统的代码，那势必会引起业务系统开发人员的不满甚至是抵制。可伸缩性要求主要是为了应对业务系统的扩展要求，对于一个快速发展的业务来说，无论从业务需求上来说还是从性能上来说都可能使业务系统发展得越来越庞大。作为基础服务的追踪系统，它必须能够保持与业务系统相同的扩展规模，否则它就有可能会丢失对扩展系统的监测。尤其是在某一服务调用了新的业务系统时，分布式追踪系统必须保证能够将追踪扩展到新的业务系统上。Dapper 论文以实践证明元数据传播所需要的代码植入可以封装到一个很小的通用组件库中，从而在保证准确性和可伸缩性的同时也维护了一定程度的应用透明性。Dapper 的方案虽然还不能做到完全不修改业务系统，但它对业务系统的侵入性已经降到了极低程度，这个通用的组件库就是本章前文提到的埋点库。

元数据传播在 Dapper 论文中也称为基于标注（Annotation-based）的监控方法，它通过在业务系统中添加与追踪相关的信息来维护服务之间的调用关系。同时为了保证调用链路追踪的完整性，这些追踪信息会在业务处理过程中随着调用链路的延伸而传播到不同服务中。显而易见的方法是给一次业务调用添加一个惟一标识的追踪标识符，这个标识符就是与一次业务调用有关的追踪信息。追踪标识符只是 Dapper 追踪调用链路的必要信息，在追踪过程中还可以向追踪添加其他需要的信息，比如时间、名称等。这些信息在 Dapper 中被称为标注（Annotation），Dapper 为了便于分析定义了一组核心标注。它们与追踪标识符一起会跟随调用链路一路扩散下去，直到业务请求处理完毕。通过将这些标注和追踪标识符收集和统一存储起来，人们不仅可以得到一个完整的调用链路，还可以根据标注分析出网络延时、业务处理时间等很多有用的信息。现代分布式追踪系统基本上都是采用元数据传播的方案实现，从整体上来说由客户端和服务端两部分组成。客户端就是刚刚讨论的埋点库，它需要与被监控的业务系统集成在一起；而服务端通常需要独立部署，用于接收所有埋点发送过来的追踪数据并对它们进行统一存储和分析。

与监控埋点库类似，追踪埋点库也会针对不同编程语言提供相应的构件库。例如，如果业务系统使用 Java 语言实现，那在选择埋点库时就需要选择 Java 语言的版本。OpenTracing 就提供了针对多种编程语言的埋点库，如果用户使用的编程语言在官方组件库中没有提供，那么用户也可以根据 OpenTracing 规范要求自行开发埋点库。

1.3.1　追踪模型

埋点库虽然需要提供多种编程语言的实现，但它们使用的追踪数据模型都是一样的。Zipkin、Jaeger 等开源框架采用的追踪数据模型，基本上都是源于 Dapper。Dapper 将一次业务请求的追踪描述成树形结构并称之为追踪树（Trace Tree），而组成追踪树的节点是追踪树的基本单元，被称为跨度（Span）。Trace 和 Span 这两个概念后来被业界广泛接受，本书后续章节会统一称它们为追踪和跨度。在 OpenTracing 制订的规范中，追踪树被更准确地定义为图论中的有向无环图（Directed Acyclic Graph，DAG）。追踪树可以描述为图 1-4 所示的样子。

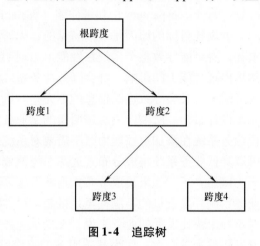

图 1-4　追踪树

对于一个具体的系统来说，一个追踪对应于一个完整业务请求的处理过程，它代表了从客户端发出业务请求到处理结果返回给客户端的完整流程。而跨度则对应于在这次业务请求中一个具体的处理步骤，它可能是一个独立服务的处理过程，也可能是在一个服务中某个线程的处理过程。追踪和跨度都可以通过标识符来标识自己，而每个跨度除了有自己的标识符以外，还需要记录所属追踪的标识符以定义从属关系。在追踪树中除了根节点以外，其余节点都会有一个父节点。跨度需要记录父节点的标识符，以表明跨度与跨度之间的调用关系。所以总体来说，一个跨度需要记录的信息包括这个跨度的标识符、父节点标识符以及一些标注等。

1.3.2　采样策略

由于埋点库与业务系统集成在一起，所以埋点库应该尽可能少地消耗系统资源，以避免对业务系统的性能产生影响。埋点库在性能上的开销主要体现在两个方面，一个是在生成追踪信息时产生的性能损耗，另外一个是在收集追踪信息时产生的性能损耗。在生成的追踪信息中，最主要的性能损耗体现在为追踪和跨度分配标识、添加标注等。由于根跨度没有父节点，所以可以让根跨度与追踪共享相同的标识符。由于根跨度要求全局惟一，所以创建根跨度比创建其他跨度损耗的时间要更久一些。但根据 Dapper 的实践，无论是根节点还是叶子节点，它们在耗时上都只有 100～200ns 之间。这样的性能损耗对于业务系统来说还是可以接受的。Dapper 在实现上是将追踪信息与日志一起写入到文件中，所以 Dapper 还存在着写硬盘时的性能损耗。但根据 Dapper 的实践，由于日志写入都是异步完成的，所以在一般情况下这种损耗并不会被察觉到。现在开源追踪框架大多数都将追踪信息与日志分开处理，只有在设置了需要在日志添加追踪信息时追踪信息才会写入到日志中。

　　埋点库最主要的性能损耗并不是生成追踪信息而是对追踪信息的收集，这主要体现在对 CPU 资源和对网络带宽的占用上。由于追踪信息对实时性要求并没有那么高，所以为了降低埋点库对业务系统的影响，多数埋点库都不会在追踪信息生成后实时地收集和发送。类似 Dapper 这样将追踪信息写入到日志文件中的情况，需要从日志文件中将日志与追踪信息异步地传送出来集中存储和处理。而像 Zipkin、Jaeger 等框架提供的埋点库，它们会使用独立的线程或组件缓存一定数量的数据再统一发送。在 Dapper 的实现中，日志收集的职责被分配给一个低优先级的守护进程，以防止在一台高负载的服务器中与业务系统争抢 CPU 资源。表 1-1 展示了 Dapper 收集日志的守护进程在 CPU 和网络上损耗。

表 1-1　Dapper 收集损耗

进程数量（每台主机）	速率（每进程）	CPU 占用率（单核）
25	10KB/s	0.125%
10	200KB/s	0.267%
50	2KB/s	0.130%

　　尽管单独看一次收集对 CPU 和网络带宽的影响并不大，但对于业务请求量巨大的互联网应用来说，这些影响在海量请求下会对系统的响应时间和吞吐量产生较为明显的影响。所以为了降低埋点库对系统响应时间和吞吐量的影响，Dapper 在收集追踪信息时引入了采样率的概念。所谓采样率就是收集起来的追踪数据与埋点库产生追踪数据的比率，比如 50% 的采样率就是只将埋点库产生的一半追踪数据收集起来。表 1-2 展示了 Dapper 在不同采样率下对系统平均响应时间和吞吐量的影响，其中响应时间和吞吐量分别有 2.5% 和 0.15% 的时间误差。

表 1-2　采样率对响应时间和吞吐量的影响

采样率	平均响应时间	平均吞吐量
1/1	16.3%	-1.48%
1/2	9.40%	-0.73%
1/4	6.38%	-0.30%
1/8	4.12%	-0.23%
1/16	2.12%	-0.08%
1/1024	-0.20%	-0.06%

　　通过表 1-2 可以看出，当采样率为 1/1024 时 Dapper 埋点库对于响应时间和吞吐量的影响几乎可以忽略。但显然较低的采样率有可能会丢失重要的追踪信息，而 Dapper 实践证明即使采样率只有 1/1024，它所收集的追踪信息也已经足够分析系统性能和异常等问题。除此之外，Dapper 还提出了可变采样率的概念，即在业务系统负载较低时采用较高的采样率，而在负载高时采用较低的采样率。这样就可以在保证业务系统不受影响的情况下，做到追踪信息最大化的目标了。采样率这一概念后来被多数追踪系统所采纳，是 Dapper 论文另一重要贡献。

　　采样率不仅可以控制埋点库对业务系统响应时间和吞吐量的影响，还可以控制追踪数据的总体规模。对于一个业务请求量巨大的业务系统来说，如果每一次业务请求都记录追踪信息，那么它所要存储的数据量将异常庞大。在 Dapper 实现中，即使引用了采样率的概念，它每天需要保存的数据量依然达到 1TB 的规模。所以现在开源追踪系统后台往往都提供对 NoSQL 数据库的支持，如 Cassandra、Elasticsearch 等。由此可见，追踪数据的收集与存储其实是一个更为重要的话题，它直接影响到业务系统的性能及后续追踪数据的处理。所以在 Zipkin、Jaeger 等开源实现中，收集、存储都是由独立的组件来完成。

采样率其实只是采样策略中的一种实现方案，采样策略本身可分为基于头部（Upfront/Head-Based）和基于尾部（Tail-Based）两种，Dapper 所使用的采样率其实属于基于头部的采样策略。基于头部的采样策略在调用一开始就决定了追踪数据会不会上报，而基于尾部的采样策略则是在调用结束时根据追踪数据决定是否上报。从实现的角度来看，基于头部的采样策略有两种实现形式。一种是在不需要上报追踪数据时根本就不生成跨度，这样也就没有可以上报的追踪数据了；另一种依然还是会生成跨度，但在上报时将跨度数据丢弃。由于追踪数据不仅对于分析性能瓶颈有意义，对于获取服务之间的依赖关系也是重要的依据，所以即使在不需要上报时它也是有价值的，比如在多服务间调用聚合日志数据时。

由于基于头部的采样策略在调用开始前就确定了追踪信息是否会上报，所以追踪信息是否有价值并不能影响到是否上报。这导致基于头部的采样策略会收集到大量无用的追踪数据，而一些有价值的数据反而有可能被丢弃。所以在一些商用的追踪系统中都会采用基于尾部的采样策略（Tail-Based Sampling），比如 Lightstep、DataDog 等。基于尾部的采样策略会先将跨度数据全部保存在内存中，当整个调用链路收集完整后再根据调用链路中是否有错误决定是否持久化。这样一来，正常调用的追踪数据就会被直接丢弃，而异常调用则可以被保存下来用于分析。显然，无论从存储角度还是从分析角度来看，基于尾部的采样策略都更具有优势。

本书后续章节将重点介绍的 Zipkin 和 Jaeger 都采用基于头部的采样策略，但 Jaeger 社区正在搭建一种聚合收集组件（Aggregating Collector），它可以实现简单的基于尾部的采样策略。但这种方案目前还存在不少问题，因为 Jaeger 收集组件本身是无状态的组件。但如果需要聚合跨度数据时，收集组件的这种模式就带来了一些问题。由于收集组件无状态，所以同一调用链路的跨度数据可能被不同收集组件收集。而收集组件之间又没有跨度数据共享的机制，这样一来这些跨度就不可能再聚合在一起了。所以目前 Jaeger 的这种聚合收集组件还只能以单节点模式工作，而针对多节点的情况还需要支持跨度数据的共享。

1.3.3　跨度传播

由于同一调用链路中的跨度是通过追踪标识符和跨度标识符构建关联关系，所以追踪标识符和跨度标识符需要在同一个调用链路中共享。跨度的追踪标识符在同一调用链路中必须相同，所以它需要在整个调用链路中传递；而跨度标识符虽然不需要在整个调用链路中传递，但跨度之间的父子关系却需要由它来构建，所以跨度标识符需要从父跨度传递给直接子跨度。这种为了构建跨度关联关系而进行的数据传递称为跨度传播（Propagation），跨度传播在所有追踪系统中都是最为重要的话题之一，因为它是构建完整调用链路最为关键的一环。

所有追踪系统都需要解决两种场景下的跨度传播问题，一种是在单个服务内部传播跨度，另一种则是在服务之间传播跨度。在单个服务内部传播跨度主要应用于方法或函数之间的调用，也可应用在子线程执行业务逻辑的场景中。比如方法 A 调用了方法 B，而方法 B 又调用了方法 C，如果想在追踪中把 B 和 C 也体现出来，就需要将跨度数据向 B 和 C 传播。最简单的传播方法是将跨度数据以参数的形式传递给方法 B 和 C，但这就破坏了业务系统的独立性和追踪系统的透明性。比如 Jaeger 早期就采用了类似这样的方法，自动向被调用的业务方法中添加代表追踪信息的参数。只不过这种方式并没有应用于本地传播，而是封装在 RPC 调用框架 TChannel 中。所以跨度传播本身并不难，难的是如何在不侵入业务系统的情况下传播跨度。服务间的方法调用一般是通过 RPC 或是基于消息做触发，跨度传播可根据通信协议以参数的形式发送出去。但这样一来也会破坏追踪系统的透明性，所以服务间的跨度传播也需要解决侵入业务系统的问题。

由于每个服务通常都运行于一个独立的进程中，所以以上两种场景本质上是进程内和进程间传播跨度的方法。进程内传播跨度在 Java 语言中一般采用 ThreadLocal 对象，而进程间传播跨度则需要一定的传播媒介。现在多数埋点库都抽象了载体（Carrier）、注入（Inject）、提取（Extract）的概念，跨度数据会先在一个进程中注入到载体中，然后再在另一个进程中提取出来，最终完成进程间的跨度传播过程。典型的载体就是 HTTP 报头，发送方会将跨度数据以 HTTP 报头形式发送出去，然后接收方再从 HTTP 报头中提取出来。在进程间传播时，发送方与接收方必须要定义统一的协议才可能完成传播。以 HTTP 报头为例，发送方与接收方必须对 HTTP 报头的名称达成一致，这就是所谓的跨度传播协议。Zipkin 定义了称为 B3 的传播协议，所有追踪相关报头都以 b3 开头；而 Jaeger 也定义了自己的传播协议，所有追踪相关报头则以 uber 开头。为了达成一致，W3C 专门定义了 Trace Context 传播协议，统一定义了两个标准报头 traceparent 和 tracestate。在 OpenTracing 和 OpenTelemetry 中，这个协议都是它们支持的最主要传播协议。在可以预见的未来，W3C 的 Trace Context 传播协议肯定也会是最终的标准协议。

第 2 章
Zipkin 服务与组件

Zipkin 在众多分布式追踪框架中开源得比较早，所以它在社区中不仅用户众多而且影响巨大。虽然 Zipkin 借鉴了 Dapper 论文中的大部分设计思想和业务模型，但它在具体实现上有许多独到之处，对后续分布式追踪系统的发展起到了积极的促进作用。在著名的微服务开源框架 Spring Cloud 中，它的微服务追踪模块 Sleuth 就是基于 Zipkin，所以学习 Zipkin 对于理解分布式追踪系统很有帮助。

当然 Zipkin 或多或少也存在一些问题，但近些年来 Zipkin 社区做出了一些积极调整，从其他相关框架中借鉴了一些有益的设计经验。从 2018 年开始，Zipkin 尝试加入 Apache 软件基金会，但截至本书结稿时该项目还处于孵化状态。Zipkin 在 Apache 上的孵化网址为 https://incubator. apache. org/projects/zipkin. html，其官方网址为 http://zipkin. io。Zipkin 的源代码存放在 Github 上，其中包含了大量文档，网址为 https://github. com/openzipkin。

进入 Zipkin 在 Github 上的主页后，可以找到 Zipkin 服务对应的项目 zipkin，其他项目大多是针对某一种语言的埋点库。比如，brave 项目是针对 Java 语言的埋点库，zipkin-js 是针对 Node. js 的埋点库，而 zipkin-php 则是针对 PHP 的埋点库。所以从广义上说，Zipkin 由 Zipkin 服务和一组埋点库组成。Zipkin 服务负责接收、存储以及可视化追踪信息，而埋点库则负责生成追踪信息并将它们上报给 Zipkin 服务。Zipkin 服务由 Java 语言开发，其中不仅包含了跨度处理的代码，跨度模型与编码等公共内容也被单独提取到一个子模块中。此外，Zipkin 还将跨度上报与传输的逻辑抽取至 zipkin-reporter-java 项目中，它使用 Zipkin 服务中定义的相同跨度模型和编码。如果是以 Java 语言开发的业务系统，完全可以使用 zipkin-reporter-java 中的构件实现跨度的生成与上报。

本章在介绍 Zipkin 服务的同时，也会讲解跨度生成与上报的实现。它们主要包含在 zipkin 和 zipkin-reporter-java 两个项目中，读者在学习的过程中要加以区分。

2.1 Zipkin 快速入门

使用 Zipkin 对业务系统做链路追踪时，首先要启动 Zipkin 服务以接收跨度数据，其次则是要在业务系统中添加跨度生成和上报的代码，也就是第 1 章中所说的埋点。如果使用专门的埋点库或框架，一般只需要做一些简单的配置就能实现，对最终用户来说几乎是透明的。但如前所述，zipkin-reporter-java 也包含了跨度生成与上报的构件，所以也可以使用它实现埋点。这虽然有些复杂，但对于理解 Zipkin 底层机制来说非常有帮助。所以本节主要介绍如何使用 Zipkin 服务，以及如何通过 zipkin-reporter-java 中的组件实现跨度上报。

2.1.1　启动 Zipkin 服务

Zipkin 服务使用 Java 语言并基于 Spring Boot 开发，由于官方以 JAR 包的形式发布 Zipkin 服务，所以需要使用 Java 虚拟机启动它。Zipkin 官方也提供了 Zipkin 服务的 Docker 镜像，所以用户也可以通过 Docker 容器启动 Zipkin 服务。如果使用 Java 虚拟机的方式启动 Zipkin 服务，需要先下载 Zipkin 服务的 JAR 包。下载地址可以在 Zipkin 官方网站中找到，读者也可以直接通过访问 https://search. maven. org/remote_content?g = io. zipkin&a = zipkin-server&v = LATEST&c = exec 下载到最新版本的 Zipkin 服务 JAR 包。

下载成功后，可在命令行或 Shell 中使用 java -jar 命令来启动，使用的 Java 虚拟机版本要求为 1. 8 及以上。举例来说，如果下载的 JAR 包为 zipkin-server-2. 21. 0-exec. jar，则启动 Zipkin 服务的命令为 "java -jar zipkin-server-2. 21. 0-exec. jar"。以 Docker 镜像的方式启动 Zipkin 服务就更简单了，但需要通过-p 参数将 9411 端口从容器中映射出来，Zipkin 默认会在这个端口上开放可视化的查询界面。Zipkin 镜像库为 openzipkin/zipkin，所以具体启动命令如下：

docker run -p 9411:9411 openzipkin/zipkin

Zipkin 服务默认会使用内存保存跨度数据，这意味着一旦 Zipkin 服务重启跨度数据将全部丢失。所以这种存储方式一般只用于测试，而在生产环境中则需要将存储类型配置为 Cassandra、Elasticsearch 等大容量的存储组件。无论使用哪一种方式启动 Zipkin，都可通过浏览器直接访问 9411 端口的界面，如果看到如图 2-1 所示的界面就说明启动成功了。

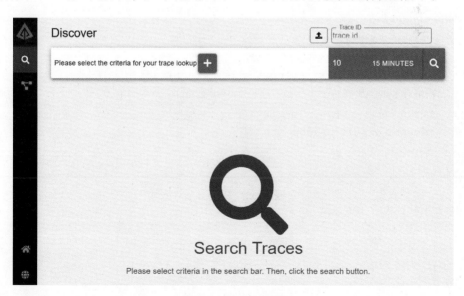

图 2-1　Zipkin 查询

除了开放可视化界面以外，Zipkin 在 9411 端口还提供了 V1、V2 两个版本的 REST 接口，它们都可以用来接收埋点库上报的跨度数据。也就是说埋点库上报跨度数据时，默认是

通过 HTTP 协议传输，两个 REST 接口的具体地址为

```
http://localhost:9411/api/v1/span
http://localhost:9411/api/v2/spans
```

示例 2-1   Zipkin 上报跨度地址

示例 2-1 中，V1、V2 是 Zipkin 在跨度模型及其编码上的两个不同版本，目前 V1 版本已经渐渐废止，所以在实际应用中应该尽量使用 V2 版本。V1 和 V2 版本的区别既体现在跨度模型及编码上，也体现在接口定义上，本章 2.2 节和 2.3 节会详细介绍它们的区别。接下来先来看一下如何通过 zipkin-reporter-java 中的组件实现跨度上报。

2.1.2　上报跨度

Zipkin 上报跨度的组件称为上报组件（Reporter），Java 语言的实现代码位于 zipkin-reporter-java 项目中，但实际应用的构件名为 zipkin-reporter。上报组件没有与 Zipkin 服务之间的通信方法，这个工作被委托给了传输组件（Transport）。在 zipkin-reporter-java 项目中除了定义上报组件以外，主要就是定义适用于各种通信协议的传输组件。比如，zipkin-sender-okhttp3 构件定义了通过 OkHttp 上报跨度的传输组件，而 zipkin-sender-urlconnection 构件则定义了通过 UrlConnection 上报跨度的传输组件。从源代码层面来看，它们都作为 zipkin-reporter-java 项目的子模块出现，并以独立的构件形式发布以供用户选择。所以在使用上报组件之前，首先需要确定使用哪一种传输组件，并通过 Maven 依赖将它们引到工程中来。例如，按示例 2-2 的方式添加 reporter 依赖：

```xml
<dependencyManagement>
  <dependencies>
    <dependency>
      <groupId>io.zipkin.reporter2</groupId>
      <artifactId>zipkin-reporter-bom</artifactId>
      <version>${zipkin.reporter2.version}</version>
      <type>pom</type>
      <scope>import</scope>
    </dependency>
  </dependencies>
</dependencyManagement>
<dependencies>
  <dependency>
    <groupId>io.zipkin.reporter2</groupId>
    <artifactId>zipkin-sender-okhttp3</artifactId>
  </dependency>
</dependencies>
```

示例 2-2   添加 reporter 依赖

在示例 2-2 中，dependencyManagement 中添加的 zipkin-reporter-bom 主要用于处理上述构件之间的版本依赖关系，这样在 dependencies 中添加依赖时就不必担心构件间的兼容问题。示例 2-2 在引入 zipkin-sender-okhttp3 依赖的同时，也会将 Zipkin 上报组件所在的构件 zipkin-reporter 以及定义了跨度模型的核心库 zipkin 构件也添加进来。有了这些构件就可以编写生成跨度以及上报至 Zipkin 服务的代码了，如示例 2-3 所示：

```
public static void main(String[] args){
    String zipkinAddress = "http://localhost:9411/api/v2/spans";
    OkHttpSender sender = OkHttpSender.newBuilder()
        .endpoint(zipkinAddress)
        .build();
    AsyncReporter<Span> reporter = AsyncReporter.create(sender);

    Endpoint localEndpoint = Endpoint.newBuilder()
        .serviceName("first-service")
        .build();
    Span span = Span.newBuilder()
        .name("first-span")
        .traceId("1")
        .id("1")
        .localEndpoint(localEndpoint)
        .timestamp(System.currentTimeMillis()*10001)
        .duration(100)
        .build();
    reporter.report(span);
    reporter.flush();
    reporter.close();
}
```

示例 2-3　Zipkin 上报跨度

在示例 2-3 中，zipkinAddress 定义的地址是 Zipkin 服务默认开放的 REST 接口，这是 Zipkin 用于接收跨度的 V2 版本接口。OkHttpSender 组件是基于 OkHttp 框架实现的传输组件，它负责将跨度编码后再通过 HTTP 协议传输给 Zipkin。AsyncReporter 组件则是向 Zipkin 上报跨度的上报组件，它的职责并不在于传输跨度而在于异步上报。在调用 AsyncReporter 的 report 方法后，跨度数据并不会立即上报给 Zipkin，必须要调用 flush 方法强制 AsyncReporter 上报。zipkin2.Span 就是 Zipkin 核心库中定义的跨度模型，包括 name、traceId、id、localEndpoint、timestamp、duration 等追踪相关信息。其中 name 定义了当前跨度的名称，它通常是一个方法或线程的名称；而在 Endpoint 中则通过 serviceName 定义了服务的名称，它通常代表的就是一个微服务或组件的名称。有关跨度这些数据的详细介绍，请参考本章 2.3 节。运行示例 2-3 中的代码后，在 Zipkin 查询页面上单击查找按钮就会看到 first-service 的追踪信息（见图 2-2）。

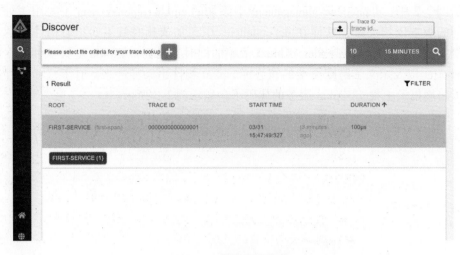

图 2-2　查找追踪信息

在查找结果中展示的是一次调用的全部追踪信息，包括这次调用总耗时为 100μs、跨度总数量为 1 等信息。可以看到，调用总耗时正是示例 2-3 中 duration 方法设置的 100，并且由于只上报了一个跨度，所以以界面上展示出来的跨度也只有一个。但在更典型的分布式系统中，一次调用链路会包含很多跨度，甚至会包含很多服务。如果想要查看一次调用的某个跨度的详细信息，单击查询结果中的跨度就会看到跨度详情，如图 2-3 所示。

图 2-3　查看跨度详情

如图 2-3 所示，页面左侧会列出追踪中所有跨度，而右侧则展示跨度的具体信息，包括跨度标识符、标注、标签等。

2.1.3　错误排查

尽管 Zipkin 在使用上非常简单，但作为基础服务的追踪系统一般是不会也不应该在出错时阻断业务系统执行，这也导致一旦追踪系统出现问题时会很难查找原因。如果读者在运行了示例 2-3 中的代码后没有在 Zipkin 查找界面看到追踪信息，可从以下几个方面查找线索。

首先是看网络通信是否正常。由于示例 2-3 采用 OkHttp 框架以 HTTP 协议上报跨度数据，所以必须要保证客户端代码运行的节点与 Zipkin 服务所在节点之间可通过 HTTP 协议连通访问。由于 Zipkin 接收跨度数据的 REST 接口需要以 POST 方法请求，所以读者可以尝试使用类似 Postman 这样的工具直接发送 POST 请求。如果有跨度数据上报，正常情况下 Zipkin 应该会返回 202 状态码，通过这种方式就可以检查该接口的可达性。

其次是检查客户端代码是否正确，有两个地方需要读者特别注意。一是 AsyncReporter 并非同步上报，代码中添加的 reporter. flush( ) 就是为了强制 AsyncReporter 立即上报。所以如果客户端与 Zipkin 服务之间网络通信正常，就再看一下代码中是否添加了上述强制上报的代码。另一方面，Zipkin 在接收到跨度数据后会对跨度数据做校验，如果数据不完整则跨度数据也不会在 Zipkin 界面中展示出来。比如 traceId、id 等标识符要求使用小写的十六进制字符串，并且长度不应该超过 16 个字符。还有 timestamp、duration 等时间信息也是必不可少的，它们是 Zipkin 计算跨度耗时的依据。所以读者最好按示例 2-3 那样将跨度信息设置完整，否则即使上报已经成功也有可能无法在界面中查找到它们。

最后，Zipkin 查找界面上有一些查询条件，要保证这些查询条件与上报数据一致。比如在默认情况下，Zipkin 查找界面中只会查找 15 分钟之内上报的跨度数据，所以在上报时间超过 15 分钟后它们就不能再被查找出来。所以最好将查找时间范围设置得大一些，时间范围是在查找按钮前的下拉列表中设置，可以将时间范围设置为一天。

2.2　Zipkin 组件与接口

除了提供了可视化的查询界面以外，Zipkin 服务在 9411 端口还提供了一组 REST 接口。示例 2-3 中使用的“http://localhost:9411/api/v2/spans”就是 REST 接口之一，该接口的作用是用来接收跨度数据。但 REST 接口更多的还是提供查询功能，这包括对服务名称、追踪数据和依赖关系的查询等。这些 REST 接口可以与第三方系统集成使用，这对于不想直接使用 Zipkin 界面的用户来说非常有价值。

除了 REST 接口以外，Zipkin 为服务的健康检查、指标监控等提供了数据服务。比如，在使用 Prometheus 监控 Zipkin 服务时，可以在 Prometheus 中配置拉取数据的地址为“http://localhost:9411/prometheus”，而这个地址就是 Zipkin 默认提供监控指标数据的服务。表 2-1 将 Zipkin 开放的所有服务地址都列了出来。

表 2-1　Zipkin 开放的服务地址

服务地址	说明
http://localhost:9411/api/v1	V1 版本的 API，已经废止
http://localhost:9411/api/v2	V2 版本的 API
http://localhost:9411/health	用于服务健康检查
http://localhost:9411/metrics	收集组件的指标数据
http://localhost:9411/prometheus	用于 Prometheus 拉取指标数据的地址
http://localhost:9411/info	用于提供 Zipkin 服务版本等信息
http://localhost:9411/zipkin/config. json	Zipkin 界面配置信息

在表 2-1 中，/health 和/info 接口实际上是 Spring Boot 自带的接口，它们通常可用于监控 Zipkin 存活状态。比如，使用 Elastic Stack 中的 Heartbeat 组件监控它们，就可以在 Zipkin 服务宕机时发出告警。而/metric 和/prometheus 则主要是针对 Prometheus，可用于监控 Zipkin 服务的各种运行指标，比如内存消耗情况、CPU 使用情况等。/zipkin/config.json 实际上 Zipkin 界面的配置文件，Zipkin 服务启动起来后主动到这个地址读取配置信息，并依据这些信息初始化查询界面。

需要注意的是，表 2-1 中的/api/v1 和/api/v2 是 REST 接口的根地址，所以直接访问它们会返回 404 错误。在这两个地址下包含有更多接口地址，它们都是由 Zipkin 接口组件（API）实现。除了接口组件以外，Zipkin 还包含一些其他组件，这些组件之间共同协作完成跨度的上报、收集、存储和分析的功能。Zipkin 服务对这些组件提供了非常丰富的配置方法，通过配置可以使 Zipkin 服务适用于不同的应用场景。比如 Zipkin 的 REST 接口，在不需要的情况下是可以通过配置关闭的。在学习这些配置方法之前，先来看一下 Zipkin 的组件都有哪些，以及它们在 Zipkin 体系结构中的作用。

2.2.1　体系结构

从广义上来说，Zipkin 有客户端和服务端两部分组件。Zipkin 客户端主要就是用于生成跨度数据的埋点库，而服务端则可以存储、分析和可视化跨度数据。Zipkin 埋点库中的组件包括上报组件（Reporter）和传输组件（Transport）等两种，而 Zipkin 服务则包含收集组件（Collector）、存储组件（Transport）、接口组件（API）和界面组件（UI）等四种。这些组件只是代码实现层面的组件，用户实际面对的仍然只有埋点库和 Zipkin 服务。从部署的角度来看，埋点库与业务系统集成在一起，而 Zipkin 服务则需要独立部署。Zipkin 服务内部包含的组件不能独立部署，但 Zipkin 的一些配置则是针对这些组件的。由于这些组件不能独立部署，所以在高可用性要求下只能多部署几个 Zipkin 服务。Zipkin 服务总体来说是无状态的，所以通过反向代理机制就可以实现多个 Zipkin 服务的负载均衡。图 2-4 描述了 Zipkin 这些组件之间的调用与通信关系。

如图 2-4 所示，Zipkin 埋点库通过上报组件将跨度发送给 Zipkin 服务。但上报组件并不直接传输跨度，而是将传输职责委托给了传输组件。对于 Java 语言的埋点库来说，上报组件和传输组件定义在 zipkin-reporter-java 项目中。在 2.1.2 节示例 2-3 中使用的 AsyncReporter 就是一种上报组件，而 OkHttpSender 则是一种传输组件。在实际应用中使用的 Java 埋点库为 Brave，但这个埋点库使用的上报组件和传输组件也是基于 zipkin-reporter-java 项目。对于其他语言的埋点库来说，它们并不一定基于 zipkin-reporter-java，它们的上报组件和传输组件需要单独定义。

Zipkin 服务位于服务端，它通过收集组件接收埋点库上报的跨度，并通过存储组件将它们存储起来。Zipkin 在这些存储组件的基础上通过接口组件开放了 REST 接口，并通过界面组件将追踪信息展示出来。Zipkin 的 REST 接口实际上就是由接口组件定义，而界面组件也需要通过接口组件查询追踪信息。服务端的这些组件虽然不能独立部署，但它们的配置却都是分开的，下面就来看一下配置组件的具体方法。

2.2.2　组件配置

由于 Zipkin 服务基于 Spring Boot 开发，所以 Spring Boot 支持的配置方法对于 Zipkin 服

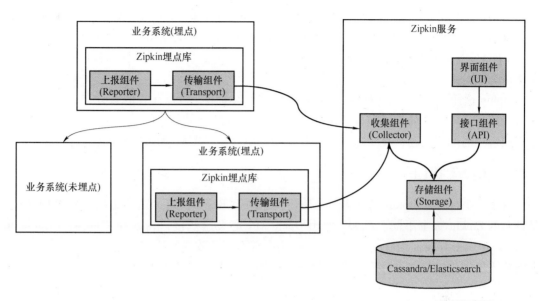

图 2-4　Zipkin 组件与体系结构

务来说也同样适用。这意味着用户可以通过环境变量、Java 系统属性、Properties 文件等多种方式配置 Zipkin 服务，但 Zipkin 官方建议尽量使用环境变量。

　　遵从 Spring Boot 的命名约定，Zipkin 配置的环境变量与系统属性之间一般一一对应，并且存在着一定的命名转换规则。环境变量应该使用大写字母，而系统属性则使用小写字母。环境变量使用下划线 "_" 分隔不同的单元，而系统属性则使用点 "."。所以按照这个规则，如果知道了环境变量名称，一般是可以推断出其系统属性的名称，反之亦然。比如，如果知道了系统属性名称为 zipkin. ui. environment，则对应的环境变量应该是 ZIPKIN_UI_ENVI-RONMENT。它们在配置 Zipkin 服务时的效果理论上来说是一样的，只在优先级上不一样。例如，按示例 2-4 的方式启动 Zipkin 服务：

```
ZIPKIN_UI_ENVIRONMENT = test \
    java -jar zipkin-server. jar \
    --zipkin. ui. environment = production \
    --QUERY_PORT = 9511
```

示例 2-4　使用环境变量和系统属性

　　示例 2-4 在命令前设置环境变量的方式仅适用于 Linux，在 Windows 中需要通过单独的 set 命令设置。当然也可以利用 Spring Boot 的特性，在 JAR 后面以两个减号的形式设置环境变量，示例 2-4 中的 QUERY_PORT 就是以这种方式设置的环境变量。虽然示例 2-4 先通过环境变量 ZIPKIN_UI_ENVIRONMENT 设置值为 test，但由于系统属性比环境变量的优先级更高，zipkin. ui. environment 最终的值还是 production。

　　环境变量非常适合基于 Docker 镜像的启动方式，而系统属性则更多地应用于命令行启动中。尽管在多数情况下环境变量与系统属性都可以使用，但有些配置的环境变量与系统属性之间不遵从名称的转换规则，有些甚至就没有对应的系统属性。比如示例 2-4 中使用的 QUERY_PORT，它对应的系统属性就没有遵从名称转换的规则。如果想使用 que-ry. port 取代 QUERY_PORT 修改端口将不会起作用，因为它对应的系统属性其实是 server. port。类似这样的情况在 Zipkin 中还不算少数，本章后续小节中讲解到具体配置时会逐一介绍。

Zipkin 这样设计的目的应该是为了屏蔽底层实现细节，所以在它的官方文档中也强烈建议用户使用环境变量的方式配置 Zipkin。除非是对 Zipkin 底层实现非常了解，并且有环境变量不能解决的配置问题，在实际应用和开发中都应该尽量回避使用系统属性。

2.2.3　REST 接口

由表 2-1 可见，Zipkin 服务实际上是开放了两组 REST 接口，这两组接口基本相同，只是针对的 Zipkin 版本不同。Zipkin 使用 Open API 定义这些接口，并在 "https://zipkin. io/zipkin-api/" 上开放了接口文档。Zipkin 在这个页面上开放的默认文档版本为 V2，但只要在页面输入框中修改接口 YAML 文件链接就可以切换版本，如图 2-5 所示。

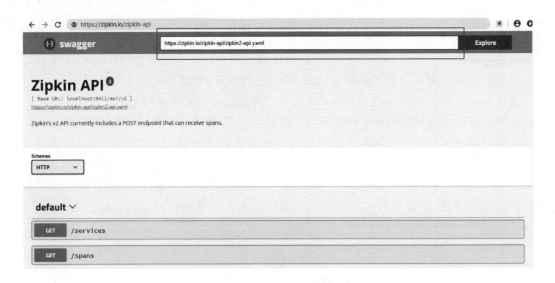

图 2-5　REST 接口文档

图 2-5 所示的 REST 接口文档即为 V2 版本，在顶部的输入框中就是 V2 版的 YAML 文件地址。V1 版本 YAML 文档地址为 "https://zipkin. io/zipkin-api/zipkin-api. yaml"，输入这个地址后单击后面的 Explore 按钮就会切换到 V1 版本的文档。V1 和 V2 两个版本的接口，不仅在接口地址上有变化，在数据模型上也有比较大的变化。本节先来比较一下它们在接口上的区别，数据模型方面的变化将在 2.3 节中介绍。

1. V1 版接口

V1 版接口地址共有 5 个，除了/spans 接口支持 POST 方法请求以外，其余接口都只支持 GET 方法。示例 2-3 中上报跨度就是通过 POST 方法请求/spans 接口，但这个接口也支持 GET 方法，以 GET 请求时可以查询一个服务的所有跨度名称。表 2-2 列出了 V1 版本支持的所有 REST 接口。

表 2-2　REST 接口 V1 版本

接口地址	请求方法	参数	必选	说明
/services	GET	无参数	否	返回所有服务名称
/spans	GET	serviceName	是	查询一个服务的所有跨度名称
	POST	span	是	接收跨度
/traces	GET	serviceName	否	根据参数查询追踪
		spanName	否	
		annotationQuery	否	
		minDuration	否	
		maxDuration	否	
		endTs	否	
		lookback	否	
		limit	否	
/trace/{traceId}	GET	traceId	是	根据 ID 查询追踪
		raw	否	
/dependencies	GET	endTs	是	查询服务依赖关系
		lookback	否	

表 2-2 中所有接口地址都是基于 "http://localhost:9411/api/v1"，比如/services 实际请求的地址应该是 "http://localhost:9411/api/v1/services"，这个接口主要用于查询所有服务名称。以 GET 方法请求/services 和/spans 接口时，返回结果中的数据只有服务和跨度的名称，而其余三个接口返回的结果则包含了追踪或依赖的详细信息。其中/traces 接口的参数非常多，它的作用就是根据请求参数将满足条件的追踪都查询出来，所以返回的追踪数据并不一定只有一个。而/trace/{traceId} 接口则是根据追踪标识符查询追踪，所以返回结果中只有一个追踪。最后一个接口/dependencies 用于查询服务间的依赖关系，有关依赖关系的内容请参考 2.6.4 节。

2. V2 版接口

V2 版本接口继承了 V1 版本的所有接口，只是在参数上有细微变化。这个细微变化指的是在以 POST 方法请求/spans 接口时，V1 版本中所需要的参数是 span，而 V2 版本中则修改为 spans。由于上报跨度数据时可能是多个，所以这个修改也算是对原有参数的一个修正。除了这些继承下来的接口，V2 版本还增加了三个新的接口。V2 版本接口的 YAML 文件地址为 "https://zipkin.io/zipkin-api/zipkin2-api.yaml"，表 2-3 将这些接口都列了出来。

表 2-3　REST 接口 V2 版本

接口地址	请求方法	参数	必选	说明
/services	GET	无参数	否	返回所有服务名称
/spans	GET	serviceName	是	查询一个服务的所有跨度名称
	POST	spans	是	接收跨度

（续）

接口地址	请求方法	参数	必选	说明
/traces	GET	serviceName	否	根据参数查询追踪
		spanName	否	
		annotationQuery	否	
		minDuration	否	
		maxDuration	否	
		endTs	否	
		lookback	否	
		limit	否	
/trace/{traceId}	GET	traceId	是	根据 ID 查询追踪
/traceMany	GET	traceIds	是	根据一组 ID 查询追踪，ID 间用逗号分隔
/dependencies	GET	endTs	是	查询服务依赖关系
		lookback	否	
/autocompleteKeys	GET	无参数	否	查询自动补齐标签键的名称
/autocompleteValues	GET	key	是	查询自动补齐标签键的候选值

在新的接口中，/traceMany 与/trace/{traceId} 都是根据追踪标识符查询追踪信息，不同的是/trace/{traceId} 接口一次只能查询一个追踪，而/traceMany 接口则可以查询多个。/traceMany 接口的参数 traceIds 可设置多个追踪标识符，多个标识符之间使用逗号分隔。另两个新接口/autocompleteKeys 和/autocompleteValues 主要用于自动补齐标签，具体请参考 2.6.3 节中的详细介绍。

由此可见，V1 和 V2 两个版本在接口层面上的变化并不大，它们的变化更多还是体现在跨度模型上，接下来就来讨论一下 Zipkin 中的跨度模型。

2.3　跨度数据模型

在 Zipkin 的 REST 接口中定义的跨度数据模型也分为 V1 和 V2 两个版本，它们定义了 REST 接口收到的跨度应该包含哪些数据，最终跨度是以 JSON 格式的形式提供给 REST 接口。但 Zipkin 服务除了支持 JSON 格式编码的跨度数据以外，还支持以 Thrift、Protocol Buffer 编码的跨度数据，所以这其实还涉及跨度的数据编码问题。但在实际应用中用户都是面对埋点库中的跨度模型，而几乎不需要向 Zipkin 提供编码后的跨度数据。所以本节将基于 Zipkin 源代码介绍跨度模型，同时讲解 V1 模型与 V2 模型的主要区别。

V1 模型在 Zipkin 中已经废止，V1 模型相较于 V2 模型也有些复杂，所以我们先以 V2 模型入手看看跨度中都包含哪些数据。V2 跨度模型由基本信息、标注（Annotation）、标签（Tag）和端点（Endpoint）等四部分组成。zipkin2.Span 是 Zipkin 服务对 V2 版本跨度的核心抽象，它位于 openzipkin/zipkin 项目的 zipkin 模块中。在图 2-4 所示的体系结构图中，上报组件上报的追踪信息就是使用 zipkin2.Span，而收集组件接收的追踪信息也是使用 zipkin2.Span。zipkin2.Span 核心属性如示例 2-5 所示：

```
public final class Span implements Serializable {
  ......
  final String traceId,parentId,id;
  final Kind kind;
  final String name;
  final long timestamp,duration;
  final Endpoint localEndpoint,remoteEndpoint;
  final List < Annotation > annotations;
  final Map < String,String > tags;
  final int flags;
  ......
}
```

示例 2-5　zipkin2. Span 核心属性

zipkin2. Span 中的这些属性被设计为只读，这意味着一旦创建以后它的属性就不能再被修改。zipkin2. Span 的构造方法被设计为包内可见，所以不能直接通过 new 操作符创建它的实例，而需要像示例 2-3 那样使用其内部类 zipkin2. Span. Builder 来创建。显然 zipkin2. Span 并不能体现跨度的生命周期，它只是 Zipkin 服务内部表示跨度的数据模型。因为跨度的数据需要在业务系统执行过程中逐渐获得，不可能在跨度创建的时候就知道所有信息。比如跨度的结束时间、持续时间这些信息，它们只能是在跨度结束时才知道。这也是为什么有了 zipkin2. Span，在埋点库中依然要定义自己的跨度。埋点库中的跨度除了数据以外，更多的是侧重于跨度的生命周期管理。

2.3.1　基本信息

在 zipkin2. Span 的属性中，traceId、parentId、id、kind、name、timestamp、duration、flags 等都可以归入跨度的基本信息，下面分别来看一下这些属性。这部分内容会有一些枯燥，初学者可以先简单过一遍，待对 Zipkin 有了深入理解后再回来细读会更有味道。

1. 标识符

在基本信息中，traceId、parentId、id 代表的都是与追踪相关的标识符。这些标识符对于 Zipkin 来说非常重要，Zipkin 服务就是根据这些标识符识别跨度之间的关系。其中，id 代表的是当前跨度的标识符，parentId 是当前跨度的父跨度标识符，而 traceId 则是整个追踪的标识符。不同跨度应该具有不同的跨度标识符，如果不同的跨度拥有了相同的标识符，它们会被 Zipkin 视为同一个跨度；同一个追踪中的跨度应该具有相同的追踪标识符，否则它们就不能被 Zipkin 归入同一个追踪。并不是所有跨度都有父跨度，比如一个追踪的顶层跨度就不存在父跨度。所以如果跨度的 parentId 为 null，则说明这个跨度是一个追踪的顶层跨度，顶层跨度也称为根跨度（Root Span）。一般来说，为了减少一次跨度标识符的创建，根跨度的 id 会采用与 traceId 相同的数值。这些标识符在 Zipkin 中没有任何业务含义，但在其他一些追踪系统中则可能会包含某些业务意义。比如在一些追踪系统中，跨度的标识符可以被定义为通过点分隔的字符串，如 "1.1.1"，它可以体现出当前跨度在整个调用链路中的层级。

虽然这些标识符在 Zipkin 中没有业务含义，但为了防止标识符重复并保证它们能以一致形式展现出来，这些标识符的长度和表现形式却有着严格的定义。理论上来说，由于跨度一定归属于一次追踪，所以跨度的标识符只要在追踪中保证惟一即可。但追踪标识符 traceId 则必须要保证全局惟一，Zipkin 服务通过追踪标识符来合并跨度。所以 traceId 在长度上的要求比 id 和 parentId 更高一些，id 和 parentId 长度要求是 64 个比特位，而 traceId 长度则要求是 64 或 128 个比特位。从表现形式上来说，zipkin2. Span 中 id、parentId 和 traceId 都是字符串类型，它们是这些标识符转换为十六进制后的字符串，并且字母只能使用小写字母。换句话说，标识符只能是 0 ~ 9、a ~ f 中的字符。例如，如果跨度 id 的实际值为 123456789，则它在 zipkin2. Span 中使用的字符串则是 "00000000075bcd15"。跨度 id 长度要求是 64 个比特位，所以转换后的十六进制字符串长度为 16，而长度不足时则需要在左侧补 0。同样的，traceId 由于长度为 64 或 128 个比特位，所以它在 zipkin2. Span 中保存的是长度为 16 或 32 的字符串。

2. 时间

因为 Zipkin 埋点库一般会采用异步方式上报跨度，跨度并不能保证一定按调用顺序上报，所以在跨度的数据模型中有两个与时间相关的属性 timestamp 和 duration。Zipkin 服务端使用这两个属性计算跨度在一次调用中的时间顺序和耗时，这两个属性的单位都是微秒，以保证统计时间的精确性。具体来说，timestamp 是跨度开始时的微秒时间，duration 是整个跨度总耗时的微秒数。有了标识符和时间，无论埋点库以什么样的顺序、有多大的延迟去上报跨度，Zipkin 都可以依据这些数据将它们再组装起来，从而保证了追踪信息的完整性。

3. 名称与类型

zipkin2. Span 中的 name 属性代表跨度名称，相较于标识符而言，跨度名称没有太多限制。通常可以使用操作或方法名称作为跨度名称，如果没有定义跨度名称则使用默认名称 unknown。跨度名称最终会显示在 Zipkin 界面中，它能够以更为直观的方式展示跨度的信息。

zipkin2. Span 中的 kind 属性代表的是跨度类型，它是以枚举 Kind 定义的一个属性。Kind 枚举包括 CLIENT、SERVER、PRODUCER 和 CONSUMER 四种值，其中 CLIENT 和 SERVER 对应基于 RPC 的分布式调用，而 PRODUCER 和 CONSUMER 则是基于消息的分布式调用。

2.3.2 标注与标签

zipkin2. Span 中的 annotations 和 tags 属性代表跨度的标注和标签，虽然它们的中文名称只有一字之差，但它们的含义和用途却有着明显的区别。Zipkin 中的标注与 Dapper 中的标注含义相同，都是带有时间戳的文本说明，用于标识一次调用过程中某些特定事件的时间点。而 Zipkin 中的标签则是一组键值对的集合，它通常用于设置一些与跨度相关的自定义数据。标签是 Zipkin 在 V2 版本后引入的新概念，它对应于 Dapper 中提及的键值对形式的二元标注（BinaryAnnotation）。事实上，Zipkin 的 V1 跨度模型与 Dapper 跨度数据模型几乎完全一致，标注分为 Annotation 和 BinaryAnnotation 两种。只是在 V2 版本中才将 BinaryAnnotation 演变成标签，这也是 V1、V2 两个版本在跨度数据模型上的一个最大区别。

标注将一个跨度中的特定事件与时间戳关联起来，这样可以将一个跨度在时间上的消耗表现得更加细致。所以从实现的角度来说，标注主要包括两个属性 value 和 timestamp，value 是字符串类型，它标识了当前标注代表的事件；而 timestamp 则是长整型，代表了与这个事件关联的时间戳。

由于标注代表的是一个事件，所以 value 通常是一个简短的编码，而不是对事件的具体描述。Zipkin 内置了四种有关 RPC 调用的标注编码，它们分别是 cs（Client Send）、sr（Server Receive）、ss（Server Send）和 cr（Client Receive）；此外还有两种有关基于消息的标注编码，它们是 ms（Message Send）和 mr（Message Receive）。对于一次 RPC 调用来说，cs、sr 对应着客户端发送调用请求及服务端接收到调用请求，这正好描述了一个完整的调用请求过程；而 ss、cr 对应着服务端发送处理结果，则对应响应。客户端和服务端会分别将标注上报到 Zipkin，而 Zipkin 则会将同属一个跨度的标注合并起来组成一个完整的跨度。标注可通过 zipkin2. Span. Builder 的 addAnnotation 方法添加，例如在示例 2-3 的基础上添加如示例 2-6 所示代码：

```
long timestamp = System. currentTimeMillis () *1000L;
Span span1 = Span. newBuilder ()
     . name ("first-span")
     . traceId ("1")
     . id ("1")
     . localEndpoint (localEndpoint)
     . timestamp (timestamp)
     . duration (100)
     . addAnnotation (timestamp,"cs")
     . addAnnotation (timestamp +10,"sr")
     . addAnnotation (timestamp +70,"ss")
     . addAnnotation (timestamp +80,"cr")
     . addAnnotation (timestamp +90,"ee")
     . build ();
```

示例 2-6　向跨度添加标注

重启 Zipkin 服务或是修改 traceId 后（主要是为了防止与已上报的跨度数据冲突）再次上报示例 2-6 中的跨度，在 Zipkin 追踪查询界面中就会看到新添加进来的标注。在查看追踪详情页面右侧会有一个 SHOW ALL ANNOTATIONS 的按钮，单击这个按钮就会看到所有添加进来的标注，如图 2-6 所示。

图 2-6 所示的追踪信息中，first-span 的时间跨度多出了一些圆圈，这些圆圈代表的就是示例 2-6 中添加的标注信息。当单击这些圆圈时，Zipkin 还会在跨度下面展示该标注的详细信息。由于标注是带时间的事件，所以它相当于是将整个跨度做了细化，可以让用户从事件的维度更加细致地了解一个跨度的发展过程。此外，由于 cs、sr、ss 和 cr 具有特定的含义，所以它们在标注的文本说明中已经被解释为相应的事件。为了说明标注的用法，示例 2-6 中还特意添加了一个没有含义的标注 ee，可以看到 ee 在文本说明中并没有被解释为具体的事件。标注对于分析一个跨度中的性能瓶颈非常有意义，因为它将一个跨度分割为多个事件并

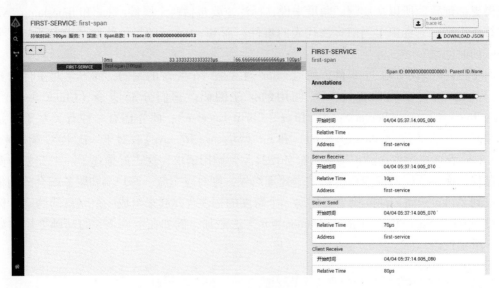

图 2-6　查看标注

通过标注的形式记录它们的时间戳，这样通过时间戳的差值就可以很容易地计算出每一个事件的耗时，进而通过比较这些事件耗时轻松找到跨度的性能瓶颈。

与标注不同，标签并没有时间戳，它只是一组键值对的集合。标签可以通过 zipkin2. Span. Builder 的 putTag 方法添加，读者可以试着在示例 2-6 中调用 putTag 给跨度添加标签，它们最终会出现在查看追踪详情的页面右侧，如图 2-7 所示。

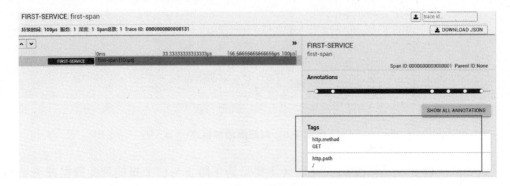

图 2-7　查看标签

标签一方面给跨度添加了一些文字说明，另一方面它也可以作为查询条件过滤追踪信息。使用 REST 接口中的/traces 接口查询追踪信息时，有一个名为 annotationQuery 的参数，它就是设置标签的参数。比如想要查询 http. method 值为 GET 的追踪信息，可以按如下方法请求该接口：

http://localhost:9411/api/v2/traces?annotationQuery = http. method = GET

Zipkin 会将所有带有 http. method 标签且值为 GET 的跨度全部返回，这相当于是把请求方法为 GET 的跨度都检索出来了。标签在实际应用中非常有价值，比如可以给出现错误的跨度打上 error 标签，这样就可以方便地找出所有错误的调用。除了在 REST 接口中使用标签过滤跨度以外，在 Zipkin 查询界面中也可以设置标签为查询条件，如图 2-8 所示。

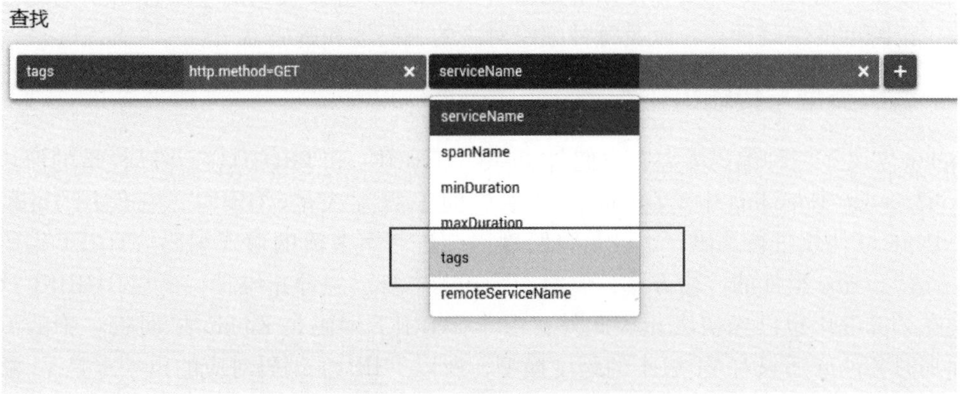

图 2-8　按标签查询跨度

在查询条件中的 tags 参数即为设置标签的参数，单击该参数后可在输入框中设置相应的标签名称和值，设置好后再单击查询按钮即可查询到满足标签条件的跨度了。

2.3.3　端点

端点可以理解成是在一次调用中对应的服务，在 Zipkin 中由 zipkin2. Endpoint 定义。它体现了一个服务所处的网络节点环境，主要包括服务名称、节点 IP 地址、节点端口号等信息。在 REST 接口和查询界面中使用的 serviceName 参数，就是在 Endpoint 中设置的服务名称。服务名称与标识符一样，都是跨度必须要设置的属性。

由于 RPC 调用中必然存在调用方和被调用方两个端点，所以 zipkin2. Span 中包含两个端点 localEndpoint 和 remoteEndpoint。在不同场景下，localEndpoint 和 remoteEndpoint 代表的含义可能不尽相同。比如在基于消息的应用场景下，localEndpoint 和 remoteEndpoint 都有可能是消息队列，这其实取决于跨度的 kind 属性。如果 kind 为 PRODUCER，那么 remoteEndpoint 就应该是消息队列；而如果 kind 为 CONSUMER，那么 localEndpoint 就有可能是消息队列。

Zipkin 接口和界面中都可以查询服务之间的依赖关系，而依赖关系正是通过跨度的 localEndpoint 和 remoteEndpoint 计算得来。如果这两个属性指向到不同的服务，那么这两个服务之间就存在着依赖关系。

2.4　编码与上报

zipkin2. Span 定义了跨度需要包含哪些信息，但并没有定义它们在上报给服务器时的编码形式。如果埋点库以 Protocol Buffer 对跨度编码，而 Zipkin 服务却以 JSON 格式解码，那么最终得到的数据肯定就是错误的。所以为了保证 Zipkin 服务能够正确解码跨度数据，埋点库与 Zipkin 服务还需要明确跨度传输使用的编码。

由于跨度数据是上报组件通过传输组件发送给 Zipkin 服务，而 Zipkin 服务中负责接收跨度的则是收集组件，所以跨度的编码问题就涉及上报组件、传输组件和收集组件三方。首先，上报组件创建后会与一种编码器（Encoder）绑定，它在发送跨度前会通过编码器将跨度转换为字节流；传输组件则与一种编码（Encoding）类型绑定，它会在传输数据时以这种编码发送跨度；而收集组件则会使用解码器（Decoder）将接收到的字节流解析为跨度。本节就来讨论跨度的编码种类，以及每种编码对应的编码器和解码器。

2.4.1 编码类型与传输组件

Zipkin 定义了三种编码类型，它们是 JSON、THRIFT 和 PROTO3，并以枚举的形式定义在 zipkin2. codec. Encoding 中。Zipkin 跨度最早的编码方式是 THRIFT，它使用 Thrift 中的 TBinaryProtocol 协议进行编码，也就是将跨度以二进制字节流的形式编码。THIFT 编码主要是用于支持 Scribe 组件的传输方式，但由于 Scribe 本身已经停止维护，所以 THRIFT 这种编码类型在 Zipkin 中也已经被废止。此外，由于 THRIFT 编码是 Zipkin 早期版本中的编码类型，而那时 Zipkin 还只有 V1 版本的跨度模型，所以 THRIFT 编码对应的也一定是 V1 版本的跨度模型。由于 V1 版本的跨度模型也已经被废止，THRIFT 这种编码在可预期的未来中也一定会被逐渐淘汰。它之所以还出现在 Encoding 这个枚举中是为了兼容历史数据，但新项目中不应该再使用 THRIFT 编码。

JSON 编码类型目前是 Zipkin 的主流编码类型，在 2.2.3 节介绍的 REST 接口就是以 JSON 格式的跨度数据为主。由于 JSON 编码类型诞生于 Zipkin 跨度模型的变革时期，所以它与 REST 接口一样也分为 V1 和 V2 两个版本。JSON 编码两个版本的区别与 2.3 节中跨度模型 V1 和 V2 版本的区别一样，主要也是将二元标注改为了标签。如果不做特殊设置，埋点库上报时采用的编码类型就是 V2 版本的 JSON 编码。无论是 V1 还是 V2，从编码的角度来看它们都属于 JSON 格式，所以在 zipkin2. codec. Encoding 中只有一个 JSON 枚举与它们对应。但从编码器和解码器的角度来看，V1 和 V2 则需要不同的编解码器，所以它们对应的编解码器并不相同。

最后一种编码是 PROTO3，它采用 Protocol Buffer 对跨度数据做编码。Protocol Buffer 从数据空间、执行执行效率上来说都比较有优势，是数据序列化与反序列化组件中非常有竞争力的一个。由于 PROTO3 是最晚支持的编码类型，所以它对应的跨度为 V2 版本的模型。这种编码目前还处于实验阶段，但它肯定是未来的主力编码类型。

编码类型与传输组件相关联，传输组件一旦实例化就会与一种编码类型绑定。zipkin2. reporter. Sender 是 Zipkin 抽象出来的传输组件，它定义在 openzipkin/zipkin-reporter-java 项目中。zipkin2. reporter. Sender 有多个实现类，每个实现类都代表了一种传输方式。Zipkin 支持包括 HTTP、ActiveMQ、Kafka、gRPC、RabbitMQ 和 Scribe 等多种传输方式，与它们相对应的传输组件也都被封装到不同的 Maven 构件中，用户可以根据实际需要以 Maven 依赖的形式将它们添加到项目中。示例 2-7 罗列了所有 Zipkin 传输组件对应的 Maven 构件，用户可以根据需要添加：

```
< dependencyManagement >
  < dependencies >
    < dependency >
      < groupId >io. zipkin. reporter2 </groupId >
      < artifactId >zipkin-reporter-bom </artifactId >
      < version > $ {zipkin-reporter. version} </version >
```

```xml
    <type>pom</type>
    <scope>import</scope>
  </dependency>
 </dependencies>
</dependencyManagement>
<dependencies>
 <dependency>
   <groupId>io.zipkin.reporter2</groupId>
   <artifactId>zipkin-sender-okhttp3</artifactId>
 </dependency>
 <dependency>
   <groupId>io.zipkin.reporter2</groupId>
   <artifactId>zipkin-sender-libthrift</artifactId>
 </dependency>
 <dependency>
   <groupId>io.zipkin.reporter2</groupId>
   <artifactId>zipkin-sender-urlconnection</artifactId>
 </dependency>
 <dependency>
   <groupId>io.zipkin.reporter2</groupId>
   <artifactId>zipkin-sender-kafka08</artifactId>
 </dependency>
 <dependency>
   <groupId>io.zipkin.reporter2</groupId>
   <artifactId>zipkin-sender-kafka</artifactId>
 </dependency>
 <dependency>
   <groupId>io.zipkin.reporter2</groupId>
   <artifactId>zipkin-sender-amqp-client</artifactId>
 </dependency>
 <dependency>
   <groupId>io.zipkin.reporter2</groupId>
   <artifactId>zipkin-sender-activemq-client</artifactId>
 </dependency>
</dependencies>
```

示例 2-7　传输组件依赖

示例 2-7 中添加的 dependencyManagement 元素是为了避免传输组件及上报组件之间的版本冲突，读者可根据实际情况考虑是否添加。在示例 2-7 所列的构件中，都包含有一个 Sender 的实现类，它们对应着一种类型的传输组件。而每种传输组件都有一种默认的编码类型，如果用户在创建传输组件时没有设置编码类型，那么跨度在传输时就会采用默认编码类型发送编码跨度。事实上，除了 Scribe 传输组件采用的是 THRIFT 编码以外，其他所有传输组件默认使用的编码类型都是 JSON。Scribe 传输方式对应的 Maven 构件为 zipkin-sender-libthrift，其中的传输组件为 LibthriftSender。这种传输组件不仅默认编码与其他组件不同，而且也不能在创建时修改编码类型，也就是说，它的编码类型只能是 THRIFT。但其他类型的传输组件则可以在创建时修改编码类型，比如可以将 OkHttpSender 默认使用 JSON 编码改为 PROTO3，如示例 2-8 所示：

```
OkHttpSender sender = OkHttpSender.newBuilder()
    .endpoint(zipkinAddress)
    .encoding(Encoding.PROTO3)
    .build();
```

示例2-8　修改传输组件编码

每种传输组件都会包含一个静态内部类用于构造传输组件，而这些构造类都会包括一个可以设置编码类型的方法 encoding。比如示例 2-8 中使用 OkHttpSender，它的构造类就是 OkHttpSender.Builder。其他传输组件的构造类和设置编码类型的方法也与示例 2-8 类似，读者可自行尝试设置其他传输组件的编码类型。

2.4.2　编码器与上报组件

编码器（Encoder）是 Zipkin 上报组件用于将跨度转换为字节流的组件，它定义在 Zipkin 核心库中，并被抽象为接口 zipkin2.codec.BytesEncoder。BytesEncoder 定义的主要业务方法是 encode 和 encodeList，它们的职责是将单个跨度或一组跨度转换为字节流。显然编码器的实现一定与编码类型相关，有多少种编码类型就应该有多少种编码器。所以 BytesEncoder 的实现类被定义为一个枚举 SpanBytesEncoder，而这个枚举中又定义了四个具体的实现，它们是 SpanBytesEncoder.JSON_V1、SpanBytesEncoder.JSON_V2、SpanBytesEncoder.THRIFT 和 SpanBytesEncoder.PROTO3。其中 SpanBytesEncoder.JSON_V1 和 SpanBytesEncoder.JSON_V2 对应的都是 JSON 编码类型，只是因为 JSON 编码包括 V1 和 V2 两种模型，所以它们的编码器也必然是两种。如果 THRIFT 和 PROTO3 也同时支持两种版本的跨度模型，那么它们的编码器也需要定义两种。

编码器与上报组件相关系，上报组件一旦实例化就会与一种编码器绑定。在默认情况下，上报组件会根据传输组件使用的编码来确定最终使用的编码器。AsncReporter.Builder 中的一段代码非常直观地说明了这个逻辑：

```
public AsyncReporter<Span> build(){
  switch(this.sender.encoding()){
  case JSON:
    return this.build(SpanBytesEncoder.JSON_V2);
  case PROTO3:
    return this.build(SpanBytesEncoder.PROTO3);
  case THRIFT:
```

```
    return this.build(SpanBytesEncoder.THRIFT);
  default:´
    throw new UnsupportedOperationException(this.sender.encoding().name());
  }
}
```

示例 2-9　上报组件确定编码器的规则

示例 2-9 调用了 AsncReporter.Builder 的另一个 build 方法，并通过这个方法传入了上报组件使用的编码器。所以在创建 AscnReporter 的时候，也可以直接使用这个 build 方法设置上报组件最终使用的编码器。例如在示例 2-10 中，由于 OkHttpSender 上报的地址采用 V1 版本的地址，所以在创建 AsyncReporter 时就需要将其使用的编码器设置为 SpanBytesEncoder.JSON_V1：

```
sender = OkHttpSender.create("http://localhost:9411/api/v1/spans");
reporter = AsyncReporter.builder(sender)
                   .build(SpanBytesEncoder.JSON_V1);
```

示例 2-10　上报 V1 版本的跨度数据

事实上，示例 2-10 所示的代码片段就是向 V1 版本接口上报 V1 版本跨度模型的方法，它非常直观地展示了编码器与上报组件之间的关系。

显然，传输组件绑定的编码类型与上报组件使用的编码类型必须要匹配，否则在传输组件发送数据时就会造成错误。由于传输组件的编码类型与上报组件的编码器可以分别设置，所以编码类型与编码器不匹配的情况还是有可能发生的。比如像示例 2-8 那样将 OkHttpSender 的编码类型设置为 PROTO3，而又像示例 2-10 那样将 AsyncReporter 的编码器设置为 JSON_V1，此时再上报跨度时就会抛出编码类型与编码器不匹配的错误。

zipkin2.reporter.AsyncReporter 是上报组件中最主要的实现类，它主要用于实现跨度数据的异步上报。AsyncReporter 通过编码器将跨度转换为字节流，然后会将它们缓存起来以实现异步上报。在默认情况下，以下几种情况会触发上报：

- 每隔 1s 上报一次数据；
- 队列缓存超过 1 万个跨度；
- 占用 JVM 内存超过 1%；
- 调用 flush 方法；
- close 方法会预留 1s 发送正在发送的 Span 数据，但超过 1s 后它们即使没有被发送出去也会被清理。

2.4.3　解码器与收集组件

解码器（Decoder）的作用与编码器刚好相反，它是 Zipkin 收集组件中用于从字节流中解析跨度的组件。解码器被定义为接口 zipkin2.codec.BytesDecoder，显然它的实现应该与编码器相对应，所以它的实现类 SpanBytesDecoder 也被定义为枚举。由于收集组件与 Zipkin 服务集成在一起，且可能接收各种编码类型的跨度数据，所以收集组件必须要支持所有编码类型。为了能够适用各种编码类型的跨度数据，收集组件需要自动根据跨度数据选择合适的解码器，而这个工作是通过 zipkin2. SpanBytesDecoderDetector 完成的。这个类会根据上报跨度数据的格式特点自动判断编码类型，并且选择合适的解码器对数据做解析。

跨度编解码问题不仅涉及编码类型、编码器和解码器，还涉及 Zipkin 埋点库和服务端中的传输组件、上报组件和收集组件等三个重要组件。为了帮助读者理清它们的关系，这里再对它们做一下总结。首先，Zipkin 支持三种编码类型，按出现的顺序为 Thrift、JSON 和 Protocol Buffer。它们被定义在 Encoding 枚举中，枚举名称分别为 THRIFT、JSON 和 PROTO3。其次，上报组件使用编码器将跨度编码为字节流，而收集组件则使用解码器从字节流中解析跨度。每种上报组件一定与一个编码器绑定，而收集组件则根据字节流的内容自动判断应该使用哪一种解码器。所以收集组件并不需要设置使用什么解码器，而上报组件其实也可以根据传输组件使用的编码类型自动绑定编码器。第三，由于跨度模型包括 V1 和 V2 两个版本，所以如果三种编码都支持两个版本的跨度模型，那么就需要六种编码器和六种解码器。但由于只有 JSON 编码支持两个版本的跨度模型，所以只有 JSON 编码被区分为 JSON_V1 和 JSON_V2 两种编码器。JSON 编码依然是 Zipkin 的主流编码，几乎所有传输组件使用的编码都是 JSON，但未来很可能会被 Protocol Buffer 所取代。

2.5　传输与存储

理论上来说，Zipkin 埋点库支持多少种跨度传输方式，Zipkin 服务就需要支持多少种跨度收集方式。比如埋点库支持向 ActiveMQ 中发送跨度数据，那么在 Zipkin 服务中就应该有一个从 ActiveMQ 中接收跨度的收集组件。实际情况也的确如此，埋点库的传输组件与 Zipkin 服务的收集组件基本是一一对应的，只不过它们有些在默认情况下并不会开启。所以在学习 Zipkin 时，收集组件与传输组件必须要结合起来看。一对收集组件与传输组件，本质上是对应着一种传输方式。

2.5.1　传输方式

Zipkin 支持包括 HTTP、ActiveMQ、Kafka、gRPC、RabbitMQ 和 Scribe 等多种传输方式，埋点库通过不同的传输组件选择不同的传输方式，而 Zipkin 服务则可以通过配置开启不同类型的收集组件。默认情况下，除了 gRPC 和 Scribe 两种收集组件没有开启以外，其余收集组件都处于开启状态。

收集组件的配置方式主要也是使用环境变量，表 2-4 将收集组件的配置方式都罗列了出来。其中大写字母为环境变量，而小写字母则为系统属性。

表 2-4　**Zipkin 收集组件**

收集组件	传输组件	环境变量/系统属性	默认值	说明
HTTP	OkHttpSender URLConnectionSender	COLLECTOR_HTTP_ENABLED	true	开启 HTTP 收集组件
		HTTP_COLLECTOR_ENABLED		
		zipkin. collector. http. enabled		

（续）

收集组件	传输组件	环境变量/系统属性	默认值	说明
gRPC	zipkin. proto	COLLECTOR_GRPC_ENABLED	false	开启 gRPC
		zipkin. collector. grpc. enabled		
Scribe	LibthriftSender	COLLECTOR_SCRIBE_ENABLED	false	开 启 Scribe 收集组件
		SCRIBE_ENABLED		
		zipkin. collector. scribe. enabled		
		SCRIBE_CATEGORY	zipkin	Scribe 使用的类型名称
		zipkin. collector. scribe. category		
		COLLECTOR_PORT	9410	Scribe 端口
		zipkin. collector. scribe. port		
Kafka	KafkaSender	COLLECTOR_KAFKA_ENABLED	true	是否开启 Kafka 收集组件
		zipkin. collector. kafka. enabled		
		KAFKA_BOOTSTRAP_SERVERS	\	Kafka 地址，多个地址用逗号分隔开
		zipkin. collector. kafka. bootstrap- servers		
		KAFKA_GROUP_ID	zipkin	消费者所属分组
		zipkin. collector. kafka. group- id		
		KAFKA_TOPIC	zipkin	消息主题
		zipkin. collector. kafka. topic		
		KAFKA_STREAMS	1	消费线程数量
		zipkin. collector. kafka. streams		
ActiveMQ	ActiveMQSender	COLLECTOR_ACTIVEMQ_ENABLED	true	是否开启 ActiveMQ 收集组件
		zipkin. collector. activemq. enabled		
		ACTIVEMQ_URL	\	连 接 ActiveMQ 的地址
		zipkin. collector. activemq. url		
		ACTIVEMQ_QUEUE	zipkin	队列名称
		zipkin. collector. activemq. queue		
		ACTIVEMQ_CONCURRENCY	1	并发消费者的数量
		zipkin. collector. activemq. concurrency		
		ACTIVEMQ_USERNAME	\	用户名
		zipkin. collector. activemq. username		
		ACTIVEMQ_PASSWORD	\	密码
		zipkin. collector. activemq. password		
RabbitMQ	RabbitMQSender	COLLECTOR_RABBITMQ_ENABLED	true	开启 RabbitMQ
		zipkin. collector. rabbitmq. enabled		
		RABBIT_ADDRESSES	\	RabbitMQ 地址
		zipkin. collector. rabbitmq. addresses		

（续）

收集组件	传输组件	环境变量/系统属性	默认值	说明
RabbitMQ	RabbitMQSender	RABBIT_CONCURRENCY zipkin. collector. rabbitmq. concurrency	1	并发处理数量
		RABBIT_CONNECTION_TIMEOUT zipkin. collector. rabbitmq. connection-timeout	60000	连接超时时间，单位为 ms
		RABBIT_USER zipkin. collector. rabbitmq. username	guest	用户名称
		RABBIT_PASSWORD zipkin. collector. rabbitmq. password	guest	密码
		RABBIT_QUEUE zipkin. collector. rabbitmq. queue	zipkin	队列名称
		RABBIT_VIRTUAL_HOST zipkin. collector. rabbitmq. virtual-host	/	虚拟地址
		RABBIT_USE_SSL zipkin. collector. rabbitmq. useSsl	false	是否使用 SSL 安全连接
		RABBIT_URI zipkin. collector. rabbitmq. uri	\	RabbitMQ 的 URI

表 2-4 中，第一列是收集组件的类型，第二列则是与之对应的传输组件。两者需要匹配使用，否则 Zipkin 服务将无法接收到跨度数据。接下来按传输方式对它们逐一做简单介绍：

1. HTTP

Zipkin 目前最主要的传输方式还是 HTTP 协议，埋点库中的 OkHttpSender 和 URLConnectionSender 都是针对这种传输方式。HTTP 收集组件默认是开启的，但可通过 COLLECTOR_HTTP_ENABLED 环境变量关闭。如前所述，HTTP 收集组件的/api/v1/spans 和/api/v2/spans 分别用于接收 V1 版本和 V2 版本的跨度数据。V1 版本接口支持 JSON_V1 和 THRIFT 两种编码方式的跨度数据，而 V2 版本的接口则支持 JSON_V2 和 PROTO3 两种编码方式。

2. gRPC

截至本书交稿时，Zipkin 的 gRPC 传输方式也还处于实验状态。所以 gRPC 收集组件默认并未开启，并且官方文档也不建议在生产环境中使用。但通过将环境变量 COLLECTOR_GRPC_ENABLED 设置为 true 即可开启 gRPC 收集组件，gRPC 收集组件会使用与 HTTP 服务相同的端口接收跨度。由于 gRPC 接口的定义独立于编程语言，所以 gRPC 的客户端定义在 zipkin-api 项目的 zipkin. proto 文件中。目前 Zipkin 官方尚未提供专门用于 gRPC 的传输组件，所以如果希望使用 gRPC 上报跨度就需要使用 zipkin. proto 文件自行编码生成传输组件。例如，使用 Java 语言的插件编码后会生成一个名为 SpanServiceGrpc 的组件，它就可以认为是用于 gRPC 的传输组件。

3. MQ

Zipkin 支持 Kafka、ActiveMQ 和 RabbitMQ 等三种消息队列。对于这三种 MQ 的收集组件来说，MQ 的地址是在配置它们时必须要指定的参数。从表 2-4 中也可以看出，设置 MQ 地址的环境变量都没有默认值。除了地址以外，主题或队列也是一个比较重要的参数，但这并不是一个必须要设置的参数。因为在默认情况下，它们都会从名为 zipkin 的主题或队列中订阅消息。所以如果收集组件没有配置主题或队列，传输组件就必须将跨度数据发送到 zipkin 主题或队列中。由于这些 MQ 对应的传输组件默认使用的主题或队列也都是 zipkin，所以在传输组件和收集组件都不做修改时，它们默认使用的就是相同的主题或队列。

2.5.2　存储组件

Zipkin 服务默认会将跨度数据保存在内存中，当存储跨度的数量超过上限时会根据时间将旧的跨度从内存中清除。跨度数量的上限默认是 500000 个，可通过 MEM_MAX_SPANS 修改跨度数量上限。基于内存的存储方式最早是为了测试而开发出来的，这样 Zipkin 在测试环境中就可以不依赖于任何第三方组件快速启动起来。但在跨度数量过多的情况下，基于内存的存储方式会很快导致内存溢出。有两种方案可以应对这种问题，一是在启动时通过 JVM 的 -Xmx 参数给 Zipkin 分配更多的内存，另一种就是通过环境变量 MEM_MAX_SPANS 设置较小的跨度数量，但它们都不能从根本上解决存储容量问题。

在访问量巨大的互联网应用中，跨度数量及其所占存储空间会非常庞大，所以基于内存的存储方式显然是不能用于生产环境的，而应该考虑使用支持大数据存储的 NoSQL 数据库。目前 Zipkin 支持的 NoSQL 数据库主要是 Cassandra 和 Elasticsearch，Zipkin 还支持使用 MySQL 这种传统关系型数据库。但由于 MySQL 并不适合存储大数据，所以在新版本中已经被废止。切换存储组件的方式是使用环境变量 STORAGE_TYPE，可选值包括 mem、mysql、cassandra、cassandra3 和 elasticsearch 等。

1. Cassandra

Zipkin 服务同时支持 Cassandra 版本 2 和版本 3，它们对应环境变量 STORAGE_TYPE 的值分别为 cassandra 和 cassandra3。当将 Zipkin 服务的存储组件设置为 Cassandra 时，它在启动时会尝试连接本机 9042 端口，也可通过 CASSANDRA_CONTACT_POINTS 设置其他地址或端口。例如，以 Docker 镜像方式启动 Zipkin 并连接 Cassandra 的命令如例 2-11 所示：

```
docker run -e STORAGE_TYPE = cassandra3 \
        -e CASSANDRA_CONTACT_POINTS =172.17.0.1:9042 \
        -d -p 9411:9411 openzipkin/zipkin
```

示例 2-11　Docker 方式连接 Cassandra

在使用 Cassandra 之后，Zipkin 服务默认会将接收到的跨度保存到 zipkin2 键空间中。如果 Cassandra 不存在该键空间，Zipkin 会自动创建并初始化这个键空间。键空间默认采用的拓扑策略为单数据中心 SimpleStrategy，副本因数为 1。如果希望使用其他副本策略，用户需要预先在 Cassandra 创建并初始化好 zipkin2 键空间。如果不希望使用 zipkin2 作为键空间名称，也可以通过 CASSANDRA_KEYSPACE 指向到其他键空间名称。

Zipkin 初始化的键空间中会包含 span 和 dependency 两个表，span 表用于存储跨度数据，而 dependency 表则用于存储依赖关系。Zipkin 还利用 Cassandra 表的 TTL 特性设置了有效期，

span 表保存跨度数据的有效时间为 7 天，而 dependency 表保存依赖关系的有效时间则为 3 天。如果希望长时间保存追踪信息，应该开启追踪归档功能，具体请参考 2.6.2 节。表 2-5 中列出了所有可以用于设置 Cassandra 的环境变量。

表 2-5　Zipkin 设置 Cassandra 的环境变量

环境变量	说明	默认值
CASSANDRA_KEYSPACE	键空间名称	zipkin2
CASSANDRA_CONTACT_POINTS	逗号分隔的 Cassandra 地址	localhost:9042
CASSANDRA_LOCAL_DC	本地数据中心名称	\
CASSANDRA_ENSURE_SCHEMA	是否确保 Cassandra 模式最新，在启用情况下会尝试以 cassandra-schema-cql3 为前缀的类路径中执行脚本	true
CASSANDRA_USERNAME	Cassandra 用户名	/
CASSANDRA_PASSWORD	Cassandra 密码	/
CASSANDRA_USE_SSL	是否使用 SSL	false
CASSANDRA_MAX_CONNECTIONS	每个数据中心连接池的数量	8
CASSANDRA_INDEX_CACHE_MAX	进入缓存的追踪索引数量	100000
CASSANDRA_INDEX_CACHE_TTL	追踪索引的缓存时长，单位为 s	60
CASSANDRA_INDEX_FETCH_MULTIPLIER	多获取索引的行数	3

由表 2-5 可见，Zipkin 并没有给跨度和依赖提供设置生存周期的环境变量。如果想要修改它们的生存周期只能以手工方式修改，或者事先按要求创建并初始化好键空间。此外，Zipkin 为了提升检索性能还会添加一些辅助表和索引，这些表和索引会占用大量存储空间。如果不需要通过接口检索追踪数据，可以通过 SEARCH_ENABBLED 环境变量关闭接口。在关闭了接口之后，Zipkin 也就会同时关闭这些辅助表和索引的使用。

2. Elasticsearch

由于 Elasticsearch 版本演化也很快，所以不同版本的 Zipkin 对于 ES 版本的支持也不一样。比如在 2.12 版本中支持 Elasticsearch 版本 2.x 至 6.x，但在 2.19 版本中则支持版本 5.x 至 7.x。由于 Zipkin 并没有像 Cassandra 那样分为 cassandra 和 cassandra3，所以在使用 Elasticsearch 前需要根据 Elasticsearch 的版本选择适用版本的 Zipkin 服务。

在将环境变量 STORAGE_TYPE 设置为 elasticsearch 后，Zipkin 服务会在收到跨度数据或查询跨度数据时连接 Elasticsearch。默认连接地址为本机 9200 端口，但可通过 ES_HOSTS 指定 Elasticsearch 节点地址。在指定多个节点时，Zipkin 可在多个节点间实现负载均衡。默认情况下 Zipkin 会按天生成新索引，索引名称模式为 zipkin-span-YYYY-MM-dd。比如 2020 年 12 月 12 日保存跨度数据时，索引名称应该为 zipkin-span-2020-12-12。索引名称中必须要包含 span，但前缀 zipkin 则可以通过环境变量 ES_INDEX 修改，而时间之间的 "-" 连接线也可以通过 ES_DATE_SEPARATOR 修改为其他符号。表 2-6 列出了设置 Elasticsearch 的环境变量。

表 2-6　**Zipkin 设置 Elasticsearch 的环境变量**

环境变量	说明	默认值
ES_HOSTS	逗号分隔的 ES 节点列表	http://localhost:9200
ES_PIPELINE	接收管道，仅在 5.x 以上版本有效	\
ES_TIMEOUT	连接及读写 ES 的超时时间，单位为 ms	10000
ES_INDEX	按天生成索引时使用的前缀名	zipkin
ES_DATE_SEPARATOR	按天生成索引时日期分隔符	- (连接线)
ES_INDEX_SHARDS	索引分片数量	5
ES_INDEX_REPLICAS	副本数量	1
ES_USERNAME	ES 用户名	\
ES_PASSWORD	ES 密码	\
ES_HTTP_LOGGING	HTTP 接口调用的日志内容，可选值为 BASIC、HEADER、BODY	\

在版本 7.1 之后，Elasticsearch 将身份认证功能也开放至基础授权中。所以如果使用了 Elasticsearch 的身份认证功能，则需要通过 ES_USERNAME 和 ES_PASSWORD 设置登录的用户名和密码。

3. MySQL

MySQL 这种传统的关系型数据并不适合存储大数据，而跨度数据正是一种比较典型的大数据。所以 Zipkin 官方并不建议在生产环境中使用 MySQL 存储跨度，并且在新版 Zipkin 中已经将 MySQL 标识为废止。但其实可以使用 MySQL 作为追踪归档时使用的存储组件，使用它来存储一些重要的追踪数据。表 2-7 列出了设置 MySQL 的一些环境变量。

表 2-7　**Zipkin 设置 MySQL 的环境变量**

环境变量	说明	默认值
MYSQL_DB	数据库名称	zipkin
MYSQL_USER	MySQL 用户名	''，即空字符串
MYSQL_PASS	MySQL 密码	同上
MYSQL_HOST	MySQL 主机地址	localhost
MYSQL_TCP_PORT	MySQL 端口	3306
MYSQL_MAX_CONNECTIONS	最大并发连接数量	10
MYSQL_USE_SSL	是否使用 SSL	false

Zipkin 并不会自动初始化 MySQL，用户在使用 MySQL 之前需要手工导入表结构。MySQL 表结构主要包括 zipkin_spans、zipkin_annotations 和 zipkin_dependencies 三张表，它们分别用于存储跨度、标注和依赖关系。Zipkin 官方提供了初始化表结构脚本，地址为

https://github.com/openzipkin/zipkin/blob/master/zipkin-storage/mysql-v1/src/main/resources/mysql.sql。

2.6 界面配置

Zipkin 提供了两种可视化界面，一种是 Zipkin 传统的单页面界面，这种界面在 2.20 版本之前的版本中一直是默认使用的页面；另一种则是被称为 Lens 的新界面，这种界面在 2.20 版本之后的 Zipkin 中已经成为默认页面。在中间过渡版本中的界面上会有一个 Try Lens 的按钮，但自 2.20 版本开始后进入 Zipkin 默认就是 Lens 页面。两种页面在风格上有很大差异。无论是传统界面还是 Lens 界面，它们都可以通过环境变量或系统属性配置。这包括给页面添加新的按钮、配置查询条件默认值等，界面配置可以让 Zipkin 能够适用更多的应用场景。

2.6.1 查询界面配置

Zipkin 服务启动后会从 "http://localhost:9411/zipkin/config.json" 读取界面配置信息，而 config.json 中的内容又可通过环境变量或系统属性的方式配置。换句话说，Zipkin 查询界面的配置其实是通过环境变量或系统属性修改 config.json，所以配置 Zipkin 界面时可先查看 config.json 中的信息。只有这个文件中的 JSON 属性发生了变化，配置才能真正对界面起到作用。表 2-8 将可以用于配置 Zipkin 查询界面的系统属性都列了出来，它们也可以按 2.2.2 节中介绍的转换规则转换为环境变量使用。

表 2-8 配置界面组件的系统属性

系统属性	默认值	说明
zipkin.ui.environment	\	页面右上角的标记内容
zipkin.ui.default-lookback	900000	查询追踪的时间范围，单位为 ms
zipkin.ui.search-enabled	true	是否开启查询追踪页面
zipkin.ui.query-limit	10	查询追踪数量限制
zipkin.ui.instrumented	.*	正则表达式描述的界面适用站点
zipkin.ui.logs-url	\	查询日志的 URL
zipkin.ui.support-url	\	获取帮助的按钮地址
zipkin.ui.archive-post-url	\	追踪归档的 URL
zipkin.ui.archive-url	\	追踪归档成功后返回的 URL
zipkin.ui.dependency.low-error-rate	0.5	依赖连接线变为黄色时的错误率，大于 1 时代表关闭
zipkin.ui.dependency.high-error-rate	0.75	依赖连接线变为红色时的错误率，大于 1 时代表关闭
zipkin.ui.basepath	/zipkin	Zipkin 可视化界面的基础地址

表 2-8 中有部分属性可以给页面添加按钮或是文字，比如 zipkin. ui. environment 可以在页面右上角添加一些说明性的文字，而 zipkin. ui. support- url 则可以在页面左侧的导航栏中增加帮助按钮。zipkin. ui. dependency. low- error- rate 和 zipkin. ui. dependency. high- error- rate 属性主要用于设置依赖关系图中连接线的颜色，默认在错误率为 50% 时连接线为黄色，而在达到 75% 时则为红色。

此外，还有几个属性可以设置查询条件的默认值。Zipkin 默认情况下查询追踪的时间范围是最近 15 分钟，这个时间范围在 Lens 界面中是在搜索按钮前的下拉列表中修改。时间范围对应的查询参数为 lookback，它的默认值可通过 zipkin. ui. default- lookback 属性设置。另一个类似的参数是 limit，它的作用是限制返回追踪的数量，默认值为 10 个。这个参数的输入框位于时间范围下拉列表之前，它的默认值可通过 zipkin. ui. query- limit 系统属性设置，如示例 2-12 所示：

```
java-jar zipkin-server.jar \
    --zipkin.ui.support-url =http://localhost:8080/jira \
    --zipkin.ui.default-lookback =1800000 \
    --zipkin.ui.query-limit =100
```

示例 2-12　配置查询条件默认值

在示例 2-12 中，使用 zipkin. ui. support- url 属性设置了帮助按钮的链接地址，还通过 zipkin. ui. default- lookback 和 zipkin. ui. query- limit 修改了查询条件的默认值。所以按示例 2-12 的方法启动 Zipkin 服务，在导航栏中会增加帮助按钮，同时查询条件默认值也会发生变化，如图 2-9 所示，在导航栏中出现的问号按钮就是 zipkin. ui. support- url 属性设置的帮助按钮，单击该按钮就会弹出新窗口并链接到属性设置的地址上。

图 2-9　帮助按钮与查询条件默认值

2.6.2 追踪归档

由于追踪系统一般用于分析业务系统的性能问题，所以追踪数据往往具有很强的时效性。如果一次业务请求没有任何问题，那么针对这次请求的追踪数据也没有多少价值。此外，对于流量大的应用来说追踪数据的存储量也会非常庞大，日积月累就会给存储设备造成巨大负担，所以追踪数据一般都会设置一个有效时间。比如在使用 Cassandra 作为存储组件时，Zipkin 初始化的键空间会利用表的 TTL 属性，将追踪数据有效时间设置为 7 天。所以在传统的 Zipkin 查询界面上，时间范围作为查询参数时默认的最大值也是最近 7 天时间。即使是使用 Elasticsearch 存储跨度，也可以利用索引生命周期管理的特性实现跨度数据的定期删除。但有些追踪数据不仅在性能分析上有价值，对安全、审计等方面的要求也可能会包含有重要信息，所以在很多场景下存在着长期保存追踪数据的需要。为此，Zipkin 提供了追踪数据归档的功能，它可以根据用户需要将追踪数据单独保存起来。

Zipkin 追踪归档功能的实现方式很简单，那就是启动两个 Zipkin 服务。一个用于接收埋点库直接上报的跨度数据，而另一个则用于接收归档的跨度数据。对于 Zipkin 服务来说，它并不知道接收到的跨度数据是否为归档数据，只要符合模型与编码要求就直接将它们保存下来。所以即使是用于归档的 Zipkin 服务，也是可以用来接收埋点库上报的跨度数据。但对于直接面向埋点库的 Zipkin 服务来说，需要在页面中添加一个用于归档追踪的按钮。Zipkin 将这个按钮设计在查询追踪详情的页面中，当用户单击这个按钮，用户正在查看的追踪信息就会发送给用于归档的 Zipkin 服务。默认情况下这个按钮并不存在，需要通过 zipkin. ui. archive- post- url 和 zipkin. ui. archive- url 设置。其中 zipkin. ui. archive- post- url 用于设置归档服务的地址，它与埋点库直接上报跨度时的接口地址类似；而 zipkin. ui. archive- url 设置的则是在归档成功后弹出对话框中出现的地址，这个地址应该是查看归档后追踪信息的地址，例如：

```
QUERY_PORT =9511 java-jar zipkin-server. jar

java -jar zipkin-server. jar \
    --zipkin. ui. archive-post-url =http://localhost:9511/api/v2/spans \
    --zipkin. ui. archive-url =http://localhost:9511/zipkin/traces/{traceId}
```

示例 2-13 启动追踪归档

示例 2-13 在本机一共启动了两个 Zipkin 服务，第一个通过环境变量 QUERY_PORT 在 9511 端口开放了 Zipkin 服务，而第二个则通过属性 zipkin. ui. archive- post- url 设置了归档使用的 Zipkin 服务接口。这个接口实际指向的地址，就是第一个 Zipkin 服务接收跨度的 REST 接口。按示例 2-13 启动这两个 Zipkin 服务后，在 9411 端口上的查询追踪详情页面右上侧，会多出一个 ARCHIVE TRACE 按钮，如图 2-10 所示。

单击 ARCHIVE TRACE 按钮后，当前追踪中包含的所有跨度数据就都会被发送至 zipkin. ui. archive- post- url 配置的地址上，也就是 http://localhost：9511/api/v2/spans。如果

追踪数据归档成功，则会在当前页面弹出一个绿色的对话框，对话框中包含了归档后追踪的查询地址，而这个地址就是属性 zipkin. ui. archive- url 设置的，如图 2-11 所示。

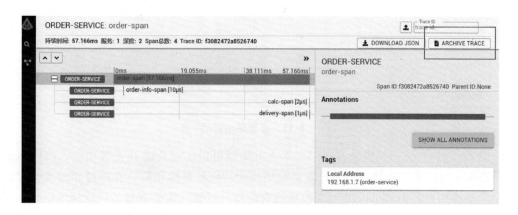

图 2-10　追踪归档按钮

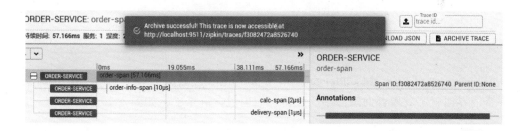

图 2-11　归档成功后弹出对话框

由于 Zipkin 归档服务与一般的 Zipkin 服务并没有本质区别，所以用户在使用归档服务时看到查询页面也都完全一样。为了能够帮助用户区分 Zipkin 归档服务，Zipkin 专门提供了一个系统属性用于在界面上做标识。这个系统属性就是 zipkin. ui. environment，通过它设置的值最终会出现在 Zipkin 页面的右上角。当然这个系统属性的应用并不限于区分归档，也可以用来区分测试环境和生产环境等。但 zipkin. ui. environment 目前只在传统界面中有效，在 Lens 界面上并不会起到任何作用。这可能是 Lens 界面的一个 Bug，但也有可能是 Lens 未来不打算再支持这个特性。

不过我们还是可以使用早期版本体验一下这个特性，比如使用 "java -jar zipkin- server. jar - - zipkin. ui. environment = 归档" 命令启动 2. 20 版本之前的 Zipkin 服务，最终在查询界面右上角会出现 "归档" 两个字，如图 2-12 所示。

2. 6. 3　标签自动补齐

标签自动补齐是指在以标签作为查询追踪的条件时，Zipkin 查询界面可以自动识别出这些标签的名称，并在用户输入标签值时弹出候选值或将它们自动补齐。标签自动补齐功能除了可以在 Zipkin 查询界面中使用，还可以通过 REST 接口与其他系统集成起来使用。比如在用户自己开发的系统界面中，如果需要填写跨度的标签名称和值，则可通过 Zipkin 提供的

图 2-12 设置环境说明

REST 接口查询到它们，再借助客户端脚本或框架就可以实现自动补齐等功能。所以本质上来说，Zipkin 的标签自动补齐功能其实是收集跨度的标签名称和值，并通过界面或接口将它们提供给最终用户。但 Zipkin 并不会收集所有的跨度标签，需要收集的跨度标签必须在 Zipkin 服务启动时就通过环境变量 AUTOCOMPLETE_KEYS 设置好，例如：

```
AUTOCOMPLETE_KEYS =http.code,http.method \
                java-jar zipkin-server.jar
```

示例 2-14 设置自动补齐标签

上述命令通过环境变量将 http. code 和 http. method 设置为自动补齐标签，这时再访问 Zipkin 查询界面就会发现查询条件中已经将它们也包含进来了，如图 2-13 所示。

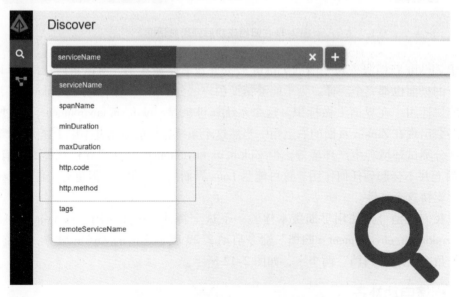

图 2-13 查询条件中出现自动补齐标签

当 Zipkin 服务接收到的跨度中包含了这两个标签，它会自动将标签对应的值都收集起来。如果在查询时选择这两个标签作为查询条件，那么在填写它们的值时输入框下就会弹出已收集到的候选值。

V2 版本的接口中增加了两个用于查询自动补齐标签的接口，它们是/autocompleteKeys 和/autocompleteValues 接口。其中，/autocompleteKeys 接口用于查询所有自动补齐标签的名称，而/autocompleteValues 接口则用于查询某一标签的候选值。/autocompleteValues 接口需要用户提供一个 key 参数，该参数值为需要查询标签的键名称。比如在使用示例 2-14 中的方式启动 Zipkin 服务后，请求 http://localhost:9411/api/v2/autocompleteKeys 将返回 JSON 字符串［"http. code"，"http. method"］。如果想要查询 http. code 标签的候选值，则应该请求 http://localhost:9411/api/v2/autocompleteValues?key = http. code。Zipkin 会以 JSON 数组的形式返回该标签的候选值，如［"200"，"404"，"202"］。

2.6.4　服务依赖

除了查询追踪信息以外，在 Zipkin 查询界面和接口中的另一项重要功能就是查看服务之间的依赖关系。这里所说的服务指的是分布式系统中一次远程调用的双方，体现在跨度模型中就是其中的 localEndpoint 和 remoteEndpoint 两个属性。正如 2.3.3 节中介绍的那样，如果一个跨度的 localEndpoint 和 remoteEndpoint 指向到不同的服务，那么这两个服务之间就产生了依赖关系。进入查询依赖关系的页面后，选择要查看的时间范围后单击搜索按钮即可看到服务间的依赖关系图。图中每一个节点代表一个服务，节点间的连接线则代表它们存在着依赖关系。单击图中任意一个服务节点，在页面右侧会弹出有关这个服务的调用关系的统计，如图 2-14 所示。

在依赖关系图中，服务节点之间的连线上还会有一些流动的小圆点，每个圆点代表一次调用或是一个跨度。正常调用的圆点为蓝色，而错误调用的圆点则为红色。而在右侧的统计窗口中会展示当前服务调用其他服务的次数，包括正常调用和错误调用的次数详情，同时还会在底部以饼图的形式展示各服务调用次数的占比。Zipkin 统计错误调用是看跨度中是否包含有 error 标签，只要在跨度上打上了 error 标签，不管它的值是什么都会被当成是错误调用。错误调用不仅在查询依赖时会以红色表示，在查询追踪信息和追踪情况时它们也会以红色表示。此外 Zipkin 还可以根据错误率以不同的颜色表示服务间的连接线，属性 zipkin. ui. dependency. low- error- rate 设置的是黄色连接线的错误率，而属性 zipkin. ui. dependency. high- error- rate 则是设置红色连接线的错误率，它们的默认值请参考表 2-8。

需要注意的是，在使用非内存类的存储组件时，Zipkin 默认是不会计算服务之间的依赖关系。Zipkin 提供了一个独立的 Spark 作业专门运算服务依赖关系，这个作业位于 openzipkin/zipkin- dependencies 项目中。Zipkin 这样设计是因为服务间的依赖关系体现整体结构，所以必须要分析大量的追踪数据才能获得，而这通常意味着较高的资源消耗。但查询服务间的依赖关系并没有实时性要求，所以不需要实时对依赖关系做运算。从另一方面来说，一个系统的整体结构一般也不会发生太多变化。对于多数运维人员来说系统结构可能早就了然于胸，即使不借助 Zipkin 也已经一清二楚。所以从性能、需求等多方面的考量来看，服务间依赖关系都没有必要实时运算。

Zipkin 官方并没有发布 openzipkin/zipkin- dependencies 项目的 JAR 包，可直接下载源代码编码，或是从 Maven 仓库下载 JAR 包。通过 Maven 仓库下载 JAR 包的地址为

https://search. maven. org/remote_content?g = io. zipkin. dependencies&a = zipkin- depen- den- cies&v = LATEST

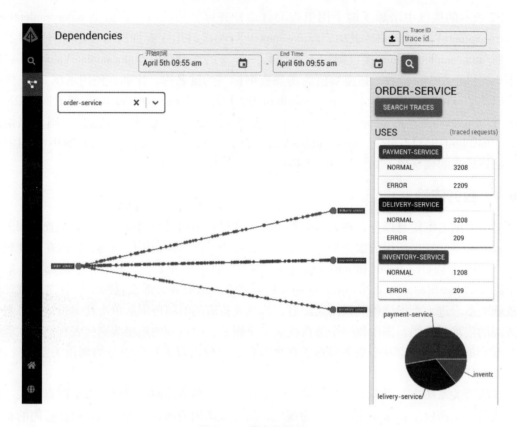

图 2-14　服务依赖关系

该 JAR 包为 Spark 作业，所以可以在 Spark 运算集群中执行。用户可通过 SPARK_MAS-
TER 设置执行的集群，默认是在本机采用多线程的方式执行，即值为 local［*］。此外还可
以通过环境变量 SPARK_CONF 设置与 Spark 相关的其他配置，配置采用等号连接的键值对，
多个配置间用逗号分隔开。其余的配置主要就是设置从何处读取数据了，其中的设置与 2.5
节表 2-4 中介绍的环境变量基本相同。例如，想计算 Elasticsearch 中服务之间的依赖关系，
则启动 Spark 作业的命令为

```
STORAGE_TYPE = elasticsearch ES_INDEX = zipkin \
java -jar zipkin-dependencies.jar
```

示例 2-15　使用 Spark 作业计算 Elasticsearch 中跨度数据的依赖关系

示例 2-15 中使用 STORAGE_TYPE 设置了读取的存储组件为 Elasticsearch，而读取索引
的前缀也通过 ES_INDEX 设置为 zipkin。默认情况下，Spark 作业只会分析当天保存的跨度
数据，并且是以当天 0 时为一天的起始点。也就是说，如果在凌晨 1 点开始运行这个 Spark
作业，那么它实际只会分析此前一个小时内的跨度数据。所以 Spark 作业应该在接近午夜 12
点时运算，这样才可以得到更准确的运算结果。此外，在运行 Spark 作业时还可以通过参数
设置特定的日期做分析，日期格式为 YYYY-MM-dd，例如：

```
STORAGE_TYPE = elasticsearch ES_INDEX = zipkin \
java-jar zipkin-dependencies-2.4.2.jar '2020-12-12'
```

示例 2-16　设置依赖关系运算的时间

示例 2-16 设置了分析日期为 2020 年 12 月 12 日，所以它分析的索引应该为 zipkin-span-2020-12-12。Spark 会将分析结果保存至另一个索引中，索引名称以 zipkin-dependency 为前缀并以分析日期为后缀。所以示例 2-16 最终分析的结果将会保存在 zipkin-dependency-2020-12-12 中。

第 3 章
使用 Brave 埋点

正如在第 2 章中介绍的那样，Zipkin 自身的代码中已经包含了跨度生成和上报的功能。所以在 Java 语言开发的系统中，使用 Zipkin 本身就可以实现对调用链路的追踪。但衡量一个追踪系统是否优秀还要看它是否对业务系统透明，是否可以在业务系统无感知的情况下完成调用链路追踪，而这也正是 Zipkin 埋点库存在的价值和意义。由于需要与业务系统部署在一起，Zipkin 埋点库需要与业务系统采用一致的语言或技术实现；同时为了做到对业务系统透明，Zipkin 埋点库还需要依据业务系统使用的技术开发不同的组件，从而以最小的侵入性实现对业务系调用链路的追踪。

本章就来介绍 Zipkin 埋点库的 Java 版本 Brave，它在 Github 上位于 openzipkin/brave 项目中。Brave 的核心库位于这个项目下的 brave 模块中，而针对不同技术实现埋点功能的组件则位于 instrumentation 模块中，其中包含了针对 HTTP、Servlet、Dubbo、gRPC 等多种协议或技术的埋点组件。本章会在总体介绍 Brave 原理的基础上介绍几种埋点组件，它们是在生产环境中可直接使用的重要组件。其他语言版本的埋点库在 openzipkin 中也可以找到，它们在实现原理上与 Brave 大体一致。限于篇幅，本书不会对其他埋点库做详细介绍，感兴趣的读者可以自行到相关的项目中查看它们的使用文档。

3.1 Brave 概览

在介绍 Brave 埋点库之前，先来回顾一下直接使用 zipkin2. Span 创建跨度时的场景。用户必须要在上报跨度前，设置好跨度的标识符、时间戳、耗时等信息。在设置这些信息时需要格外小心，因为它们决定了 Zipkin 最终如何解析和展示调用链路。比如，跨度的标识符惟一标识了跨度，所以如果给跨度设置了相同的标识符，那么 Zipkin 就会认为它们是同一跨度，从而出现"丢失"跨度的假象。再比如时间戳和耗时，它们显然应该在调用开始和结束时分别设置，而如果在每次调用时都添加设置时间的代码则会导致大量重复的代码片段。所以如果能够利用过滤器、拦截器或是面向切面等技术，将跨度设置的工作集中在一个组件中，那就可以大大降低追踪系统在使用上的复杂度。而这也正是埋点库组件要做的事情，即统一和简化埋点的实现逻辑，保证应用的简单和数据的一致。

3.1.1　快速入门

Brave 虽然与 Zipkin 都使用 Java 语言开发，但它们被发布为独立的 Maven 构件，所以在使用 Brave 之前需要将它们以依赖的形式引入：

```
<dependencyManagement>
  <dependencies>
    <dependency>
      <groupId>io.zipkin.reporter2</groupId>
      <artifactId>zipkin-reporter-bom</artifactId>
      <version>${zipkin-reporter.version}</version>
      <type>pom</type>
      <scope>import</scope>
    </dependency>
    <dependency>
      <groupId>io.zipkin.brave</groupId>
      <artifactId>brave-bom</artifactId>
      <version>${brave.version}</version>
      <type>pom</type>
      <scope>import</scope>
    </dependency>
</dependencyManagement>
<dependencies>
  <dependency>
    <groupId>io.zipkin.reporter2</groupId>
    <artifactId>zipkin-reporter</artifactId>
  </dependency>
  <dependency>
    <groupId>io.zipkin.reporter2</groupId>
    <artifactId>zipkin-sender-okhttp3</artifactId>
  </dependency>
  <dependency>
    <groupId>io.zipkin.brave</groupId>
    <artifactId>brave</artifactId>
  </dependency>
</dependencies>
```

示例 3-1　引入 Brave 依赖

如示例 3-1 所示，由于 Brave 上报跨度时依然需要使用本书第 2 章中介绍的上报组件，所以 Brave 实现追踪时还是要先引入某种传输组件，并通过它实例化 AsyncReporter。从代码的角度来看，传输组件与上报组件的创建过程与直接使用 Zipkin 也没有太大区别。但在跨度创建、上报时机等方面，Brave 则做了更为细致的封装，让用户可以不必再关注跨度标识符、时间戳等跨度数据模型的设置。示例 3-2 展示了一段使用 Brave 埋点组件完成跨度上报的代码：

```
public static void main(String[] args){
    String endpoint = "http://localhost:9411/api/v2/spans";
    OkHttpSender sender = OkHttpSender.create(endpoint);
    AsyncReporter reporter = AsyncReporter.create(sender);
    Tracing tracing = Tracing.newBuilder()
            .localServiceName("brave-service")
            .spanReporter(reporter)
            .sampler(Sampler.ALWAYS_SAMPLE)
            .build();

    Tracer tracer = tracing.tracer();
    Span span = tracer.newTrace()
            .name("brave-span")
            .start();
    //some business related code here
    span.finish();

    tracing.close();
    reporter.close();
    sender.close();
}
```

示例 3-2　Brave 上报跨度

示例 3-2 使用了三个新的类，它们是 brave.Tracing、brave.Tracer 和 brave.Span。Tracing 和 Tracer 针对一个服务应该是全局的，不需要在每次追踪中都创建。每次追踪需要创建的实例应该是跨度 Span，它虽然与 zipkin2.Span 的类名完全相同，但它实际上是 Brave 中对跨度的抽象 brave.Span。由于这两个跨度抽象并不是同一个类，Brave 在上报跨度时需要将 brave.Span 转换为 zipkin2.Span。以上三个组件是 Brave 实现追踪的三个重要组件，本节会先对它们做一些概要介绍，后续章节遇到具体问题还会专门讨论。

启动 Zipkin 服务后运行示例 3-2 中的代码，在 Zipkin 查询界面就可以看到一个名为 brave-service 的追踪，如图 3-1 所示。

示例 3-2 中的代码与上一章直接使用 Zipkin 上报跨度并没有太多的区别，但是在跨度创建和设置上有着比较大的区别。首先，示例 3-2 在创建跨度时无须设置标识符，而是由 Brave 自动分配。从图 3-1 中查询到的信息来看，标识符的值更加随机和分散，这有效地防止了用户自定义标识符时出现重复的情况。其次，跨度的时间戳和耗时也没有设置，而由 brave.Span 的 start 和 finish 两个方法在执行时计算出来；跨度对应的端点没有显式的设置，只是在创建 Tracing 的时候设置了服务的名称。最后就是示例 3-2 中并没有调用上报组件的 report 方法，但跨度却依然可以被上报到 Zipkin 服务。所以从整体上来看，Brave 创建跨度

图 3-1　查看 Brave 上报的跨度

和上报跨度的过程更为便捷也更为安全。

3.1.2　Tracing

Tracing 需要通过其静态内部类 Tracing. Builder 创建，示例 3-2 使用 Tracing. newBuilder( ) 方法就是用于创建 Tracing. Builder 实例。通过 Tracing. Builder 可以设置上报组件（Reporter）、采样器（Sampler）等组件，它们决定了 Brave 追踪业务系统调用的方式。一旦 Tracing 实例生成后，这些配置信息就无法再修改。所以 Tracing 是对 Brave 的全局配置，它跟随业务系统一起实例化，并且单个业务系统应该只需要一个 Tracing 实例。

Tracing 可配置追踪标识符的长度、本地端点（Endpoint）等基本内容。在第 2 章 2.3 节介绍跨度数据模型时曾提到，追踪标识符可以是 64 位或 128 位。Brave 中的追踪标识符和跨度标识符都是由埋点库自动生成，并且默认情况下都使用 64 位。如果希望生成 128 位的追踪标识符，就需要在构造 Tracing 时调用 Tracing. Builder 的 traceId128Bit 方法设置。需要注意的是，追踪标识符是否采用 128 位还会受到 Propagation. Factory 的影响。该类有一个 requires128BitTraceId 方法，它代表的含义是跨度传播时是否需要 128 位的追踪标识符。如果这个方法返回的值为 true，那么不管 Tracing 如何设置，追踪标识符都会采用 128 位。在 Brave 目前实现的传播方法中，基于 gRPC 的跨度传播需要 128 位的追踪标识符。

本地端点代表的调用发起一方的信息，主要包括调用方的 IP 地址、端口和服务名称等基本信息。在 zipkin2. Span 的数据模型中，端点统一由 zipkin2. Endpoint 表示。由于本地端点通常来说就是被追踪的业务系统，对所有跨度来说应该都一样，所以本地端点也是在 Tracing 中设置。早期 Tracing 本地端点也使用 zipkin2. Endpoint 表示，但新版本中已经将它拆为 IP 地址、端口和服务名称三项属性，并通过 localIp、localPort 和 localServiceName 三个方法来设置。一般情况下只需要通过 localServiceName 设置服务名称，而 IP 和端口则由 Brave 自动识别。

Tracing. Builder 构建出来的 Tracing 实例，实际上 Tracing 的另一个静态内部类 Tracing. Default 的实例。Tracing. Default 所有配置都有默认值，所以示例 3-2 创建 Tracing 时也可

以什么都不设置。在这种情况下，Tracing 默认使用的上报组件为 LoggingReporter，也就是将跨度信息直接打印出来；而默认使用的服务名称是 unknown，采样器则为 Sampler. ALWAYS_SAMPLE。

此外，Brave 还提供了一个定制 Tracing 的接口 TracingCustomizer。该接口只定义了一个 customize 方法，传入的参数就是 Tracing. Builder 的实例。因为 Tracing 属于全局配置，所以它的实例在一些框架中是由框架自动创建。这虽然方便了用户使用，但如果用户想对 Tracing 实例做定制就比较困难了。而有了 TracingCustomizer 机制，框架就可以在创建 Tracing 实例时将 Tracing. Builder 传递给 TracingCustomizer 的实现类，从而实现对 Tracing 的定制。TracingCustomizer 的使用要结合一些框架来体现，具体使用方法可参考第 4 章第 4. 3. 3 节。

3.1.3 Tracer

Tracer 实例一般通过 Tracing 的 tracer 方法获取，由于 Tracing 只保存一份 Tracer 实例，所以 Tracer 一般也是全局惟一。Tracer 的最主要作用就是创建和管理跨度，同时还可以维护跨度与跨度之间的关系。比如 newTrace 和 newChild 都可以创建 brave. Span，但它们构建出来的调用链路却不尽相同。以示例 3-2 中使用的 newTrace() 方法为例，它构建出来的跨度一定是一个根跨度，也就是没有 parentId，所以它创建出来的跨度一定代表一个新调用。与 newTrace 方法不同，newChild 方法是根据已经存在的跨度创建它们的子跨度。在示例 3-2 的基础上，示例 3-3 展示了添加子跨度的代码：

```
Span span = tracer.newTrace()
    .name("parent-operation")
    .start();
//some business related code here

Span childSpan = tracer.newChild(span.context())
    .name("child-operation")
    .start(System.currentTimeMillis() *1000 +200L);
//some business related code here

childSpan.finish();
span.finish();
```

示例 3-3　Brave 创建子跨度

在示例 3-3 中调用了 brave. Span 的 context() 方法以获取 TraceContext，TraceContext 保存了一个跨度的追踪标识符、跨度标识符以及是否上报等重要数据。TraceContext 是构建追踪整体结构的重要组件，newChild 方法就是通过它获取追踪标识符等信息。TraceContext 不仅在构建追踪结构时要使用，更是跨度传播使用的重要组件。本书后续章节将称 TraceContext 为跨度上下文，有关它的更详细介绍将在跨度传播相关的 3.3.1 节中详细讲解。

Tracer 所有方法都与跨度相关，但在 Brave 中跨度并非只有 brave. Span 一种模型。所以要想完全理解 Tracer 的这些方法，首先要先了解 Brave 中的跨度模型。

3.1.4　Span 与 ScopedSpan

在早期版本中，Brave 主要由 brave.Span 这个抽象类代表跨度。但在新版本 Brave 中，跨度模型包括 brave.Span 和 brave.ScopedSpan 两种。二者在跨度数据与生命周期等方面基本相同，主要区别在于 ScopedSpan 支持跨度数据本地的自动传播，而 Span 则必须要在代码中显式处理。所谓本地传播就是服务内部共享跨度数据，以方便在服务内构建跨度之间的父子关系。所以如果需要在单个服务内构建跨度父子关系就应该使用 brave.ScopedSpan，否则可以使用 brave.Span。跨度的本地传播是一个比较大的话题，在 3.3 节中将会做更详细的介绍。

在新版本 Brave 中还为这两种跨度指定了一个共同的父接口 brave.SpanCustomizer，它的作用是开放给用户做跨度数据的自定义。SpanCustomizer 只有 annotate、name 和 tag 三个方法，分别用于设置跨度的标注、名称和标签。由于 SpanCustomizer 没有定义与跨度生命周期相关的方法，操作 SpanCustomizer 比直接操作跨度本身更为安全，所以 Brave 官方建议在框架中使用时应向用户开放 SpanCustomizer 而非跨度本身。

brave.Span 和 brave.ScopedSpan 都是抽象类，brave.Span 有 RealSpan、LazySpan 和 NoopSpan 等三种实现，而 brave.ScopedSpan 则有 RealScopedSpan 和 NoopScopedSpan 两种实现。RealScopedSpan 和 NoopScopedSpan 都为包内可见，所以它在实际开发中对用户来说是不可见的；而 brave.Span 的三个实现类都是公共类，所以可以在代码中直接使用。无论是 brave.Span 还是 brave.ScopedSpan，它们都会将标识符等重要信息保存在 TraceContext 实例中。所以，Brave 整体跨度模型可以描述为图 3-2 所示的样子。

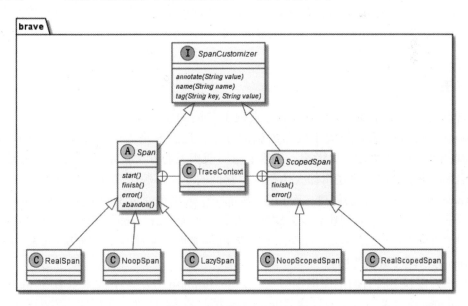

图 3-2　Brave 跨度主要类型

在实际开发中，一般只需要面向 brave.Span 和 brave.ScopedSpan 编程。一些封装比较好的框架甚至连这两个类也不会暴露给用户，而只允许用户通过 SpanCustomizer 做部分定制。但了解这些实现类对理解 Brave 的追踪机制很有帮助，相信读者也一定想知道这些实现类之间的区别。在两种跨度模型的实现类中都出现了 Real 和 Noop 两个前缀，它们的含义实际上跟 Brave 采样策略及跨度生命周期相关，所以接下来就来讨论这两个话题。

3.2 生命周期与采样策略

在第 1 章中曾介绍过，采样策略分为基于头部和基于尾部两种方案。Brave 采用的是基于头部的采样策略，这意味着追踪数据是否上报在调用一开始就决定了。一旦确定了是否上报，采样决策会沿调用链路传播下去。跨度要么都上报，要么都不上报。所以不会出现同一调用链路中，部分跨度上报而部分跨度不上报的情况。

从实现的角度来看，Brave 在创建跨度时会根据是否需要上报创建出不同类型的跨度实例。对于不需要上报的跨度，Brave 创建的是 brave. NoopSpan 或 brave. NoopScopedSpan 实例。Noop 前缀其实是 "No operation" 的缩写，也就是不做任何实际操作的意思。NoopSpan 和 NoopScopedSpan 依然会包含跨度上下文等重要数据，但在它们的生命周期中不会执行任何动作。而对于需要上报的跨度，Brave 创建的则是 brave. RealSpan 或 brave. RealScopedSpan 实例。在这两个类的生命周期中会收集并运算跨度相关数据，在跨度结束时还会自动完成跨度上报等处理。事实上，这也是 Brave 在 Zipkin 核心库已经提供了 zipkin2. Span 的情况下，仍然定义了 brave. Span 和 brave. ScopedSpan 两种跨度模型的原因。因为 zipkin2. Span 是不可变对象，它在创建时就必须要将所有数据都设置好。但跨度的一些数据需要在跨度生命周期中逐步收集，比如跨度耗时就只可能在跨度结束后才知道。所以 Brave 就需要有新的跨度模型来收集和运算数据，并在跨度结束时创建 zipkin2. Span 实例并做上报等处理。也就是说，Brave 这两种跨度模型不仅要包含跨度数据，更重要的是要定义跨度的生命周期和行为模型。这是 Zipkin 跨度模型与 Brave 跨度模型最显著的区别，所以接下来先来看一下跨度与生命周期相关的方法。

3.2.1 生命周期

尽管 brave. Span 和 brave. ScopedSpan 实现了共同的父接口 SpanCustomizer，但在 SpanCustomizer 中却没有定义任何关于生命周期的方法，这主要是为了防止用户定制跨度时对 Brave 跨度生命周期的处理产生影响。虽然生命周期相关的方法被定义在两个实现类中，但它们的名称、参数以及处理逻辑却大体相同。它们的生命都源于 Tracer，brave. Span 一般通过 newTrace 或 nextSpan 方法创建，而 brave. ScopedSpan 则可通过 Tracer 的 startScopedSpan 方法创建。brave. ScopedSpan 创建后生命周期就开始了，而 brave. Span 还显式地定义了 start 方法用以设置开始时间。brave. ScopedSpan 创建后就不能再中途放弃了，而 brave. Span 还定义了 abandon 方法用于取消跨度。

这两个跨度模型共有的生命周期方法是 error 和 finish 方法，下面来看看在 RealSpan 和 RealScopedSpan 中这两个方法的具体逻辑。error 方法用于在跨度生命周期中发生异常时设置错误标签，而 finish 方法则可以在跨度生命结束时处理跨度。在第 2 章 2.6.4 节中曾经介绍，错误跨度在 Zipkin 查询界面中会以红色展示，而错误跨度就是包含有 error 标签的跨度。我们这里讲的 error 方法也正是为了将跨度标识为错误，即在跨度中打上 error 标签。error 方法接收的参数为 Throwable 类型，所以实际编写代码时应该在 catch 语句块中调用它。finish 方法相对来说复杂一些，它会设置跨度结束时间并运算跨度耗时，同时还会处理跨度上报等事宜。RealScopedSpan 的 finish 方法还需要将清理和复位共享的跨度上下文，否则将会造成跨度之间的关联关系出现异常。为了保证 finish 方法一定被执行，finish 方法应该放置在 finally 语句块中。所以正确使用这两个跨度模型的代码应该如示例 3-4 所示：

```
Span span = null;
try {
    span = tracer.newTrace()
            .name("some-span").start();
    //some business related code here

} catch(Exception e){
    span.error(e);
} finally {
    span.finish();
}
```

示例 3-4　Brave 跨度生命周期

如示例 3-4 所示，跨度应该在 try 语句块中开始跨度，在 catch 语句块中标识跨度错误，最终在 finally 语句块中结束跨度。

3.2.2　FinishedSpanHandler

为了能够适用更多应用场景，RealSpan 和 RealScopedSpan 的 finish 方法在运算好跨度数据后，会将跨度最终的处理方式委托给了另一个组件 FinishedSpanHandler。这个组件是一个抽象类，它的实现类需要实现 handle 方法，而这个方法就是处理跨度的最终方法。跨度实际使用的 FinishedSpanHandler 由 Tracing 决定，而 Tracing 采用的 FinishedSpanHandler 又取决于用户使用的上报组件：如果上报组件为 Reporter.NOOP，则 FinishedSpanHandler 为 FinishedSpanHandler.NOOP；否则采用 brave.internal.handler.ZipkinFinishedSpanHandler。这段逻辑可以在 Tracing.Default 构造方法中看到，如示例 3-5 所示：

```
FinishedSpanHandler zipkinHandler = builder.spanReporter != Reporter.NOOP
        ? new ZipkinFinishedSpanHandler(builder.spanReporter, errorParser,
        builder.localServiceName, builder.localIp,
        builder.localPort, builder.alwaysReportSpans)
        :FinishedSpanHandler.NOOP;
```

示例 3-5　选择 FinishedSpanHanlder 的代码片段

ZipkinFinishedSpanHandler 在处理 RealSpan 时，会将它转换为 zipkin2.Span 并使用上报组件上报给 Zipkin 服务。用户在创建 Tracing 实例时，也可通过 Tracing.Builder 的 addFinishedSpanHandler 方法添加用户自定义的 FinishedSpanHandler。Brave 会将这些用户自定义的

FinishedSpanHandler 与 ZipkinFinishedSpanHandler 组装起来形成链表，这样在一个跨度结束时就会依次执行它们处理跨度。示例 3-6 展示了一个自定义的 FinishedSpanHandler：

```
public class LogFinishedSpanHandler extends FinishedSpanHandler {
    public boolean handle(TraceContext traceContext,MutableSpan mutableSpan){
        System.out.println(traceContext);
        return true;
    }
}
```

示例 3-6　自定义 LogFinishedSpanHandler

示例 3-6 中定义的 LogFinishedSpanHandler 只是在 handle 方法中将跨度上下文打印到控制台中，返回值代表是否继续执行链表中的下一个处理器。由于在默认情况下，ZipkinFinishedSpanHandler 会是处理器链表中的最后一个节点，所以如果在自定义处理器中将返回值设置为 false，那么跨度最终就不会被上报到 Zipkin。为了能够让自定义处理器添加到链表中，还需要在创建 Tracing 实例时将其添加进来：

```
Tracing tracing =Tracing.newBuilder()
    .localServiceName("brave-service")
    .spanReporter(reporter)
    .sampler(Sampler.ALWAYS_SAMPLE)
    .addFinishedSpanHandler(new LogFinishedSpanHandler())
    .build();
```

示例 3-7　Brave 添加处理器

FinishedSpanHandler 还有两个非常有意思的方法，它们是 alwaysSampleLocal 和 supportsOrphans 方法。这两个方法的返回结果都是布尔类型，默认情况下它们返回的结果都是 false。用户在定制 FinishedSpanHandler 时可以覆盖这两个方法，它们对最终跨度的生成和处理会产生影响。

在默认情况下，如果跨度不需要上报则生成的跨度为 NoopSpan 类型。这种类型的跨度只会包含追踪和跨度的标识符，不仅不会记录跨度起始和结束时间，在跨度结束时也不会调用 FinishedSpanHandler 处理跨度。这在大多数情况下是合理的，但在有些场景下可能并不合适。比如虽然不想上报跨度，但对于含有错误标签的跨度仍然需要做记录时，使用 NoopSpan 就没有办法处理了。在这种情况下，就可以自定义一个 FinishedSpanHandler，并覆盖 alwaysSampleLocal 方法使其返回为 true，这样在不需要上报时也会生成 RealSpan，如示例 3-8 所示：

```
public class ErrorFinishedSpanHandler extends FinishedSpanHandler {
    public boolean handle(TraceContext context,MutableSpan span){
        if(span.tag("error")!=null){
```

60

```
        System.out.println("an error occur:" + span.tag("error"));
    }
    return true;
}
public boolean alwaysSampleLocal(){
    return true;
}
public boolean supportsOrphans(){
    return true;
}
}
```

示例 3-8　使用 alwaysSampleLocal

另一个方法 supportsOrphans 的作用是将错误的跨度数据清除掉。这些跨度往往是由于程序异常或错误导致，这种跨度在 Zipkin 中往往不能形成完整链路或是无法展示，所以上报到 Zipkin 也没有太多意义。而当 supportsOrphans 方法设置为 true 时，这种跨度数据就会被清除掉。但由于这需要 Brave 对跨度数据做校验，所以有可能会影响跨度处理的性能。

3.2.3　采样策略

由于 Brave 中 Span 创建的职责属于 Tracer，所以最终 Span 实例的类型也就由 Tracer 决定。Tracer 在创建 Span 时，通过两种方式决定它们的类型。一种是设置一个全局的 Sampler，所有通过 Tracer 创建的跨度都由 Sampler 来决定它的具体类型；另一种则是在创建跨度时由用户传入 SamplerFunction 实例，Tracer 再根据它决定最终生成跨度的类型。最终从效果上来看，Brave 决定追踪是否上报的方案就是 Sampler 和 SamperFunction 两种。Sampler 在创建 Tracing 时就设置好了，是一种全局的、影响所有跨度的方案。而 SamplerFunction 则是在 Tracer 已经生成后，在创建跨度时动态决定当前跨度是否上报，是一种只针对当前追踪的动态方案。

1. SamplerFunction

SamplerFunction 是在 Brave 5.8 版本以后才引入的新特性，从它的名称可以看出这是一个采用函数式编程思想设计的接口。在函数式编程中，一种类型的输入经过函数运算后会转换为另一种类型的输出，体现在接口的定义中往往就是一个单参数且有返回值的方法。在 SamplerFunction 接口中就定义了这样一个 trySample 方法，它接收的输入类型由泛型定义，而返回的布尔类型结果就是跨度是否上报的最终决策，在实际编程中一般会使用 Lambda 表达式设计 SamplerFunction。接口的具体定义如下：

```
public interface SamplerFunction<T> {
  @Nullable Boolean trySample(@Nullable T arg);
}
```

示例 3-9　SamplerFunction 接口定义

由于使用了泛型定义输入参数类型，所以 SamplerFunction 的应用变得非常灵活。假设需要根据系统空闲内存来决定是否上报跨度，则可以使用范型将 trySample 方法的参数设置为 Double 类型。具体可按示例 3-10 中的方式定义 SamplerFunction：

```
public static void main(String[] args){
    Tracing tracing = Tracing.newBuilder()
            .localServiceName("sampler-function-service")
            .build();
    Tracer tracer = tracing.tracer();

    double freeMemory = Runtime.getRuntime().freeMemory()/1024/1024;
    SamplerFunction<Double> samplerFunction = m-> m<500;
    Span span = tracer.nextSpan(samplerFunction,freeMemory)
            .name("sampler-function")
            .start();
    System.out.println(span.getClass());
    span.finish();
    tracing.close();
}
```

示例 3-10　使用 SamplerFunction 实例

运行示例 3-10 中的代码会发现，当空闲内存 freeMemory 大于 500M 时会生成 RealSpan，否则只会生成 NoopSpan。在生成 brave.Span 时，示例调用了 Tracer 的 nextSpan 方法，并将 SamplerFunction 的实例 samplerFunction 和空闲内存数量 freeMemory 传入。如果想使用 ScopedSpan，Tracer 的 startScopedSpan 也有相对应的重载方法。

2. Sampler

Brave 中另一个用于设置采样策略的类是 Sampler，与 SamplerFunction 在运行时确定采样决策不同，Sampler 通常用于设置全局采样策略。但需要注意的是，采样策略在调用链路的第一个操作中设置之后就不能再被修改了。所以如果想要使用 SamplerFunction 覆盖 Sampler，只能在创建根跨度时就传入 SamplerFunction，而之后创建的所有子跨度都会忽略传入的 SamplerFunction。

Sampler 被定义为一个抽象类，其中的 isSampled 方法用来确定是否收集当前跨度。这个方法接收的参数是 traceId，从这个角度也可以看出，决定跨度是否会被采集的不是跨度本身而是跨度所在的追踪。Sampler 定义两个内部实现类 ALWAYS_SAMPLE 和 NEVER_SAMPLE，Tracing 创建时默认使用的 Sampler 就是 Sampler.ALWAYS_SAMPLE，也就是所有追踪都会被采样。

除了这两个内部实现类以外，Brave 还提供了 RateLimitingSampler、BoundarySampler 和 CountingSampler 三个实现类。其中，RateLimitingSampler 以秒为单位计算收集跨度的总量，它保证在一秒内收集的跨度数量不超过某一特定值。所以这种采样器一般被称为基于速率的采样器，它在生产环境中有着比较广泛的应用。RateLimitingSampler 通过一个静态工厂方法

create 创建实例，例如通过 RateLimitingSampler. create(10) 创建的实例会限制每秒收集跨度上限为 10 个。RateLimitingSampler 在实现上会将跨度收集按时间分散开来，这样可以避免跨度收集时间点过于集中。

与 RateLimitingSampler 不同，BoundarySampler 和 CountingSampler 是按跨度收集总量的百分比设置上限。这种以跨度总量百分比确定是否采样的方法一般称为基于采样率的采样器，它们是在实际生产环境中应用比较多的采样器。尽管 BoundarySampler 和 CountingSampler 最终表现出来的行为都是按一定的采样率收集追踪信息，但它们却有着不同的应用场景。CountingSampler 主要适用于请求量比较低的调用链路追踪，而 BoundarySampler 则可以用于请求量高的追踪。Brave 官方文档建议以 10 万 QPS 为界线，低于该值时使用 CountingSampler，否则使用 BoundarySampler。这主要是因为 BoundarySampler 在计算效率上要远高于 CountingSampler，而对于高流量的应用中如果对每一次请求都进行统计会对性能产生较大影响。此外，由于大多数应用的访问量往往是个动态变化的值，为了避免在流量增长或者出现瞬时峰值时出现问题，建议在对采样率精确度没有严格要求的场景下都使用 BoundarySampler。

这两个类同样通过工厂方法 create 创建实例，调用该方法需要传入期望的采样率 probability。probability 可以是 0 或 1，0 代表不收集任何追踪数据，而 1 则代表收集所有追踪数据。probability 可以设置 0 到 1 之间的数值，但对于 CountingSampler 来说 probability 最小值不能小于 0.01，而 BoundarySampler 则不能小于 0.0001。之所以有这样的限制，跟它们的实现方案有关。这两个类为了提升性能，在统计采样率时都使用了一些优化的算法。CountingSampler 使用长度为 100 的 BitSet 集合来代表采样率，以 2% 的采样率为例，BitSet 会是 98 位为 false 而 2 位为 true 的集合。CountingSampler 会对请求做计数，然后再按 100 取模后映射到 BitSet 中相应位置取值作为是否采样的结果。举例来说，如果当前调用是第 231 次调用，则按 100 取模后的值为 31。这时，当前跨度是否会被收集，就完全取决于 BitSet 中第 31 位 true 还是 false。

BoundarySampler 会将 probability 乘以 10000 后保存到一个 long 类型的属性 boundary 上，而 boundary 将会成为追踪信息是否采样的判断边界。具体来说，traceId 会以 10000 为基数取模后与 boundary 做比较，如果小于等于 boundary 则将追踪纳入采样范围，否则会将其从采样范围中剔除。尽管可以通过算法让 traceId 足够分散，但 traceId 按 10000 取模后的结果却不一定能保证分散，所以 BoundarySampler 最终的采样率只能是接近于 probability 而不可能完全与 probability 相同。比如当 traceId 分别是 1、10001、20001 时，从 traceId 的角度来看已经足够分散，但它们取模后的结果却都是 1。所以为了减轻这种情况发生的可能，BoundarySampler 中添加了 SALT 随机数为 traceId 加盐以保证其取模后的结果也足够分散，但这也只是在一定程度上缓解问题而不能完全避免问题。加盐的方法经常出现在摘要算法中，用于防止根据摘要反推原文；而这里的"加盐"是为了防止模相同，所以"加盐"的方法是按位异或。

那么，为什么 BoundarySampler 要采用取模这种方法接近采样率呢？这主要还得从性能角度来考虑。试想，如果想要达到采样率完全精确，那么 Sampler 中就必须要对追踪信息进行计数。而在高并发环境下想要拿到准确的计数要付出较高的代价，要么直接做线程同步，要么采用 CAS（Compare and Set）的方式。无论是哪一种，在高并发量的情况下都是业务系统不乐于接受的。BoundarySampler 采用取模的方法接近采样率而性能却很好，所以是一种非常适合在高并发环境下的采样策略。按官方建议，这种采样策略适用于接收请求总量大于100000 的应用场景。

3.3　跨度本地传播

想要构建完整的追踪链路，跨度传播是埋点库必须要解决的重要问题之一。Brave 埋点库的跨度传播可分为本地传播和远程传播两种，它们采用了完全不同的技术方案解决对业务系统的透明性。本节先来介绍跨度的本地传播，下一节会介绍跨度的远程传播。在介绍这它们之前有必要说明，跨度传播的数据并不是只有追踪标识符和跨度标识符。Brave 将需要传播的数据都封装在 TraceContext 中，所以首先必须要先理解这个类。

3.3.1　TraceContext

由于 Brave 采用基于头部的采样策略，一个调用链路中的跨度必须遵从相同的采样决策，要么全部上报要么全不上报。所以调用链路中的第一个跨度在创建时就会包含是否上报的标识，这个标识会跟随调用一直传播下去。除此之外，Brave 还支持传播一些用户自定义的额外数据（Extra）。在新版 Brave 中，这些额外数据统一被称为随行数据（Baggage）。所以在跨度传播中传播的数据包括追踪标识符、跨度标识符、是否上报以及随行数据等四部分。为了统一管理这些它们，Brave 专门抽象了 TraceContext 这个类，它就是第 3.1 节中提到的跨度上下文。无论是本地传播还是远程传播，埋点库要传播的数据都封装在 TraceContext 中。

TraceContext 位于 brave. propagation 包中，从它的包名即可看出这个类主要用于跨度传播。TraceContext 的主要属性是 traceId、spanId、parentId 等标识符，它还是 SamplingFlags 的子类，而 SamplingFlags 代表的就是跨度是否上报的标识。TraceContext 虽然可以通过构造器 TraceContext. Builder 构建出来，但在它们通常与 brave. Span 绑定在一起而无须单独创建。无论是 RealSpan 还 NoopSpan，它们都有一个 context 属性用于保存与之绑定的跨度上下文。由前述两个小节可以看出，无论是追踪和跨度的标识符还是上报标识，它们都由 Brave 生成和管理，用户并不能直接修改这些数据。所以一旦跨度生成后它的跨度上下文就不能再修改了，但可通过 context 方法获取当前跨度的上下文。而跨度上下文中的随行数据是个例外，随行数据最终不会被上报到 Zipkin，所以它设计的目的是用于在跨度间共享数据。随行数据的生成和管理比较复杂且主要应用在远程传播中，所以将在 3.4 节中详细介绍。

跨度上下文在构建跨度间关联关系时起到了重要作用，Tracer 中定义的 newChild、joinSpan、toSpan 等方法都是以跨度上下文为参数。newChild 方法在 3.1.3 节中已经有过介绍，作用是根据上下文生成当前跨度的子跨度，也就是使用上下文中的 spanId 作为新跨度的 parentId。这一般可用于在一个方法中创建子跨度，从而细化一个方法调用的耗时分布。joinSpan 方法会复用上下文代表的跨度，也就是使用上下文中跨度的所有标识符。这样新跨度会与上下文合并为一个跨度，这一般应用于远程跨度传播的场景下，并且希望将调用方与被调用方合并为一个跨度。toSpan 方法相对来说比较简单，作用是通过跨度上下文构建出一个跨度来。它的作用与 joinSpan 类似，只不过更多的是应用于本地调用中。

通过这三个方法已经可以构建跨度之间的关联关系了，newChild 可构建父子关系，而

joinSpan 和 toSpan 则可以合并跨度。但它们都必须要知道当前跨度的上下文，否则就无法创建新的跨度。对于本地跨度传播来说，可以把当前的跨度上下文保存在一个全局变量中。但这不仅存在线程同步问题，而且也不能解决追踪系统的透明性问题。为了解决这个问题，Brave 抽象了 brave. propagation. CurrentTraceContext 这个类，专门用于存储当前跨度的上下文。

3. 3. 2　CurrentTraceContext

CurrentTraceContext 是一个抽象类，最核心的方法是用于获取当前 TraceContext 的 get 方法。在 Java 中，想要在线程间隔离地保存数据，使用 ThreadLocal 是再合适不过了。所以 CurrentTraceContext 的一个最主要实现类就是 ThreadLocalCurrentTraceContext，而这个类保存跨度的方式就是 ThreadLocal。但 Brave 中默认使用的 CurrentTraceContext 还不是 ThreadLocal-CurrentTraceContext，而是它的子类 CurrentTraceContext. Default。这个类保存跨度的方式是使用 InheritableThreadLocal，而 InheritableThreadLocal 是 ThreadLocal 的子类，在 InheritableThreadLocal 中保存的对象可以在当前线程的子线程中看到。所以如果不做任何修改，通过默认 CurrentTraceContext 是可以获取到当前线程或父线程保存的跨度。

Brave 使用的 CurrentTraceContext 实例也可以通过 Tracing 配置，一旦 Tracing 实例创建后就不能再修改使用的 CurrentTraceContext 实例，但可通过 currentTraceContext 获取到当前使用的 CurrentTraceContext 实例。由于 ThreadLocal 和 InheritableThreadLocal 都只能保存一个对象，所以 CurrentTraceContext 默认也是只保存当前所在跨度的上下文。这对于单个跨度来说并没有什么难度，但在多层级跨度中就有些复杂了。以父、子、孙三层跨度为例，当孙跨度结束后需要将孙跨度清除并将当前跨度设置为子跨度，而当子跨度结束时则应将子跨度清除并将当前跨度设置为父跨度。所以 CurrentTraceContext 在处理跨度上下文时有两个重要的动作，一是在创建跨度时将跨度上下文保存起来，另一个则是在跨度结束时清除或还原跨度。

CurrentTraceContext 保存跨度上下文可通过 maybeScope 或 newScope 两个方法实现，它们都会返回一个 CurrentTraceContext. Scope 实例，而 CurrentTraceContext. Scope 定义的 close 方法就是用于清除或还原跨度。maybeScope 和 newScope 的区别在于 maybeScope 会检查当前是否存在已保存的跨度上下文，仅在当前跨度上下文与已经保存的跨度上下文不同时才会处理；而 newScope 则不管是否存在跨度上下文都会直接替换掉。返回的 CurrentTraceContext. Scope 实例中会将父跨度上下文保存起来，当用户调用 close 方法时再将它重新还原回 ThreadLocal 或 InheritableThreadLocal。所以 close 方法的调用应该放在 finally 块中，否则当异常发生时就会导致父跨度上下文无法恢复，最终产生不完整的跨度数据。示例 3-11 展示了通过 CurrentTraceContext 在一个方法中共享跨度的过程：

```
public static void main(String[] args){
    Tracing tracing = Tracing. newBuilder()
        .localServiceName("current-trace-context-service")
        .build();
    Tracer tracer = tracing. tracer();
    Span span = tracer. newTrace()
```

```
        .name("current-trace-context-span")
        .start();

    CurrentTraceContext.Scope scope = tracing.currentTraceContext()
        .maybeScope(span.context());
    System.out.println(tracing.currentTraceContext().get() == span.context());

    scope.close();
    System.out.println(tracing.currentTraceContext().get());

    span.finish();
    tracing.close();
}
```

示例 3-11　使用 CurrentTraceContext 共享跨度上下文

在示例 3-11 中，通过 maybeScope 将跨度上下文保存起来后再调用 get 方法就可以获取到相同的跨度上下文，而当调用 close 方法后再通过 get 方法获取到的跨度就是 null 了。CurrentTraceContext.Scope 可以近似地理解成是跨度存储空间的抽象，而它的 close 方法则可以理解成是对存储空间的清除或复位。自 Brave 5.2 以后，Brave 又引入了 CurrentTraceContext.ScopeDecorator 接口用于对 Scope 进行装饰。CurrentTraceContext 在创建 Scope 前会通过 ScopeDecorator 对其进行装饰，ScopeDecorator 可以通过 CurrentTraceContext.Builder 的 addScopeDecorator 方法添加进来，可以为 CurrentTraceContext 设置多个 ScopeDecorator。有关 ScopeDecorator 的具体使用方法可参考下一章第 4.3.4 节中的示例。

CurrentTraceContext 还有两个 wrap 方法非常有用，它们可以用来包装 Runnable 和 Callable。包装后的类会在执行前调用 maybeScope 将当前跨度的上下文保存起来，所以在子线程中就可以直接获取到父线程的跨度上下文了。另外，CurrentTraceContext 还有一个 executor 方法可以用来包装 Executor，包装后的 Executor 会在执行线程前调用 wrap 方法包装 Runnable 和 Callable。所以如果希望对多线程做追踪，可以考虑使用这三个方法做处理。

这一小节的内容可能比较啰嗦且不易理解，但掌握这部分内容对于理解跨度传播非常有帮助。多数基于 Java 语言的埋点库都采用了类似的方法实现本地传播，所以只要理解了这部分内容就不难理解其他埋点库的设计了。希望读者可以根据源代码并结合示例掌握其原理，也可以在学习到后续相关内容时再回来温习这一部分内容。

3.3.3　currentSpan 与 nextSpan

如果读者理解了 CurrentTraceContext，那么 Tracer 的另外两个方法 currentSpan 和 nextSpan 就不难理解了。这两个方法都没有参数并且看上去与 TraceContext 也没有什么关系，但它们其实都与 TraceContext 相关联。

currentSpan 方法先通过 CurrentTraceContext 实例的 get 方法获取当前跨度上下文，然后再根据跨度上下文创建 brave.Span 的实例。但需要注意的是，通过 currentSpan 获取的并不是 RealSpan 而是 LazySpan。在 3.1.4 节曾经介绍过 LazySpan 是 brave.Span 三种实现中的一种，而它最主要就是应用在 currentSpan 方法中。LazySpan 在创建时只是将 TraceContext 简单地保存下来，只有用户调用了其业务方法时才会调用 Tracer 的 toSpan 方法生成真正的跨度。所以 LazySpan 实际上可以理解成是一种代理机制，它内部包含有一个 brave.Span 的实例，而对 LazySpan 的所有调用都会直接转发给这个实例。但这个实例并不会在一开始就实例化，它仅在有真实调用后才会实例化。currentSpan 之所以使用 LazySpan 的主要原因是为了提升性能，这就不得不先了解一下 Tracer 的另一个方法 nextSpan。

nextSpan 方法用于创建新的跨度，但它在创建跨度前会先调用 currentSpan 获取当前跨度。如果当前跨度并不存在则调用 newTrace 方法创建新的追踪，否则调用 newChild 方法创建当前跨度的子跨度。所以这个方法在调用 currentSpan 时会先检查返回结果是否为 null，而在不为 null 的情况下也只会调用它的 context 方法获取上下文。由于 LazySpan 在创建时会保存跨度上下文，所以调用 context 方法时可以直接将它返回。可见，在整个过程中都没有实例化一个真正跨度的必要。而 nextSpan 在 Brave 中又经常会被调用，所以出于性能上的考虑就采用了 LazySpan 这种设计。

这样说来，在跨度上下文不存在的情况下，调用 newTrace 和调用 nextSpan 都会创建新的追踪。读者可以自行尝试将示例 3-2 中跨度创建的方法替换为 nextSpan，代码执行后的效果与之前应该是一样的。而在跨度上下文已经存在的情况下，调用 newChild 和 nextSpan 两个方法的效果应该是一样的。示例 3-12 展示了使用 nextSpan 创建子跨度的代码：

```java
public static void main(String[] args){
    Tracing tracing = Tracing.newBuilder()
            .localServiceName("current-trace-context-next-span-service")
            .build();
    Tracer tracer = tracing.tracer();
    Span parentSpan = tracer.newTrace()
            .name("parent-span")
            .start();
    System.out.println(parentSpan.context().spanIdString());
    System.out.println(tracer.currentSpan());

    CurrentTraceContext.Scope scope = tracing.currentTraceContext()
            .maybeScope(parentSpan.context());
    System.out.println(tracer.currentSpan());
    Span chileSpan = tracer.nextSpan()
            .name("chile-span")
            .start();
    System.out.println(chileSpan.context().parentIdString());

    chileSpan.finish();
    scope.close();
    System.out.println(tracer.currentSpan());
```

```
chileSpan.finish();
tracing.close();
}
```

示例 3-12　使用 nextSpan 创建子跨度

由示例 3-12 可以看出，在使用 maybeScope 方法保存了当前跨度上下文之后，nextSpan 创建跨度的 parentId 与当前跨度的 spanId 完全相同。此外示例中还在不同阶段调用了 Tracer 的 currentSpan 方法，可以清晰地反映出 CurrentTraceContext 保存跨度上下文的整个过程。

3.3.4　ScopedSpan 与 SpanInScope

尽管示例 3-12 已经可以通过 nextSpan 构建跨度之间的父子关系了，但用户还是需要知道 TraceContext 和 CurrentTraceContext 等技术细节，而这对于没有一定 Java 基础知识的初学者来说还是有些复杂。所以 Brave 又引入了 ScopedSpan 和 SpanInScope 两种类型，通过它们可以更优雅地实现跨度本地传播。

ScopedSpan 是 SpanCustomizer 的子类，所以可以将它视为与 brave.Span 平级的另一种跨度模型，这在 3.1.4 节中已经有过介绍。但 ScopedSpan 在创建时会将其跨度上下文保存到 CurrentTraceContext 中，返回的 CurrentTraceContext.Scope 对象会被保存在 ScopedSpan 中。当调用 finish 方法时，ScopedSpan 除了会像 RealSpan 一样处理跨度，还会调用 CurrentTraceContext.Scope 的 close 方法清除或复位跨度上下文。所以 ScopedSpan 就是包含了 CurrentTraceContext.Scope 的跨度，并通过跨度的生命周期来管理 CurrentTraceContext.Scope 的生命周期。ScopedSpan 可通过 Tracer 的方法创建，示例 3-13 展示了一段使用 ScopedSpan 的代码：

```
public static void main(String[] args){
    Tracing tracing = Tracing.newBuilder()
        .localServiceName("scoped-span-service")
        .build();

    Tracer tracer = tracing.tracer();
    ScopedSpan parentSpan = tracer.startScopedSpan("parent-span");
    System.out.println(tracer.currentSpan());
    Span childSpan = tracer.nextSpan()
        .name("child-span")
        .start();
    System.out.println(childSpan.context().parentIdString());

    childSpan.finish();
    parentSpan.finish();
    tracing.close();
}
```

示例 3-13　使用 ScopedSpan

在示例 3-13 中，parentSpan 由 startScopedSpan 方法创建，所以 parentSpan 的跨度上下文会被保存起来。而 childSpan 由 nextSpan 方法创建，所以 childSpan 会依据当前跨度上下文创建为子跨度。事实上 childSpan 也可以使用 startScopedSpan 方法创建，两个跨度的父子关系也可以构建成功。不同的是 childSpan 在创建后会成为当前跨度上下文，如果再有新跨度创建就会成为 childSpan 的子跨度。示例 3-13 中在使用了 startScopedSpan 和 nextSpan 方法后，TraceContext 和 CurrentTraceContext 都没有暴露出来。所以在实际开发中，如果想在本地传播跨度应该尽量使用这两个方法。

尽管使用 ScopedSpan 是本地传播跨度的好办法，但在有些情况下 brave.Span 可能已经存在了，所以只能使用 brave.Span 管理跨度的生命周期。为了能够在这种情况下也屏蔽技术细节，Brave 又引入另外一个类 Tracer.SpanInScope。它在使用上类似于 CurrentTraceContext.Scope，可以认为是对该类的一种封装。示例 3-14 展示了使用 Tracer.SpanInScope 的方法：

```java
public static void main(String[] args){
    Tracing tracing = Tracing.newBuilder()
            .localServiceName("scoped-span-service")
            .build();

    Tracer tracer = tracing.tracer();
    Span parentSpan = tracer.nextSpan()
            .name("parent-span")
            .start();
    System.out.println(tracer.currentSpan());
    Tracer.SpanInScope scope = tracer.withSpanInScope(parentSpan);
    System.out.println(tracer.currentSpan());
    Span childSpan = tracer.nextSpan()
            .name("child-span")
            .start();
    System.out.println(childSpan.context().parentIdString());

    childSpan.finish();
    parentSpan.finish();
    scope.close();
    tracing.close();
}
```

示例 3-14　使用 SpanInScope

如示例 3-14 所示，Tracer 的 withSpanInScope 方法就是将一个跨度保存起来，同时返回 Tracer 内部类 SpanInScope 的实例。Tracer.SpanInScope 其实可以认为是前面提到的 Scope，它开放出来的 close 方法可以将保存跨度对应的 Scope 关闭。

通过以上示例可以看出，无论使用 Tracing 还是 Tracer，它们其实都需要使用 Current-TraceContext，并且必须要在跨度结束后将与之对应的 Scope 关闭，这多少看起来有些复杂。

所以为了简化这个流程，Brave 中就又引入了 ScopedSpan 这个跨度模型。ScopedSpan 会在创建时就使用 CurrentTraceContext 将跨度共享出来，而在结束时会自动调用所在 Scope 的 close 方法清除和复位跨度。

Brave 在跨度模型的设计上有些复杂，Span、TraceContext、CurrentTraceContext、ScopedSpan、Scope、SpanInScope 都与之有关联。如果读者在选择使用这些类和方法上有困惑，尽量只使用 Span 和 ScopedSpan，而在多线程场景下还应优先考虑使用 ScopedSpan。从生成它们的方法来看，应该尽量使用 Tracer. nextSpan 方法生成 Span，而使用 Tracer. startScopedSpan 来生成 ScopedSpan，它们通常已经可以满足绝大多数场景了。

总体来看，Brave 在这一部分的设计有些混乱不清。究其根源与 Brave 中没有明确地区分跨度和范围两个概念有很大关系，这使得 CurrentTraceContext 这个类看起来很奇怪。也许正是这个原因才催生了 OpenTracing 的诞生，而从跨度模型来看 OpenTracing 的确在设计上更胜一筹。

3.4 跨度远程传播

在微服务体系结构中，一次业务请求往往由多个独立部署的服务协作完成。这些服务之间的调用往往是通过某种远程调用方式实现，所以如何在这些业务系统之间传播跨度数据就成为追踪信息能否完整、准确的关键。比如在基于 REST 调用的微服务场景下，追踪信息就必须要在 REST 调用过程中传播给下一个微服务。一般来说需要传播的跨度数据主要是标识符，这包括追踪的标识符和跨度的标识符。如果服务被调用时接收到了一个追踪标识符，那么这个调用就会加入追踪标识符标识的追踪中去；而如果还包含有跨度标识符，那么这个跨度标识符标识的跨度就会成为当前调用的父跨度。

由于 Java 语言内在支持多线程，每段代码都会运行在一个线程中，所以 Brave 跨度的本地传播实际上是线程内共享跨度的问题。由于线程内部可通过 ThreadLocal 机制实现存储空间的共享，所以只要将 TraceContext 对象直接保存至 ThreadLocal 中就可共享跨度。但在远程传播中服务与服务之间并没有共享存储空间，所以 TraceContext 就需要在序列化后通过底层传输协议传播出去。在这种情况下往往需要将 TraceContext 离散成多个数据项传输，所以每个数据项都要有不同的名称来标识。就算将 TraceContext 序列化成一个数据项，也需要给这个数据项一个惟一名称，这样才能将它同传输协议中的其他数据项区分开来。这些名称还必须要在发送方和接收方之间达成一致，否则即使做了标识也不能被接收方正确解析出来。比如发送方以 traceId 为名称传播追踪标识符，而接收方如果以 trace- id 解析就不可能得到正确的结果。跨度传播使用的这些数据项名称，本质上就是发送方与接收方之间的传播协议，而在 Zipkin 中使用的传播协议称为 B3。

3.4.1 B3 传播协议

B3 是 BigBrotherBird 的缩写，这其实就是 Zipkin 最早的名称。B3 传播协议主要定义了在远程传播中跨度数据的格式及名称，这些名称大多以 "X- B3-" 开头，比如追踪标识符在 B3 传播协议中以 "X- B3- TraceId" 表示。从格式上来说，B3 传播协议定义了两种格式。Zipkin 最早支持的格式是多数据项的格式，在这种格式中跨度数据被离散为多个数据项，所以需要多个名称标识它们。在 2018 年 Zipkin 又标准化了一种紧凑的单数据项格式，在这种格式中所有跨度数据以一定的格式组装在一起，并使用一个名称标识这些数据。表 3-1 列出了 B3 传播协议中使用的数据项名称。

表 3-1　B3 传播协议格式与名称

格式	名称	说明
单数据项	b3	所有跨度数据由单个名称标识
多数据项	X-B3-TraceId	追踪标识符
	X-B3-ParentSpanId	父跨度标识符
	X-B3-SpanId	跨度标识符
	X-B3-Sampled	是否采样
	X-B3-Flags	是否为调试

在 B3 传播协议中，两种格式传播的跨度数据是相同的，大体上可分为标识符和采样状态两部分。标识符包括追踪标识符、父跨度标识符、跨度标识符等，它们与第 2 章第 2.3 节中对标识符的定义相同。采样状态主要是 X-B3-Sampled 和 X-B3-Flags 两项，它们标识了是否应该跨度上报给 Zipkin。B3 传播协议为 X-B3-Sampled 定义三个有效值，它们是 Accept、Deny 和 Defer。Accept、Deny 分别代表收集和不收集跨度，而 Defer 则相当于 X-B3-Sampled 数据缺失。在实际传播时，Accept 和 Deny 通常由 1 和 0 表示。X-B3-Flags 通常是 DEBUG 标识，当 X-B3-Flags 为 d 时，所有跨度都会被收集，否则是否收集还是由 X-B3-Sampled 决定。X-B3-Flags 标识是在 curl 或 chrome 调试等工具中用于故障排除，它不仅会使埋点库上报跨度还会将跨度标识为调试。

如表 3-1 所示，多数据项名称格式为 X-B3-${name}，而单数据项名称则只有一个 b3。由于 b3 使用单个数据项描述跨度，所以跨度数据必须以一定的格式组织起来。这些数据项之间采用符号 "-" 连接在一起，具体格式如示例 3-15 所示：

```
# b3 数据格式，最后两个为可选项
b3 = b3 = {x-b3-traceid}-{x-b3-spanid}-{if x-b3-flags 'd' else
x-b3-sampled}-{x-b3-parentspanid}

# 多数据项跨度数据示例
X-B3-TraceId:80f198ee56343ba864fe8b2a57d3eff7
X-B3-ParentSpanId:05e3ac9a4f6e3b90
X-B3-SpanId:e457b5a2e4d86bd1
X-B3-Sampled:1

# 编码为 b3 后
b3:80f198ee56343ba864fe8b2a57d3eff7-e457b5a2e4d86bd1-1-05e3ac9a4f6e3b90
```

示例 3-15　B3 传播跨度的数据格式

在实际应用中，B3 传播协议中定义的这些名称通常会转化为通信协议中的报头。比如在基于 REST 的微服务应用中，表 3-1 中的这些数据项就会转换为 HTTP 报头；在基于 gRPC 的分布式系统中，这些数据项可以作为请求的自定义元数据（Custom Metadata）；而在基于消息的分布式系统中，它们也可以通过消息报头的形式传播。可以看到，无论是底层传输协议是什么，Brave 都基本是采用报头或元数据的形式传播。这样设计的目的是为了做到对业务系统透明，尽量不让跨度数据与业务数据糅合在一起。但对于基于 JMS 的消息系统来说，以 "X-B3-" 开头的报头存在着一些问题，所以 B3 传播协议才又标准化了单数据项的格式。换句话说，在基于 JMS 的系统中传播跨度数据时，只能使用单报头的 b3 而不能使用多报头。Zipkin 在 B3 传播协议中设计单数据项的另一个原因，是为了兼容 W3C 标准中的 tracestate 报头。

3.4.2　W3C 传播协议

B3 传播协议中的名称大多含有 B3 字符串，这带有鲜明的 Zipkin 印记。由于其他追踪系统的埋点库也采用报头或元数据的形式传播跨度，所以它们也会定义类似 B3 协议中的格式和名称，但它们多数是不会直接采用 B3 传播协议中的格式和名称。由于不同追踪系统的埋点库有可能采用完全不同的传播协议，这意味着追踪异构的系统在调用链路集成时会非常困难。所以大约是在 2017 年的时候，W3C 开始制订统一的 HTTP 报头表示跨度数据，以标准化那些基于 HTTP 协议传播跨度的应用。除了利于不同埋点库之间的跨度传播以外，W3C 还可以保证跨度传播的数据不会被意外删除。因为对于一些转发 HTTP 请求的软件来说，它们出于安全考虑会将那些非标准的 HTTP 报头删除，而这将导致调用链路断裂。此外对于云平台、中间件等组件来说，它们也需要遵循统一的标准传播跨度数据。

W3C 传播协议引入了两个新的标准报头，并定义了一种可以被普通接受的跨度数据格式。这些报头和数据格式称为追踪上下文（Trace Context），详细的定义位于 https://www.w3.org/TR/trace-context/。W3C 传播协议引入的两个标准报头为 traceparent 和 tracestate，它们都可以用于传播跨度数据，但在格式上有些不同。按 W3C 的要求，traceparent 是在跨度传播时必须要添加的报头，而 tracestate 则并不一定要添加，它相当于是 traceparent 的扩展。traceparent 的内容和格式是固定的，所有追踪系统都必须要遵守。而 tracestate 则相当于是只定义了报头名称，而报头的内容则是由追踪系统自行定义。W3C 建议在使用这两个报头时都尽量使用小写字母，并且报头名称中没有任何分隔符。

traceparent 报头整体上由 version 和 version-format 两个部分组成，version 代表的是 traceparent 版本号，而 version-format 则是与该版本对应的数据格式。version 是占用一个字节的无符号整数，以两位的十六进制字符串为表现形式。所以 version 的最小值为 00，而最大值则为 ff，当前版本的 W3C 标准中版本为 00。00 版本对应的 version-format 由 trace-id、span-id 和 trace-flags 三部分组成，它们之间由减号 "-" 连接起来。version 与 version-format 之间也是由减号 "-" 连接，单独提出 version-format 的概念说明不同版本的 version-format 可能会有不同。trace-id 占 16 个字节，代表追踪标识符，而 span-id 占 8 个字节，代表跨度标识符，它们在表现形式上都是十六进制的字符串。trace-flags 占 1 个字节，存储与追踪相关的一些标记，目前仅定义了追踪是否需要采样这一个标记。以示例 3-15 中的跨度为例，它以 traceparent 报头表示时值为

traceparent：00-80f198ee56343ba864fe8b2a57d3eff7-e457b5a2e4d86bd1-01

与 traceparent 不同，tracestate 可以由一组键值对组成，它包含了与某种埋点库相关的数据扩展。tracestate 中的键通常是埋点库的名称，而值则是埋点库相关的扩展数据。比如 Brave 埋点库的键名即为 B3 传播协议中使用的单数据项名称 b3，这也是前面提到的单数据项是为兼容 W3C 标准的原因。以示例 3-15 中的跨度为例，它的 tracestate 报头值应该为

tracestate：b3 = 80f198ee56343ba864fe8b2a57d3eff7- e457b5a2e4d86bd1-1-05e3ac9a4f6e3b90

尽管 W3C 标准中规定 traceparent 为必选 tracestate 为可选，但在实现中究竟以哪个报头为主传播跨度数据完全取决于埋点库。具体到 Brave 来说，它虽然增加了单数据项的 b3 名称，但它还不能完整地支持 W3C 的标准。但毫无疑问，W3C 传播协议肯定会是未来的趋势，相信 Brave 会在后续版本中全面支持 W3C 标准。

3.4.3　Propagation 接口

Brave 对传播协议的抽象为 brave. propagation. Propagation 接口，其中定义的 keys 方法就是用于返回在传播中使用的数据项名称。Brave 使用的 Propagation 可通过 Tracing 的 propagation 方法获取到，默认情况下返回的就应该是 B3Propagation 的实例。读者可以自行尝试获取 B3Propagation 实例并调用它的 keys 方法，看看返回的数据项名称是不是与 B3 传播协议中一致。为了能够让跨度数据在不同的业务系统之间传播，Propagation 接口在代码中还引入了载体（Carrier）的概念。所谓载体就是能够保存跨度数据且可以按底层协议传输数据的中间介质，它通常与服务间调用使用的底层通信协议相关。比如在基于 REST 的微服务系统中，跨度传播的载体就是使用 HTTP 请求。众所周知，HTTP 请求一般分为请求报头和请求体两部分。请求体一般包含与业务相关的数据，而请求报头则是一些元数据或配置信息。从追踪系统的透明性角度来看，跨度数据保存在请求报头中传播再合适不过了。所以在基于 HTTP 协议的远程调用中，HTTP 请求报头就是跨度数据的载体。

由于传播载体在不同场景下各不相同，所以 Brave 并没有抽象与传播载体相对应的类，而是以范型的形式代表载体的类型。但 Brave 却定义了跨度传播时与载体相关的两个主要动作，一是发送方在发起远程调用时将跨度数据注入（Inject）至载体中，另一个则是在接收方接收到调用请求后从载体中提取（Extract）跨度数据。这两个动作以内部接口的形式定义在 TraceContext 中，它们是 TraceContext. Injector 和 TraceContext. Extractor。在 TraceContext. Injector 中定义的惟一方法 inject 就是将跨度数据注入到传播载体中，而 TraceContext. Extractor 定义的惟一方法 extract 则是从载体中提取跨度数据。TraceContext. Injector 和 TraceContext. Extractor 都定义为接口，而创建它们的实例则必须要通过 Propagation。所以除了 keys 方法以外，Propagation 的另外两个方法 injector 和 extractor 就是用于生成 TraceContext. Injector 和 TraceContext. Extractor 的实例。injector 方法在创建 TraceContext. Injector 时需要一个 Propagation. Setter 类型的参数，这个参数实际上定义如何向载体中注入跨度；而 extractor 方法在创建 TraceContext. Extractor 时需要一个 Propagation. Getter 类型的参数，这个参数则定义了如何从载体中提取跨度。这些接口之间的关系看上去有些复杂，但在实际编码时一般并不会看到它们。如果以 HashMap 为载体做跨度的注入和提取，可按示例 3-16 的方式编写代码：

```
public static void main(String[] args){
    Tracing tracing = Tracing.newBuilder()
            .localServiceName("propagation-service")
            .build();
    Map<String,String> carrier = new HashMap();
    Injector<Map<String,String>> injector = tracing.propagation()
            .injector((map,key,value)-> map.put(key,value));
    Extractor<Map<String,String>> extractor = tracing.propagation()
            .extractor((map,key)-> map.get(key));

    Tracer tracer = tracing.tracer();
    Span parentSpan = tracer.nextSpan()
            .name("parent-span")
            .start();
    System.out.println(parentSpan);
    //Inject
    injector.inject(parentSpan.context(),carrier);
    System.out.println(carrier);
    //Extract
    Span childSpan = tracer.nextSpan(extractor.extract(carrier))
            .name("child-span")
            .start();
    System.out.println(childSpan);
    System.out.println(childSpan.context().parentIdString());

    childSpan.finish();
    parentSpan.finish();
    tracing.close();
}
```

示例 3-16 以 HashMap 为载体注入和提取跨度

在示例 3-16 中先使用 Propagation 创建了 Injector 和 Extractor 的实例，由于在创建过程中使用了 Lambda 表达式，所以并不会看到 Propagation.Setter 和 Propagation.Getter 类型。之后则调用了 Injector 的 inject 方法将跨度上下文注入到 Map 中，并使用 Extractor 的 extract 方法将其又从 Map 实例中重新提取出来。Extractor 提取出来的并不是 TraceContext 而是 TraceContextOrSamplingFlags 实例，这个实例包含有跨度上下文或采样标识。这主要是因为在某些场景下可能会只传播采样标识，所以 Brave 就会抽象了这样一个代表两种情况的类。不过在实际应用中一般会直接使用返回的实例创建跨度，Tracer 为所有使用 TraceContext 参数的方法都提供了使用 TraceContextOrSamplingFlags 重载方法，所以用户并不用太过深入了解这个类型的细节。比如在示例 3-16 中就是调用了 nextSpan 的重载方法，创建出来的跨度即会以提取出来的跨度为父跨度。

在示例 3-16 中使用的 Propagation 实例为 B3Propagation 类型，它使用 B3 传播协议中定义的数据项名称。比如在示例 3-16 中打印出来的结果中，就可以看到 X-B3-TraceId、X-B3-ParentSpanId、X-B3-SpanId 和 X-B3-Sampled 等几个名称，这实际上就是 B3 协议中定义的多数据项格式。如果想要使用 B3 传播协议中定义的单数据项格式，那就需要通过对 Propagation 做定制。Brave 中定制 Propagation 也是通过 Tracing，Tracing 中包含一个 propagationFactory 方法，该方法用于设置 Propagation.Factory，这是一个用于创建 Propagation 实例的工厂类。换句话说，Tracing 并不能直接设置 Propagation 实例，而是通过设置 Propagation 工厂来影响 Propagation 实例。B3Propagation 默认所使用的工厂类定义在其静态属性 B3Propagation.FACTORY 上，它还专门创建了一个静态内部类 FactoryBuilder 来设置它所使用的工厂。比如在默认情况下 B3Propagation 使用多数据项的方式传播跨度，要想使用单数据项就可以通过 FactoryBuilder 做配置。如示例 3-17 所示：

```
Propagation.Factory factory = B3Propagation.newFactoryBuilder()
        .injectFormat(B3Propagation.Format.SINGLE)
        .build();
Tracing tracing = Tracing.newBuilder()
        .propagationFactory(factory)
        .localServiceName("propagation-service")
        .build();
```

示例 3-17　配置 B3Propagation

B3Propagation.FactoryBuilder 的 injectFormat 方法可以设置注入格式，而格式则由枚举 B3Propagation.Format 定义。其中包括 MULTI、SINGLE 和 SINGLE_NO_PARENT 三种类型，最后一种也使用"b3"作为名称只是不会包括父跨度标识符。

3.4.4　随行数据

随行数据也是跨度可以传播的数据之一，但它们是专门留给用户使用的自定义传播数据。随行数据被保存在 TraceContext 的 extra 属性上，可以为一个跨度设置多个随行数据。虽然随行数据会在追踪中一直传播，但它们却不会被上报到 Zipkin 服务，所以随行数据设计的目的其实是在跨度间共享数据。随行数据在 Brave 中由 brave.baggage.BaggageField 表示，可通过其静态工厂方法 create 创建。BaggageField 创建后可通过 updateValue 方法设置新值，所以 BaggageField 一般需要预先生成并设置为全局。

B3Propagation 并不能直接支持随行数据，需要将 B3Propagation 包装为 BaggagePropagation 才可以使用随行数据。换句话说，BaggagePropagation 相当于是一个 B3Propagation 的装饰类，但附加了对随行数据的支持。所以如果想要使用随行数据必须先通过 Tracing 设置传播工厂，如示例 3-18 所示：

```
public static BaggageField REQUEST_ID = BaggageField.create("request-id");
public static void main(String[] args){
    Propagation.Factory factory =
```

```
                BaggagePropagation.newFactoryBuilder(B3Propagation.FACTORY)
                    .add(BaggagePropagationConfig.SingleBaggageField.remote(REQUEST_ID))
                    .build();
        Tracing tracing = Tracing.newBuilder()
                    .propagationFactory(factory)
                    .localServiceName("baggage-service")
                    .build();

        Map<String,String> carrier = new HashMap();
        TraceContext.Injector<Map<String,String>> injector = tracing.propaga-
tion()
                    .injector((map,key,value)-> map.put(key,value));

        Tracer tracer = tracing.tracer();
        Span span = tracer.newTrace()
                    .name("baggage-span")
                    .start();
        REQUEST_ID.updateValue(span.context(),"123456");
        System.out.println(REQUEST_ID.getValue(span.context()));
        injector.inject(span.context(),carrier);
        System.out.println(carrier);

        span.finish();
        tracing.close();
    }
```

示例 3-18　使用 BaggagePropagation

BaggagePropagation 也有一个构建工厂类的 FactoryBuilder，而在示例 3-18 中使用的 BaggagePropagation.newFactoryBuilder 方法就是创建 FactoryBuilder 的实例。这个方法接收 B3Propagation.FACTORY 为参数，这意味着 BaggagePropagation 的工厂类是基于 B3Propagation 创建。在使用某个随行数据前，除了要预先创建这个随行数据，还需要通过 BaggagePropagation.FactoryBuilder 的 add 方法将随行数据添加进来。add 方法接收参数的类型为 BaggagePropagationConfig，可以把它理解为是对随行数据的配置。目前 BaggagePropagation 仅支持 BaggagePropagationConfig.SingleBaggageField，在示例 3-18 中是调用了其 remote 方法生成的配置，所以可在远程传播中使用该随行数据。SingleBaggageField 还另一个生成配置的方法 local，该方法生成的配置只支持在本地传播中使用随行数据。

3.5　使用埋点组件

前面几个小节详细介绍了 Brave 的基本原理与组件，但使用它们依然无法做到对业务系统的透明。理想状态下应该是业务系统无感知或仅需要少量配置，就可以做到对业务方法调用的全程追踪。要达到这种效果就必须利用一些与业务系统关联的技术特性，比如可以使用过滤器、拦截器、AOP 等技术将跨度信息通过统一的组件添加到业务系统中。Brave 针对不同的技术或框架开发了不同的埋点组件，本节就来介绍在 Java Web 和 MySQL 中使用的埋点组件。

3.5.1　Java Web 埋点

Java Web 应用是 JavaEE 体系结构中用于生成 Web 页面的应用，主要包括 Servlet、JSP、Filter 和 Listener 等组件。随着微服务架发展和普及，Java Web 应用更多地被用来开发 REST 接口。现在流行的 Spring Boot、Spring Cloud 等微服务框架，它们从本质上来说都可以认为是一种经过封装和简化的 Java Web 应用。所以了解 Brave 在 Java Web 应用的埋点方法，对于微服务调用链路追踪来说至关重要。Brave 在 Java Web 应用中埋点采用了 Java Web 应用中的 Filter 组件（以下也会称之为过滤器）拦截 HTTP 请求，并将跨度信息添加到请求中以实现调用链路追踪。具体来说，Brave 在其 brave-instrumentation-servlet 组件库中开发了 brave. servlet. TracingFilter，用户在使用这个过滤器时需要将其配置为拦截所有请求。brave-instrumentation-servlet 组件库的 Maven 依赖为

```
<dependency>
    <groupId>io. zipkin. brave</groupId>
    <artifactId>brave-instrumentation-servlet</artifactId>
</dependency>
```

示例 3-19　添加 brave-instrumentation-servlet

1. 使用监听器注册

TracingFilter 不能直接被 Java Web 应用实例化，因为这个类的构造方法只在包内可见，但它定义了静态的工厂方法 create 用来实例化自身。create 方法接收的参数即为配置 Brave 的 Tracing 实例，所以这种设计的目的也是为了在创建 TracingFilter 时就配置好 Brave。由于 TracingFilter 不能直接被 Java Web 实例化，所以依据 Java Web 的规范它也就不能在 web. xml 中直接配置使用。官方推荐了两种方法完成 Tracing 的初始化，一种是使用 ServletContextListener 初始化 TracingFilter，然后再通过 ServletContext 将它注册到 Web 应用中。这种方式只适用于 Servlet 3. x 以上版本的 Web 应用，如示例 3-20 所示：

```
@WebListener
public class TracingServletContextListener implements ServletContextListener {
    Sender sender = OkHttpSender. create("http://127. 0. 0. 1:9411/api/v2/spans");
    AsyncReporter<Span> spanReporter = AsyncReporter. create(sender);
    Tracing tracing = Tracing. newBuilder()
        . localServiceName("servlet-instrumentation-demo")
```

```
            .spanReporter(spanReporter).build();

    @Override
    public void contextInitialized(ServletContextEvent servletContextEvent){
        servletContextEvent.getServletContext()
            .addFilter("tracingFilter",TracingFilter.create(tracing))
            .addMappingForUrlPatterns(EnumSet.allOf(DispatcherType.class),
                true,"/*");
    }

    @Override
    public void contextDestroyed(ServletContextEvent servletContextEvent){
        try {
            tracing.close();
            spanReporter.close();
            sender.close();
        } catch(IOException e){
        }
    }
}
```

示例 3-20　使用 ServletContextListener 初始化 TracingFilter

由于 Web 应用会在启动时初始化 ServletContextListener，并且会调用其 contextInitialized 方法，所以 TracingFilter 的实例化与注册也就被放置在了这个方法中。由示例 3-20 可以看出，通过 ServletContextEvent 可获取到 ServletContext 实例，然后调用其 addFilter 方法即可将过滤器注册给 Web 应用。在注册的同时还指定了过滤的地址为"/*"，这意味着所有请求地址都需要经过 TracingFilter 处理，实际应用中可根据需求指定业务地址。

2. 使用代理过滤器注册

另一种方式注册 TracingFilter 的方式是创建它的代理过滤器，并将所有请求的过滤处理都转发给 TracingFilter，然后再在 web.xml 将代理过滤器注册到 Web 应用。这种方式不需要使用在代码中注册过滤器的特性，所以适用于 Servlet 2.5 及以上版本：

```
public class DelegatingTracingFilter implements Filter {
    Sender sender =OkHttpSender.create("http://127.0.0.1:9411/api/v2/spans");
    AsyncReporter<Span> spanReporter =AsyncReporter.create(sender);
    Tracing tracing =Tracing.newBuilder()
        .localServiceName("servlet-instrumentation-demo")
        .spanReporter(spanReporter).build();
    Filter delegate =TracingFilter.create(tracing);
```

```
    @Override
    public void doFilter(ServletRequest request,ServletResponse response,
FilterChain chain)
        throws IOException,ServletException {
      delegate.doFilter(request,response,chain);
    }

    @Override
    public void destroy(){
      try {
        tracing.close();
        spanReporter.close();
        sender.close();
      } catch(IOException e){
      }
    }
}
```

示例 3-21　使用代理 Filter

　　由于 Servlet 2.5 版本不支持使用标注注册过滤器，所以还需要在 web.xml 中注册代理过滤器并映射过滤地址，如示例 3-22 所示：

```
<filter>
  <filter-name>tracingFilter</filter-name>
  <filter-class>cn.budwing.tracing.DelegatingTracingFilter</filter-class>
</filter>

<filter-mapping>
  <filter-name>tracingFilter</filter-name>
  <url-pattern>/*</url-pattern>
</filter-mapping>
```

示例 3-22　通过 web.xml 注册过滤器

　　如果对 Spring 比较熟悉的话就会知道，在 Spring 中依赖注入的过滤器也是可以通过代理过滤器的方式注册给 Web 应用，其本质与这里所讲的方法一致。

3. 核心代码

　　TracingFilter 拦截到请求后会创建与追踪相关的信息，并将它们存储到请求属性中。但跨度依然是按照前述章节所述的方式处理，只不过是处理跨度的过程全都被抽取至 TracingFilter 中了，这样就不需要在业务代码中关心追踪相关的逻辑了。TracingFilter 的核心代码如示例 3-23 所示：

```
public void doFilter(ServletRequest request,ServletResponse response,Fil-
terChain chain)
  throws IOException,ServletException {
  HttpServletRequest httpRequest = (HttpServletRequest)request;
  HttpServletResponse httpResponse = servlet.httpServletResponse(response);

  // Prevent duplicate spans for the same request
  TraceContext context = (TraceContext)request.getAttribute(TraceContext.
class.getName());
  if(context!=null){
    // A forwarded request might end up on another thread,so make sure it is
scoped
    Scope scope = currentTraceContext.maybeScope(context);
    try {
      chain.doFilter(request,response);
    } finally {
      scope.close();
    }
    return;
  }

  Span span = handler.handleReceive(new HttpServerRequest(httpRequest));

  // Add attributes for explicit access to customization or span context
  request.setAttribute(SpanCustomizer.class.getName(),span.customizer());
  request.setAttribute(TraceContext.class.getName(),span.context());

  Throwable error = null;
  Scope scope = currentTraceContext.newScope(span.context());
  try {
    // any downstream code can see Tracer.currentSpan() or use Trac-
er.currentSpanCustomizer()
    chain.doFilter(httpRequest,httpResponse);
  } catch(IOException|ServletException|RuntimeException|Error e){
    error = e;
    throw e;
  } finally {
    if(servlet.isAsync(httpRequest)){ // we don't have the actual response,
handle later
      servlet.handleAsync(handler,httpRequest,httpResponse,span);
    } else { // we have a synchronous response,so we can finish the span
```

```
    handler.handleSend(servlet.httpServerResponse(httpRequest,httpRe-
sponse),error,span);
    }
    scope.close();
    }
}
```

示例 3-23　TracingFilter 核心代码

相信读者只要理解前述章节的内容就一定能够理解示例 3-23 中的代码。TracingFilter 会检查请求中是否已经包含 TraceContext，如果不存在则会创建新的跨度出来，并在请求中保存 SpanCustomizer 和 TraceContext 两个对象，否则会利用原有信息处理跨度。可见在 Web 应用的埋点中，Brave 最终开放给用户自定义的也是 SpanCustomizer 对象，而没有直接将 Span 开放给用户。

3.5.2　MySQL 埋点

Brave 对 MySQL 的埋点组件利用了 MySQL 官方驱动提供的拦截器特性，所以如果在连接 MySQL 时使用的驱动程序不是 MySQL 官方提供的 mysql-connector-java，那么 Brave 的这个埋点组件就无法使用。一般来说，拦截器的作用都是拦截一些正常的业务请求，并在请求开始和结束时执行特定的逻辑。以 MySQL 官方驱动版本 5 中的拦截器 com.mysql.jdbc. StatementInterceptorV2 为例，它定义的 preProcess 和 postProcess 方法是每个 SQL 执行前后都需要调用的方法，如示例 3-24 所示：

```
public interface StatementInterceptorV2 extends Extension {
    void init(Connection conn,Properties props)throws SQLException;
    ResultSetInternalMethods preProcess(String sql,Statement intercepted-
Statement,Connection connection)throws SQLException;
    boolean executeTopLevelOnly();
    void destroy();
    ResultSetInternalMethods postProcess(String sql,Statement intercepted-
Statement,ResultSetInternalMethods originalResultSet,
        Connection connection, int warningCount, boolean noIndexUsed, boolean
noGoodIndexUsed,SQLException statementException)throws SQLException;
}
```

示例 3-24　StatementInterceptorV2 接口定义

所以 Brave 的 MySQL 埋点组件就可以实现这个接口，并在 preProcess 方法中创建并开始一个跨度，而在 postProcess 方法中销毁并上报该跨度。MySQL 驱动拦截器在应用上也非常简单，只要将拦截器添加到类路径中，并在 JDBC URL 中通过 statementInterceptors 参数指定拦截器即可。还是以 MySQL 官方驱动版本 5 为例，Brave 提供的相关拦截器为 brave.mysql.TracingStatementInterceptor，所以 JDBC URL 应该定义为如下形式：

jdbc:mysql://localhost:3306/test?statementInterceptors = brave. mysql. TracingStatementInterceptor

默认情况下，MySQL 埋点组件会以 mysql- $ {database} 的形式命名跨度对应的服务，这其实对应的就是执行 SQL 语句的 MySQL 数据库实例。例如上面的 JDBC URL 中，数据库名称为 test 则跨度对应的服务名称为 mysql-test。如果不想使用默认的服务命名规则，还可以在 JDBC URL 中添加 zipkinServiceName 参数以设置不同的服务名称。

此外，由于 MySQL 不同版本官方驱动中拦截器的定义有所不同，所以 Brave 针对不同版本的驱动程序也提供了相应的埋点组件，用户在使用时需要选择与 MySQL 驱动版本一致的组件。示例 3-25 展示了使用不同版本 MySQL 驱动程序时需要引入埋点组件的 Maven 依赖：

```
<dependency>
    <groupId>io. zipkin. brave</groupId>
    <artifactId>brave-instrumentation-mysql</artifactId>
</dependency>
<dependency>
    <groupId>io. zipkin. brave</groupId>
    <artifactId>brave-instrumentation-mysql6</artifactId>
</dependency>
<dependency>
    <groupId>io. zipkin. brave</groupId>
    <artifactId>brave-instrumentation-mysql8</artifactId>
</dependency>
```

示例 3-25　MySQL 埋点组件依赖

对应于版本 6 的拦截器为 brave. mysql6. TracingStatementInterceptor，但参数还是 statementInterceptors 和 zipkinServiceName 两个。版本 8 比较特殊，它的拦截器分为查询拦截器和异常拦截器两类，所以在 JDBC URL 中有关拦截器的参数也分为 queryInterceptors 和 exceptionInterceptors。其中，queryInterceptors 对应的查询拦截器为 brave. mysql8. TracingQueryInterceptor，而 exceptionInterceptors 对应的异常拦截器则为 brave. mysql8. TracingExceptionInterceptor。

第 4 章
Spring Cloud Sleuth

Spring Cloud Sleuth 是 Spring Cloud 官方发布的一套基于 Brave 实现的微服务追踪框架，所以从本质上来说它其实就是 Zipkin 埋点库的一种。由于融入了 Spring Framework、Spring Boot 及 Spring Cloud 的一些优秀特性，Sleuth 在使用上比 Brave 更为简单方便，基本上可以做到业务系统无感知。Sleuth 的主要维护人 Adrian Cole 同时也是 Zipkin 的主要维护人，所以 Sleuth 和 Zipkin 集成得很好。但 Sleuth 也兼容 OpenTracing，所以可以按 OpenTracing 定义的方式管理跨度。

4.1　Sleuth 快速入门

如果对 Spring Cloud 开发微服务足够熟悉，那么使用 Sleuth 模块给微服务添加追踪能力也很容易上手。总的来说，首先也是要通过 Maven 或 Gradle 将 Sleuth 模块添加到工程中，然后再通过配置文件或参数对 Sleuth 模块做一些简单配置就可以了。当然 Sleuth 模块也提供了默认配置，如果默认配置能够满足需求那么连配置工作也不需要。下面就来搭建一个简单的基于 Spring Cloud 的微服务应用，并使用 Sleuth 模块给微服务添加追踪能力。

4.1.1　添加依赖

由于 Sleuth 模块基于 Spring Cloud，所以首先要将 Spring Boot 和 Spring Cloud 添加到工程中。比较简单的方式是让 Maven 工程成为 Spring Boot 的子模块，然后再使用 dependencyManagement 元素添加 spring-cloud-dependencies，以管理 Spring Cloud 众多模块之间的版本依赖关系。如果不想让工程成为 Spring Boot 的子模块，也可以通过 dependencyManagement 元素添加 spring-boot-dependencies。本章示例将采用 dependencyManagement 的方式管理 Spring Boot 依赖，按示例 4-1 所示的方式将 Spring Boot 和 Spring Cloud 的依赖添加到模块中：

```
<dependencyManagement>
    <dependencies>
        <dependency>
            <groupId>org.springframework.boot</groupId>
            <artifactId>spring-boot-dependencies</artifactId>
            <version>${spring-boot.version}</version>
```

```
            <type>pom</type>
            <scope>import</scope>
        </dependency>
        <dependency>
            <groupId>org.springframework.cloud</groupId>
            <artifactId>spring-cloud-dependencies</artifactId>
            <version>${spring-cloud.version}</version>
            <type>pom</type>
            <scope>import</scope>
        </dependency>
    </dependencies>
</dependencyManagement>
```

示例 4-1 使用 dependencyManagement 管理依赖

由于 dependencyManagement 一般只管理版本之间的依赖关系而不会实际引入依赖包，所以上述配置片段定义在父模块 tracing 的 POM 文件中。类似于其他 Spring Cloud 模块，Sleuth 也提供了一个名为 spring-cloud-starter-sleuth 的 Starter 组件。所以在使用 Sleuth 模块时，需要将这个 Starter 组件添加到工程依赖中。示例 4-2 给出了添加 Sleuth 模块时的 pom.xml 文件片段：

```
<dependencies>
    <dependency>
        <groupId>org.springframework.boot</groupId>
        <artifactId>spring-boot-starter-web</artifactId>
    </dependency>
    <dependency>
        <groupId>org.springframework.cloud</groupId>
        <artifactId>spring-cloud-starter-sleuth</artifactId>
    </dependency>
</dependencies>
```

示例 4-2 引入 spring-cloud-starter-sleuth

在添加了 spring-cloud-starter-sleuth 组件之后，Maven 会将与 Sleuth 相关的依赖全部引入进来。这主要是 spring-cloud-sleuth-core 中包含了 Sleuth 模块中最为核心的类。由于 Sleuth 从版本 2.0.0 开始基于 Brave 开发，所以 spring-cloud-sleuth-core 会将 Brave 相关依赖也全部引入进来。spring-cloud-sleuth-core 基于 Spring Boot 自动配置的功能，在微服务启动时将 Brave 所需组件创建出来，其中就包括了在第 3 章中介绍的 Tracing、Tracer、Sampler、Propagation 等核心组件。实现上述自动配置功能的类是 TraceAutoConfiguration，位于 org.springframework.cloud.sleuth.autoconfig 包中。TraceAutoConfiguration 设置 Tracing 默认使用的服务名称为 default，然后通过 Tracing 生成 Tracer 实例并以 tracer 为名注入到 Spring 容器

中。由于需要通过 REST 接口展示 Sleuth 添加进来后的特性，所以在示例 4-2 中还将 Spring Boot 的 Web 模块也添加进来了。

4.1.2　编写代码

通常情况下，Spring Boot 应用需要开发一个包含 main 方法的主类，这个主类是最终启动微服务的入口。为了方便展示，示例 4-3 中将 REST 接口与主类放在了一起：

```java
@SpringBootApplication
@RestController
@Slf4j
public class SleuthApplication {
    @RequestMapping("/")
    public String home(){
        log.info("Hello,Sleuth!");
        return "Hello,Sleuth!";
    }
    public static void main(String[] args){
        SpringApplication.run(SleuthApplication.class,args);
    }
}
```

示例 4-3　主类与 REST 接口

在示例 4-3 所示的代码中，并没有使用任何 Sleuth 或 Brave 的组件，但这时分布式链路追踪的能力却已经添加到应用中了。另外，为了能够方便地使用 SLF4J 的日志功能，示例 4-3 使用@ Slf4j 标注了 SleuthApplication。这个标注是开源框架 Lombok 中定义的，通过它可以直接使用 log 对象输出日志而无须显式创建这个对象。使用这个标注需要在 POM 文件中将依赖引入，如示例 4-4 所示：

```xml
<dependency>
    <groupId>org.projectlombok</groupId>
    <artifactId>lombok</artifactId>
    <version>${lombok.version}</version>
</dependency>
```

示例 4-4　引入 Lombok 依赖

通过示例 4-3 可以看出，Sleuth 已经做到了对业务系统的基本透明。至少到目前为止只是引入了一个 Maven 依赖，而在代码和配置上跟开发一般的 Spring Boot 应用没有任何区别。在只添加 spring- cloud- starter- sleuth 依赖时，Sleuth 的追踪能力主要体现在日志上。换句话说，Sleuth 虽然将跨度数据添加到调用过程中，但跨度数据只会打印到日志中而不会上报到 Zipkin 服务。所以为了能够体现 Sleuth 对日志的影响，示例 4-3 在 home 方法中使用 Slf4j 输出一段级别为 INFO 的日志，下面就来看一下添加 Sleuth 之后输出日志的变化。

4.1.3　日志关联

如示例 4-5 所示，运行示例 4-3 中的代码后，日志输出会出现明显的变化。由于日志内容比较长，示例 4-5 对日志的具体输出内容做了裁剪，只保留了日志前面的部分：

```
2020-01-26 21:15:49.424   INFO [,,,] 9392---[ restartedMain]......
2020-01-26 21:15:49.995   INFO [,,,] 9392---[ restartedMain]......
2020-01-26 21:15:49.995   INFO [,,,] 9392---[ restartedMain]......
2020-01-26 21:15:52.385   INFO [,,,] 9392---[ restartedMain]......
2020-01-26 21:15:53.389   INFO [,,,] 9392---[ restartedMain]......
2020-01-26 21:15:56.839   INFO [,,,] 9392---[ restartedMain]......
2020-01-26 21:15:57.749   INFO [,,,] 9392---[ restartedMain]......
```

示例 4-5　日志变化

如果与添加 spring-cloud-starter-sleuth 依赖之前的日志相比，就会发现日志级别后面多了一段文本"[,,,]"。这段文本看起来比较奇怪，但在访问 http://localhost：8080/后再看一下就会发现其中的含义。这些日志是在 REST 接口中通过日志框架输出的信息，示例 4-6为了节省篇幅也略去了部分信息，其中包含三次调用服务根路径的日志输出结果：

```
2020-01-26 21:20:34.100   INFO [,51b7fb08fba20604,51b7fb08fba20604,false]......
2020-01-26 21:21:06.632   INFO [,b5b1670137a99b39,b5b1670137a99b39,false].....
2020-01-26 21:21:07.165   INFO [,5b5718c34007365d,5b5718c34007365d,false]......
```

示例 4-6　REST 接口输出的日志

通过业务日志的输出可以看出，方括号中逗号分隔开了四部分内容，它们的格式是[appname，traceId，spanId，exportable]。其中，appname 代表的是微服务的名称，这一般是在 Spring Boot 配置文件（通常是 application. yml）中通过 spring. application. name 属性配置。由于示例 4-3 并未配置 spring. application. name 属性，所以在日志中的服务名称是空字符串。读者可以自行尝试添加 spring. application. name 属性，并查看日志输出的变化。由于spring. application. name 属性在 Spring Cloud 中还有服务发现的功能，所以即使没有 Sleuth 的要求它也通常会在配置文件中设置好。

其余三项内容中，traceId 和 spanId 分别代表追踪和跨度的标识符，它们是将日志与调用链路关联起来的关键信息；最后，exportable 代表了是否向 Zipkin 上报了当前追踪信息，所以它的值只能是 true 或 false。由于在只添加 spring-cloud-starter-sleuth 依赖时，Sleuth 并不会向 Zipkin 上报追踪信息，所以在上述输出日志中的 exportable 全部都是 false。Spring Boot默认使用的底层日志框架是 Logback，但由于 Spring Boot 对日志框架进行了良好的封装，所以即使将日志框架替换成了 Log4j 也可以将追踪信息添加到日志中。

日志中添加追踪信息是日志关联（Log Correlation）的关键一步，后续可通过 Logstash、Fluent 等日志传输工具提取日志链路信息，最后可在 Elasticsearch、MongoDB 等支持全文存储的数据库中通过专门的查询语言将它们聚合到一起。在微服务系统中，一个单一的业务请求有时可能要经过几个或几十个独立的服务处理后才能生成最终的结果,所以单个请求的业务日志会分散到不同的容器甚至物理机上。用户如果想要查看某一业务请求的全部日志,就不得不到这些容器或机器上查找相关日志,这在实际应用中是相当烦琐的。所以一般的分布式应用中,都会通过在日志中添加调用链路追踪信息,然后再使用 ELK 或 EFK 等框架将这些日志串联起来。有关使用 ELK 处理日志及其关联的内容,请参考笔者的另外一本书《Elastic Stack 应用宝典》,这里就不再赘述了。

4.1.4　原理解析

日志关联功能在 Sleuth 中可以"即插即用",是 Sleuth 提供的最为基础的功能。Brave 埋点库虽然也可以实现这一功能,但还做不到 Sleuth 这样的简单和透明。Sleuth 日志追踪借助了 SLF4J 中的 MDC 存储追踪信息,MDC 在 SLF4J 框架中是一个线程安全的共享存储空间。MDC 类似于 Java 中的 Map,保存的是一组键值对的集合。Sleuth 会在跨度开始后将追踪信息保存在 MDC 中,并在跨度发生变化时同步到 MDC 中。由于 SLF4J 的日志框架都可以通过配置文件改变日志输出格式,并且支持从 MDC 中读取已经存储的数据。所以只要在配制文件中添加读取 MDC 中的跨度信息,就可以实现将追踪信息添加到日志中的功能。

如前所述,Sleuth 利用了 Spring Boot 自动装配功能,在 TraceAutoConfiguration 中将 Brave 追踪中需要的组件全部注入到 Spring 容器中。对于日志来说,Sleuth 还在 org. springframework. cloud. sleuth. log. SleuthLogAutoConfiguration 中装配了一个 Slf4jScopeDecorator,这实际上是在新版 Brave 支持装饰后才使用的实现方式,早期使用的 Slf4jCurrentTraceContext 则已经废止。Slf4jScopeDecorator 的代码较多,为了节省篇幅就不在这里帖出了。Slf4jScopeDecorator 是 Scope 的装饰类,它会为 Scope 附加日志相关的代码逻辑。简单来说就是在 Scope 开始时将跨度信息保存到 MDC 中,而在 Scope 结束时将跨度从 MDC 中清除。在清除跨度时并不是简单地删除,在存在父跨度的情况下还需要将 MDC 中的跨度信息恢复成父跨度。跨度在 MDC 中对应的属性主要是 traceId、parentId、spanId、spanExportable 等,此外也包括 X-B3-TraceId、X-B3-SpanId、X-B3-ParentSpanId、X-Span-Export 等,它们是为了与 B3 传播协议兼容而保留的。总之,Sleuth 就是利用 Slf4jScopeDecorator,在 Scope 生命周期中将跨度数据添加到 MDC 中。

下面再来看看日志在输出时是如何将跨度数据从 MDC 中取出来的,这主要是利用了 Spring Boot 的 EnvironmentPostProcessor 机制,它可以在 Spring 容器启动后修改一些配置数据。Sleuth 在 org. springframework. cloud. sleuth. autoconfig. TraceEnvironmentPostProcessor 中将日志格式做了修改,核心代码如示例 4-7 所示:

```
public void postProcessEnvironment (ConfigurableEnvironment environment,
SpringApplication application){
    Map < String, Object > map = new HashMap();
    if (Boolean. parseBoolean (environment. getProperty ("spring. sleuth. ena-
bled","true"))){
        map. put ("logging. pattern. level","%5p [ $ {spring. zipkin. service. name:
$ {spring. application. name:}},% X {X-B3-TraceId:-},% X {X-B3-SpanId:-},% X
{X-Span-Export:-}]");
```

```
    }

    this.addOrReplace(environment.getPropertySources(),map);
}
```

示例 4-7   **EnvironmentPostProcessor 核心代码**

TraceEnvironmentPostProcessor 修改了一个名为 logging. pattern. level 的属性，它的默认值"-%5p"代表的就是日志级别。在 TraceEnvironmentPostProcessor 中则将其修改为"%5p〔\${spring. zipkin. service. name：\${spring. application. name:-}},%X{X-B3-TraceId:-},%X{X-B3-SpanId:-},%X{X-Span-Export:-}〕"，最终效果就是在日志级别输出后面附加了一些追踪信息。在附加内容中使用的"%X{}"代表的含义就是从 MDC 中取相应属性值，比如"%X{X-B3-TraceId:-}"代表的含义就是从 MDC 中取 X-B3-TraceId 键对应的值，如果没有取到值则使用"-"代替。

事实上按照 Spring Boot 有关日志的约定，用户可以通过多种方式设置 logging. pattern. level 属性。读者可以自行尝试在 application. yml 配置文件中将其值重新设置为"-%5p"，这时再访问服务时日志中的追踪信息就不会再出现了。在设置时注意给值加双引号，否则 Spring Boot 加载配置文件时会报错。

Logback 的默认输出格式是在 org. springframework. boot. logging. logback 包中的 defaults. xml 文件中定义的，如示例 4-8 所示：

```
<included>
    ......
    <property name="CONSOLE_LOG_PATTERN" value="${CONSOLE_LOG_PAT-
TERN:-%clr(%d{${LOG_DATEFORMAT_PATTERN:-yyyy-MM-dd HH:mm:ss.SSS}})
{faint}%clr(${LOG_LEVEL_PATTERN:-%5p})%clr(${PID:-}){magenta}%clr(--
-){faint}%clr([%15.15t]){faint}%clr(%-40.40logger{39}){cyan}%clr(:)
{faint}%m%n${LOG_EXCEPTION_CONVERSION_WORD:-%wEx}}"/>
    <property name="FILE_LOG_PATTERN" value="${FILE_LOG_PATTERN:-%d
{${LOG_DATEFORMAT_PATTERN:-yyyy-MM-dd HH:mm:ss.SSS}} ${LOG_LEVEL_PAT-
TERN:-%5p} ${PID:-}---[%t]%-40.40logger{39} :%m%n${LOG_EXCEPTION_CON-
VERSION_WORD:-%wEx}}"/>
    ......
</included>
```

示例 4-8   **defaults. xml 相关配置**

在示例 4-8 中，CONSOLE_LOG_PATTERN 和 FILE_LOG_PATTERN 使用 LOG_LEVEL_PATTERN 定义了日志级别格式为"-%5p"，这就意味着它的值是可以通过环境变量或系统属性覆盖，而 TraceEnvironmentPostProcessor 中所覆盖的就是属性 logging. pattern. level。

所以简单来说就是 Sleuth 利用对 Scope 的装饰类将跨度相关信息保存至 MDC，同时又通过 EnvironmentPostProcessor 机制修改了默认的日志格式，从而最终达到在日志中添加跨度信息的目标。整个过程对用户来说完全透明，但了解了底层细节就可以根据需要做一些自定义的配置，比如可以通过设置 logging. pattern. level 修改跨度数据的格式等。

4.2　整合 Zipkin 服务

如果按示例 4-2 那样只添加 spring-cloud-starter-sleuth 依赖，那么 Sleuth 使用的默认采样策略是 Sampler. NEVER_SAMPLE，所以 Sleuth 并不会向 Zipkin 服务上报任何跨度信息。这也是为什么在示例 4-6 所示的日志中方括号里 exportable 的值都为 false 的原因，本节就来讲解如何让 Sleuth 将追踪信息上报到 Zipkin。

4.2.1　单服务追踪

如果希望将追踪信息上报到 Zipkin 服务，只需要将 spring-cloud-starter-sleuth 依赖替换为 spring-cloud-starter-zipkin 即可。除了 spring-cloud-starter-sleuth 和 spring-cloud-starter-zipkin 以外，Sleuth 中还有一个 spring-cloud-sleuth-zipkin 构件。如果将 spring-cloud-starter-sleuth 替换为 spring-cloud-sleuth-zipkin 也可以实现追踪上报，所以初学者常常会被这个构件所迷惑，不清楚它与 spring-cloud-starter-zipkin 之间的区别。事实上，spring-cloud-starter-sleuth 和 spring-cloud-starter-zipkin 这两个构件是为了遵从 Spring Cloud 命名约定而创建的。如果查看它们在 Github 上的模块就会发现，这两个模块都是只包含有一个 POM 文件而没有任何源代码。类似于 spring-cloud-starter-sleuth 会引入 spring-cloud-sleuth-core 一样，spring-cloud-starter-zipkin 会引入 spring-cloud-sleuth-zipkin，所以在使用效果上 spring-cloud-starter-zipkin 和 spring-cloud-sleuth-zipkin 并没有明显区别。但为了与 Spring Cloud 命名约定一致，一般还是使用 spring-cloud-starter-zipkin 更多一些，如示例 4-9 所示：

```
<dependency>
    <groupId>org. springframework. cloud</groupId>
    <artifactId>spring-cloud-starter-zipkin</artifactId>
</dependency>
```

示例 4-9　引入 spring-cloud-starter-zipkin 构件

按示例 4-9 添加 spring-cloud-starter-zipkin 依赖后，Sleuth 就会通过 HTTP 向本机 9411 端口发送追踪信息。如果 Zipkin 所在主机地址不是本机 localhost，则可以通过 Spring 的 spring. zipkin. baseUrl 属性设置 Zipkin 服务的地址和端口。但如果在添加 spring-cloud-starter-zipkin 依赖的同时，还添加了 spring-rabbit 或 spring-kafka 依赖，则上报追踪信息就是通过 RabbitMQ 或 Kafka 而非 HTTP，如示例 4-10 所示：

```
<dependency>
    <groupId>org. springframework. cloud</groupId>
    <artifactId>spring-cloud-starter-zipkin</artifactId>
</dependency>
```

```
<dependency>
    <groupId>org.springframework.amqp</groupId>
    <artifactId>spring-rabbit</artifactId>
</dependency>
```

示例 4-10　使用 RabbitMQ 或 Kafka

无论是通过 RabbitMQ 还是 Kafka 传输跨度数据，它们默认使用的目标名称都是 zipkin。此外如果使用的传输方式是 Kafka，还需要设置属性 spring.zipkin.sender.type 为 kafka。

在添加 spring-cloud-starter-zipkin 依赖后重启服务，但访问上述服务后链路追踪信息仍然有可能无法在 Zipkin 服务端查询到。这主要是因为在使用 spring-cloud-starter-zipkin 时，Sleuth 采用基于速率的采样器且默认值为 10，即每秒上报跨度的数量是 10 个。Sleuth 官方文档中声明的默认上报速率为 1000，但在 Sleuth 源代码中其实是 10。笔者认为这应该是官方文档中的一个笔误，希望读者不会因此而困惑。由于每秒 10 个的上报速率是一个比较低的上报速率，所以在实际执行的时候会有大量跨度不被上报。读者可多发几次请求并查看日志中 exportable 的值，当这个值为 true 时再去 Zipkin 中查看就可以看到追踪信息了。另一个方法是通过 spring.sleuth.sampler.rate 属性设置高一些的采样速率，这样就可以看到更多的跨度被上报到 Zipkin 服务了，如图 4-1 所示。

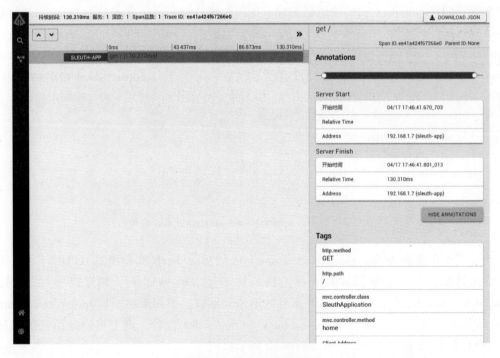

图 4-1　Sleuth 上报跨度

由图 4-1 可见 Sleuth 上报的跨度信息中会自动将一些重要信息添加为跨度的标签。这包括调用 REST 接口时的请求方法、路径等 HTTP 相关信息，还有执行 REST 请求的控制器类和方法名称等。

4.2.2　跨服务追踪

在微服务架构风格中，服务与服务之间往往存在着比较复杂的调用关系，一个业务请求通常会由后台众多服务共同协作完成。在 Spring Cloud 中调用基于 REST 接口的微服务通常可以使用两种方式，一种是使用 RestTemplate 直接通过 REST 接口地址调用服务，另一种则是使用 OpenFeign 定义接口后再在代码中通过接口调用服务。当然用户也可以通过其他第三方框架直接访问 REST 接口，但使用 RestTemplate 或 OpenFeign 具有一些优势。首先，使用这两种方式可以非常方便地将服务发现和负载均衡整合到服务调用过程中；其次，在使用 Sleuth 时这两种方式都可以自动将跨度传播出去，而所有这些都可以做到完全透明。

1. RestTemplate

为了模拟跨服务调用，在示例 4-3 的基础上又添加了一个新的 REST 接口/hi，并在 home 方法中通过 RestTemplate 调用该接口：

```
@RequestMapping("/")
public String home(){
    logger.info("Hello,Sleuth");
    RestTemplate restTemplate=new RestTemplate();
    String result=restTemplate.getForObject("http://localhost:8080/hi",
                        String.class);
    logger.info(result);
    return "Hello Sleuth!";
}

@RequestMapping("/hi")
public String hi(){
    logger.info("Handling hi");
    return "hi";
}
```

示例 4-11　直接创建 RestTemplate

按示例 4-11 添加 REST 接口后重启服务，再次访问"http://localhost:8080"时就会调用/hi 接口。尽管这两个接口之间是通过 HTTP 协议调用，它们可以分别属于两个不同的跨度，但应该同属于一个追踪。但运行示例 4-11 中的代码会发现事实并非如此，两个方法在日志中打印的 traceId 会不相同，在 Zipkin 界面中查询出来的也是两个追踪，如示例 4-12 所示：

```
2020-01-22 13:09:38.749  INFO [sleuth-demo,d81be85b0a6ac55d,d81be85b0a6ac55d,
true] 20620---
[nio-8080-exec-1] com.research.tracing.Application      :Hello,Sleuth
2020-01-22 13:09:38.791  INFO [sleuth-demo,71f5322c0fa95093,71f5322c0fa95093,
true] 20620---
```

```
[nio-8080-exec-2] com.research.tracing.Application          :Handling hi
2020-01-22 13:09:38.807  INFO [sleuth-demo,d81be85b0a6ac55d,d81be85b0a6ac55d,
true] 20620---
[nio-8080-exec-1] com.research.tracing.Application          :hi
```

示例 4-12 两个服务间调用后的日志信息

在第 3 章 3.4 节中曾经介绍过，如果通过 HTTP 的远程调用希望获取到追踪信息，就需要将追踪信息注入到请求报头中。但在默认情况下，RestTemplate 并不会向 HTTP 请求报头中添加追踪信息的功能。为了能够透明地将传播追踪的能力添加到 RestTemplate 中，Sleuth 利用了 RestTemplate 的拦截器特性巧妙地解决了这个问题。因为 RestTemplate 是 Intercepting-HttpAccessor 的子类，这使得 RestTemplate 可以通过 ClientHttpRequestInterceptor 拦截所有 RestTemplate 发送出来的请求。只要定义一个 ClientHttpRequestInterceptor，并在拦截请求时将追踪信息添加到报头中就可以实现传播追踪的功能了。在 Brave 中已经定义的这个实现类，它是 brave.spring.web.TracingClientHttpRequestInterceptor，而 Sleuth 也会在服务启动后将这个拦截器注入到容器中。但示例 4-11 的问题在于发送请求使用的 RestTemplate 是直接通过 new 创建出来的，这就导致 Spring 容器没有机会将 TracingClientHttpRequestInterceptor 的实例注入给 RestTemplate。所以应该在示例 4-11 中添加如下注入 RestTemplate 的方法：

```
@Autowired
private RestTemplate restTemplate;


@Bean
public RestTemplate restTemplate(){
    return new RestTemplate();
}
```

示例 4-13 注入 RestTemplate

尽管示例 4-13 中的 RestTemplate 也是通过 new 创建出来，但通过@ Bean 和@ Autowired 标注增加了一个注入 Spring 容器的过程。将示例 4-11 中调用 REST 接口使用的 RestTemplate 改成注入进来的实例，两个接口就会被归入到同一个追踪中。

2. OpenFeign

Spring Cloud OpenFeign 是 Spring Cloud 基于 OpenFeign 开发的声明式 REST 客户端，它可以自动生成@ FeignClient 标注接口的实现类并将它们注入到容器中，而用户在使用时只需要将接口描述的 REST 客户端注入到代码中就可以直接使用。由于@ FeignClient 标注接口的实例一定会注入到 Spring 容器中，所以使用 OpenFeign 不会出现直接创建 RestTemplate 时导致丢失追踪的情况。示例 4-14 展示了一段通过 OpenFeign 调用 REST 接口的代码片段：

```
@SpringBootApplication
@RestController
@Slf4j
```

```
@EnableFeignClients
public class SleuthFeignApplication {
    @Autowired
    private SleuthAppClient sleuthAppClient;

    @RequestMapping("/")
    public String home(){
        log.info("Hello,Sleuth in Feign!");
        log.info(sleuthAppClient.hi());
        return "Hello,Sleuth in Feign!";
    }
    @RequestMapping("/hi")
    public String hi(){
        log.info("Hi,Sleuth in Feign!");
        return "Hi,Sleuth in Feign!";
    }
    public static void main(String[] args){
        SpringApplication.run(SleuthFeignApplication.class,args);
    }
}
@FeignClient("sleuth-app")
interface SleuthAppClient {
    @RequestMapping("/hi")
    String hi();
}
```

示例 4-14　使用 OpenFeign 调用服务

在示例 4-14 中使用@ FeignClient 标注了 SleuthAppClient 接口，并将方法 hi( ) 映射到 sleuth- app 的/hi 地址上。Spring Cloud OpenFeign 会自动生成这个接口的实现并注入到容器中，所以在 SleuthFeignApplication 中就可以通过@ Autowired 将该接口的实现注入进来。在 home 方法中调用了该接口的 hi( ) 方法，实际上与调用 sleuth- app 的/hi 地址是一样的，但从设计的角度来看更符合面向接口编程的设计思想。在引入 Sleuth 模块后，Sleuth 会通过 TraceFeignClientAutoConfiguration 向 Spring 容器注入自定义的 Feign. Builder，而这个类正是 OpenFeign 中用于生成接口实例的构造器。Sleuth 通过自定义的 Feign. Builder 对生成实例进行了包装，将跨度数据添加到了请求调用的过程中。在使用 OpenFeign 时需要引入 Ribbon、Eureka 等组件，具体的配置及使用方法已经超出了本书范围，请读者自行参考 Spring Cloud 相关文档。

4.3　Sleuth 配置与定制

Sleuth 提供的默认追踪行为已经能够满足大多数应用的需求了，但如果用户想要定制

Sleuth 的追踪行为也很方便。由于 Sleuth 本身基于 Brave 开发，所以在定制 Sleuth 时就可能会用到 Brave 中的组件。读者在学习本节示例时如果感到困难，可以到第 3 章中查看相关 Brave 组件的说明。

4.3.1 采样器

在 Sleuth 中最有可能需要定制的可能就是采样器（Sampler）了，先来看一下 Sleuth 默认使用的采样器是怎样的。当使用 spring-cloud-starter-sleuth 引入 Sleuth 时，Sleuth 默认采样器是 Sampler. NEVER_SAMPLE，也就是不向 Zipkin 上报任何追踪信息；而在使用 spring-cloud-starter-zipkin 时，默认则是由 RateLimitingSampler 定义的基于速率的采样器，它按每秒采样 10 个跨度的速率采集跨度。除此之外，Sleuth 默认还提供了名称为 ProbabilityBasedSampler 的采样器，它是按整体比率来决定是否上报跨度。如果想定制采样器，最简单的办法就是通过 Spring Cloud 配置文件修改相关属性。比如，在配置文件中添加 spring. sleuth. sampler. probability 属性并设置采样率，则可以将采样器修改为 ProbabilityBasedSampler。由于该采样器采用了与 Brave 中的 CountingSampler 类似的算法，即使用 BitSet 来描述采样率，所以采样率的值最小只能是 1% 且必须是整数。另一个有关采样策略的属性是 spring. sleuth. sampler. rate，它的作用是设置 RateLimitingSampler 每秒采样总量值，这在 4.2.2 节中也提到过。

如果这些采样策略不能满足应用需求，用户还可以自定义 Sampler 并将它们注入到 Spring 容器中，Sleuth 会将其自动设置为默认的采样器。例如想要将默认采样器设置为 brave. sampler. BoundarySampler，则可以按如下方式注入到 Spring 容器中，如示例 4-15 所示：

```
@Bean
public Sampler defaultSampler(){
    return BoundarySampler.create(0.002f);
}
```

示例 4-15　注入 BoundarySampler

4.3.2 定制跨度

在很多情况下，用户会希望对跨度做定制。这有可能是向跨度中添加标注或标签，也有可能是想要增加额外的跨度。比如有些用户希望将 HTTP 请求报头中的所有信息全部添加到跨度中，或者是对于一个复杂的循环体做独立的跨度，这时就不得不在代码中直接处理跨度。有多种方法可以定制跨度，有些需要拿到跨度才能定制，而有些则不需要。

获取到当前跨度最直接的办法就是通过 Tracer 的 currentSpan() 方法，而 Sleuth 在 Spring 容器启动时会将 Tracing、Tracer 等 Brave 基本组件注入到容器中，所以完全可以通过 @Autowired 将 Tracer 自动注入到代码中再通过它获得当前跨度。示例 4-16 展示一段通过 Tracer 定制跨度的代码：

```
@SpringBootApplication
@RestController
```

```
@Slf4j
public class SleuthSpanApplication {
    @Autowired
    private Tracing tracing;
    @Autowired
    private Tracer tracer;

    @RequestMapping("/customized/span")
    public String customizedSpan() {
        log.info("Hello,customized span!");
        tracer.currentSpan().tag("tagName","tagValue");
        tracer.currentSpan().annotate("new.annotation");
        ScopedSpan scopedSpan = tracer.startScopedSpan("inner-span");
        //需要单独监控的代码片段
        scopedSpan.finish();
        return "Hello,customized span!";
    }
    public static void main(String[] args) {
        SpringApplication.run(SleuthSpanApplication.class,args);
    }
}
```

示例 4-16　注入 Tracing 和 Tracer

示例 4-16 中通过@Autowired 将 Tracing 和 Tracer 注入进来，然后通过 Tracer 的 currentSpan 方法获取到当前跨度并设置了一个标签和一个标注。示例 4-16 中还给出一段创建新跨度的代码，即调用 startScopedSpan 方法创建 ScopedSpan 的实例。这个新跨度会成为当前跨度的子跨度，所以最终在 Zipkin 中查看会看到一个嵌套跨度的层级关系。

使用 Tracer 直接管理 Span 需要对 Tracer 有足够充分的了解，所以这并不是最好的跨度定制方法。如果只是向跨度中添加标签或标注可以使用 SpanCustomizer 来实现，这是 Brave 中专门用于定制跨度名称、标签、标注的接口。Sleuth 会向 Spring 容器注入一个 SpanCustomizer 的实现类 CurrentSpanCustomizer，所以可以通过@Autowired 标注将其注入进来定制跨度，如示例 4-17 所示：

```
@Autowired
private SpanCustomizer spanCustomizer;

@RequestMapping("/customized/span/customizer")
public String spanCustmizer() {
    log.info("Hello,span customizer!");
    spanCustomizer.name("new-name-by-customizer");
    spanCustomizer.tag("customizerKey","customizerValue");
```

```
spanCustomizer.annotate("customizer-annotation");
return "Hello,span customizer!";
}
```

示例 4-17　注入 SpanCustomizer

SpanCustomizer 定义的 name、tag 和 annotate 方法可以设置跨度的名称、标签和标注，而 CurrentSpanCustomizer 则会通过 Tracer 获取到当前跨度，并将这些信息更新到当前跨度上。尽管 SpanCustomizer 不能创建和管理跨度，但通过 Tracer 直接处理跨度依然不推荐使用。在实际开发中，如果在一个方法中需要独立监控某一段代码，往往说明这段代码应该抽取成独立的方法。这些方法要么在单线程内阻塞调用，要么开启新线程独立执行。本章第 4.4 节就会介绍追踪线程和方法的方式，而这些方式其实都不需要直接操作 Tracer。

4.3.3　定制 Tracing

正如第 3 章 3.1.3 节中介绍的那样，Tracer 实例一旦创建其属性就无法更改。所以想要定制 Tracer 必须通过 Tracing，在 Sleuth 中定制 Tracing 的方法就是通过第 3 章 3.1.2 节中介绍的 TracingCustomizer。Sleuth 在创建 Tracing 实例时会找到容器中所有的 TracingCustomizer 并遍历它们，同时将创建 Tracing 使用的 Tracing.Builder 实例通过 customize 方法传递给它们。所以在 Sleuth 中定制 Tracing 的方法很简单，就是向 Spring 容器中注入 TracingCustomizer 的实例。例如在示例 4-18 向 Spring 容器注入了一个 TracingCustomizer，它修改了跨度使用的默认服务名称：

```
@Bean
public TracingCustomizer tracingCustomizer(){
    return new TracingCustomizer(){
        @Override
        public void customize(Tracing.Builder builder){
            builder.localServiceName("changed-in-tracing-customizer");
        }
    };
}
```

示例 4-18　注入 TracingCustomizer

在使用示例 4-18 中的 TracingCustomizer 后，上报到 Zipkin 中追踪对应的服务名称就全部为 changed-in-tracing-customizer。需要注意的是，由于日志输出中的服务名称对应的是 spring.application.name 属性设置的值，所以通过 TracingCustomizer 定制服务名称后会出现日志与上报跨度不一致的情况。

4.3.4　定制 CurrentTraceContext

与 Tracing 类似，CurrentTraceContext 也是可以定制的。正如第 3 章 3.3.2 节所述，定制

CurrentTraceContext 最主要的就是给 CurrentTraceContext. Scope 添加装饰类 CurrentTraceContext. ScopeDecorator。在 Sleuth 中，有两种方法可以定制 CurrentTraceContext，第一种就是直接向容器中注入 CurrentTraceContext. ScopeDecorator。由于 Sleuth 在创建 CurrentTraceContext 实例时会将容器中注入的所有 ScopeDecorator 实例都传递给 CurrentTraceContext，所以向容器注入 ScopeDecorator 就会直接起到装饰 Scope 的作用。示例 4-19 展示了一个向容器注入 ScopeDecorator 的实例：

```java
@Bean
public CurrentTraceContext. ScopeDecorator scopeDecorator(){
    return new CurrentTraceContext. ScopeDecorator(){
        @Override
        public CurrentTraceContext. Scope decorateScope(TraceContext trace-
Context,CurrentTraceContext. Scope scope){
            System. out. println(traceContext +" in user defined scope decorator");
            return scope;
        }
    };
}
```

示例 4-19　注入 ScopeDecorator

另一种方法是向容器注入 CurrentTraceContextCustomizer 的实例，Sleuth 会遍历所有 CurrentTraceContextCustomizer 的实例，并向它们的 customize 方法传入 CurrentTraceContext. Builder。而 CurrentTraceContext. Builder 目前最主要的方法是 addScopeDecorator，就是为 Scope 附加装饰类，如示例 4-20 所示：

```java
@Bean
public CurrentTraceContextCustomizer currentTraceContextCustomizer(){
    return new CurrentTraceContextCustomizer(){
        @Override
        public void customize(CurrentTraceContext. Builder builder){
            builder. addScopeDecorator(new CurrentTraceContext. ScopeDecora-
tor(){
                @Override
                public CurrentTraceContext. Scope decorateScope(TraceContext
traceContext,CurrentTraceContext.Scope scope){
                    System. out. println(traceContext +" in decorator from Cur-
rentTraceContextCustomizer");
                    return scope;
                }
            });
        }
```

```
    };
  }
```

示例 4-20　注入 CurrentTraceContextCustomizer

尽管两种方式最终都只是为 Scope 附加装饰类，但 CurrentTraceContext. Builder 毕竟是针对 CurrentTraceContext 的整体创建过程，不能排除未来 Brave 版本中会添加新的定制方法进来。所以 CurrentTraceContextCustomizer 的应用场景应该更为通用和广泛，而并不仅限于对 Scope 进行装饰。

4.3.5　OpenTracing

在默认情况下 Sleuth 底层采用 Brave，但也可以转换为与 OpenTracing 兼容的方式。只要将 spring. sleuth. opentracing. enabled 属性设置为 true，注入到 Spring 容器中的 Tracer 就采用 OpenTracing 的模型，即 io. opentracing. Tracer。有关 OpenTracing 的更多内容，请参考第 6 章。

4.4　线程与方法追踪

Sleuth 对多线程调用链路的追踪有很好的支持，只要利用 Sleuth 提供的一些组件就可以透明地为线程创建跨度，这为全面掌握整个链路的执行情况提供更为丰富的数据。当然如果用户对 Brave 组件有足够多的了解，也完全可以自行在线程中添加跨度数据，但这样一来追踪系统就侵入到业务系统中了。Sleuth 追踪线程的最大优势是可以做到基本透明，也就是说线程中不必添加 Brave 相关代码就可以实现线程追踪。使用 Sleuth 追踪线程需要遵从一定的约定，最基本的一点就是线程的创建或执行应该由 Spring 容器处理。如果用户直接使用 Thread 创建并执行线程，Sleuth 就没有机会将跨度信息添加到线程中，所以也就没法实现对这类线程的追踪。从实现机制上来说，Sleuth 就是利用 Spring 依赖注入的能力将 Brave 跨度本地传播的代码添加到了各种组件中。

Sleuth 支持通过两种方式实现线程追踪：一是在代码中使用 Sleuth 提供的线程池执行线程，另一种则是通过标注的形式执行线程。

4.4.1　线程池

Sleuth 提供了 TraceRunnable 和 TraceCallable 两个包装类，它们相当于 Runnable 和 Callable 的代理类，可以在执行线程业务逻辑前后处理跨度信息。示例 4-21 展示了 TraceRunnable 的核心代码：

```
@Override
public void run(){
    ScopedSpan span = this. tracer. startScopedSpanWithParent(this. spanName,
        this. parent);
    try {
        this. delegate. run();
```

```
    } catch(Exception | Error e){
        span.error(e);
        throw e;
    } finally {
        span.finish();
    }
}
```

示例 4-21　TraceRunnable 核心代码

在示例 4-21 中，TraceRunnable 在执行 delegate.run 方法前创建了 ScopedSpan，而在结束时调用了 span.finish 方法结束整个跨度。所以如果想要达到追踪线程的目的，Runnable 和 Callable 需要使用 TraceRunnable 和 TraceCallable 包装一下，但这会使追踪系统侵入到业务代码中。不过 Sleuth 建立在强大的 Spring 框架基础之上，完全可以由 Spring 容器来自动完成这个动作。Sleuth 定义了以线程池执行线程的 Executor 组件，这个组件会在执行线程前将它们包装成 TraceRunnable 或 TraceCallable。Sleuth 会在服务启动后将这个 Executor 组件的实例注入到容器中，所以只要线程通过这个组件来执行就可以实现线程追踪的功能了。示例 4-22 展示了使用方法：

```
@SpanName("my-runnable")
class MyRunnable implements Runnable {
    public void run(){
        System.out.println("in MyRunnable");
    }
}
public class Application {
    private static Logger logger = LoggerFactory.getLogger(Application.class);
    @Autowired
    private Executor executor;

    @RequestMapping("/")
    public String home(HttpServletRequest request){
        logger.info("Hello,Sleuth");
        executor.execute(new MyRunnable());
        return "Hello Sleuth!";
    }

    public static void main(String[] args){
        SpringApplication.run(Application.class,args);
    }
}
```

示例 4-22　使用线程池执行线程

示例 4-22 中使用的 Executor 通过@ Autowired 自动注入，通过它执行线程时生成的跨度名称默认都是 async，这在分析系统性能瓶颈时容易造成混淆。在示例 4-22 中使用@ SpanName 标注了 MyRunnable，这个标注可以定制生成跨度的名称，所以示例 4-22 上报的线程跨度名称应该是 my-runnable。示例 4-22 中的方法已经完全做到了对用户透明，可以在用户无感知的情况下将追踪能力添加进来。但在 Spring 中还有更为方便的方式添加追踪，这就是使用标注的形式。

4.4.2　@ Async 与@ Scheduled

在 Spring 中通过@ Async 标注一个方法后，这个方法在调用时就可以通过线程池异步执行。但在使用该标注前，需要在任意配置类中通过@ EnableAsync 开启对异步标注的支持。由于 Sleuth 会向 Spring 容器中注入自定义的线程池，所以@ Async 标注的方法在执行时也就具备了链路追踪的能力。同样是示例 4-22 中的代码，稍加修改就可以通过@ Async 实现异步执行，但却无须通过 Executor 来执行：

```
@ SpringBootApplication
@ RestController
@ EnableAsync
@ Slf4j
public class SleuthAsyncApplication {
    @ Autowired
    private MyAsync myAsync;

    @ RequestMapping("/")
    public String home(){
        log. info("Hello,Sleuth!");
        myAsync. asyncMethod();
        return "Hello,Sleuth!";
    }
    public static void main(String[] args){
        SpringApplication. run(SleuthAsyncApplication. class,args);
    }
}

@ Component
@ Slf4j
class MyAsync {
    @ Async
    public void asyncMethod(){
        log. info("in async method!");
    }
}
```

示例 4-23　使用@ Async 标注

在示例 4-23 中特意将实现 Runnable 接口的代码去掉了，这主要是想说明使用@ Async 标注方法时对类没有特别的要求，当然保留实现 Runnable 接口的代码也没有任何问题。MyRunnbale 被@ Component 标注后会被注入到 Spring 容器中，这就给了 Spring 容器 "装饰" 它的机会，也就是说直接通过 new 创建 MyRunnable 是无法实现异步和追踪的效果。所以在示例 4-23 中在调用 MyRunnable 时，也是通过@ Autowired 将实例自动注入到代码中。从最终上报的跨度来看，使用@ Async 标注方法要比使用 Executor 执行多一个跨度，多出来的跨度是用于执行被标注方法的线程，它的名称永远都是 async。另一个跨度就是被标注方法，它的跨度名称与方法名称相同。用户也可以使用@ SpanName 标注方法并指定跨度名称，读者可以自行尝试在示例 4-23 的 asyncMethod 方法上添加@ SpanName 标注来定制跨度名称。

另一个可以异步执行方法的标注是@ Scheduled，它主要用来通过线程池执行定时任务。类似于@ Async 标注，@ Scheduled 标注也需要在任意配置类中开启，只不过使用的标注是@ EnableScheduling。@ Scheduled 在标注方法时应该通过 cron、fixedDelay 或 fixedRate 来标明方法执行的时间或周期，而 Sleuth 通过执行定时任务的线程池将跨度信息自动添加进来，从来实现对定时任务的调用追踪。

```
@SpringBootApplication
@EnableScheduling
@Slf4j
public class SleuthScheduledApplication {
    public static void main(String[] args){
        SpringApplication.run(SleuthScheduledApplication.class,args);
    }
}


@Component
@Slf4j
class MyScheduler {
    @Scheduled(fixedRate =1)
    public void scheduedJob(){
        System.out.println("a scheduled job!");
    }
}
```

示例 4-24　使用@ Scheduled 标注

跨度名称默认与方法同名，但驼峰会转换为连接线，如示例 4-24 中的 scheduledJob 方法对应的跨度名称是 scheduled- job。同时跨度对应的方法和类也会以标签的形式添加到跨度数据中。

4.4.3　方法追踪

默认情况下，Sleuth 对同一线程内方法之间的调用并不会开启新跨度，所以要想让上报的追踪数据可以详细到方法级别就需要在方法调用时添加跨度。这当然可以按第 4.3.2 节中介绍的方法将 Tracer 注入到代码中，然后在调用方法前后通过 Tracer 创建并管理跨度。但这样一来业务系统的代码就与追踪系统产生了耦合，所以在实际开发中并不推荐使用。事实上，Sleuth 支持通过标注的方式管理跨度，这是更好的追踪方法的方式。

如果希望方法被调用时创建新的跨度，可以使用@ NewSpan 标注这个方法。示例 4-25 展示了一段使用@ NewSpan 创建跨度的代码：

```
@ SpringBootApplication
@ RestController
@ Slf4j
public class SleuthMethodApplication {
    @ Autowired
    private Greeting greeting;

    @ RequestMapping("/method")
    public String home(){
        log. info("Hello, sleuth method!");
        log. info("invoke hi(), and the result is " + greeting. hi("Sleuth"));
        return "Hello, sleuth method!";
    }

    public static void main(String[] args){
        SpringApplication. run(SleuthMethodApplication. class, args);
    }
}


@ Component
@ Slf4j
class Greeting {
    @ NewSpan("hi-span")
    public String hi(@ SpanTag("hi-param") String whom){
        log. info("Hi, " + whom + "!");
        return "Hi, " + whom + "!";
    }
}
```

示例 4-25   使用@ NewSpan 标注

示例 4-25 中，home 方法调用了 Greeting 实例的 hi 方法。由于 hi 方法使用@ NewSpan 做了标注，所以 Sleuth 会为 hi 方法创建一个子跨度。@ NewSpan 中设置的 value 值实际上就是跨度的名称，如果不设置则跨度的名称会与方法同名。此外 hi 方法的参数还特别使用@ SpanTag 标注了，这会将方法参数添加到跨度的标签中。以示例 4-25 为例，跨度中会增加一个名为 hi-param 的标签，标签的值是参数 whom 的实际值。@ SpanTag 并非必须要用的标注，而且只能标注参数。@ SpanTag 还有一些更为复杂的用法，比如可以使用 SPEL 来计算标签值，也可以通过 TagValueResolver 来定制标签值。示例 4-26 展示了通过 TagValueResolver 定制标签值的一段代码：

```java
@ Component
@ Slf4j
class Greeting {
    @ NewSpan("hi-span")
    public String hi(@ SpanTag("whom")String whom,
                @ SpanTag(key = "why", resolver =
LengthTagValueResolver. class)String why){
        log. info("Hi," + whom + "," + why + "!");
        return "Hi," + whom + "," + why + "!";
    }
}


@ Component
class LengthTagValueResolver implements TagValueResolver {
    @ Override
    public String resolve(Object parameter){
        return String. valueOf(parameter. toString(). length());
    }
}
```

示例 4-26　使用 TagValueResolver 定制标签值

示例 4-26 中定义的 LengthTagValueResolver 实际上是将参数的字符串长度作为标签的值保存到跨度中，所以最终在 Zipkin 中查询到跨度标签 why 的值将是 17。

需要注意的是，由于 Sleuth 需要在方法执行前添加跨度数据，所以示例 4-26 中调用的 Greeting 实例一定是经过 Sleuth 包装后的代理类。直接通过 new 操作符创建 Greeting 实例再调用 hi 方法是不可能有跨度数据产生的，所以示例 4-26 通过@ Component 标注将其注入到 Spring 容器，然后再使用@ Autowired 标注将其从容器中取出来。还有一点也要注意，就是同一个类方法之间的调用在使用@ NewSpan 时也会失效，读者可以思考一下这里的原因是什么。

第 5 章
Jaeger 组件与应用

Jaeger 比 Zipkin 诞生得晚一些，这让 Jaeger 不仅可以借鉴 Dapper 的设计理念，还有机会吸收 Zipkin 在实际应用中的一些经验教训。也许正因为站在了巨人的肩膀上，Jaeger 总体来说比 Zipkin 设计得更合理一些。但 Jaeger 早期其实一直都生活在 Zipkin 的阴影中，有许多参数都是为了兼容 Zipkin。即使是现在最新的版本，也依然可以找到许多 Zipkin 的痕迹。比如 Jaeger 埋点库可以生成并上报与 Zipkin 兼容的跨度数据，而 Jaeger 服务端也可以接收 Zipkin 埋点库上报的跨度数据。但这几年 Jaeger 的发展越来越快，尤其是在加入 CNCF 之后，Jaeger 受到越来越多的关注。Jaeger 在开发和设计上也变得越来越独立，并且添加了许多 Dapper 和 Zipkin 都不具有的新特性。相信在未来，Jaeger 会变得越来越强大，应用范围也会越来越广。本章先来介绍 Jaeger 服务端组件的使用方法，下一章则重点介绍 Jaeger 埋点库以及 OpenTracing 相关的知识。

5.1 Jaeger 快速入门

从使用者的角度来看，Jaeger 与 Zipkin 并没有太大差别。尽管 Jaeger 的组件比 Zipkin 更多一些，但从整体上来说也分为客户端和服务端两大部分。Jaeger 的调用链路追踪也需要在业务系统中埋点并上报跨度数据，然后再在 Jaeger 服务端接收、存储并可视化调用链路。与 Zipkin 不同的是，Jaeger 客户端和服务端都是由多个独立组件组成。Zipkin 客户端主要就是埋点库，而 Jaeger 客户端则包括埋点库和代理组件（Agent）两种；Zipkin 服务端虽然由多个组件组成但它们不能独立部署，而 Jaeger 服务端的组件则全部可以单独部署。所以总体上来说 Jaeger 比 Zipkin 的组件更丰富，并且可以通过独立部署的方式提升数据处理性能。

虽然 Jaeger 组件独立部署对提升性能和可用性十分有利，但初学者往往在部署和配置这些组件时出现问题。所以，Jaeger 官方提供了一个称为 All-in-one 的套件，可通过简单的命令或 Docker 镜像快速启动所有必要组件。All-in-one 套件也可以应用于测试，或是简单的单节点服务追踪。但 All-in-one 套件仅适用于单节点部署，并且默认情况下使用内存存储跨度，所以并不适用于多节点多服务或是高并发高可用要求下的服务追踪。本小节先通过 All-in-one 套件带领读者快速了解 Jaeger，在后续小节中再详细介绍其他 Jaeger 组件。

5.1.1　使用 All-in-one

All-in-one 有两种启动方式，一种是使用安装包安装好后通过命令行启动，还有一种方式则是使用 Docker 镜像的形式直接启动。由于这两种方式对于其他组件也适用，所以本小节会展开做详细介绍，而本章后续小节在介绍其他组件时就不会再赘述了。

1. 使用安装包

All-in-one 套件可通过"https://www.jaegertracing.io/download/"找到并下载，Jaeger 官方提供了支持 macOS、Linux 和 Windows 等三种操作系统的可执行文件和 Docker 镜像。在下载下来的安装包中除了 All-in-one 套件以外，也包含了其他所有可独立执行的服务端组件。例如，Windows 的安装包中包括了六个可执行文件，即 example-hotrod.exe、jaeger-agent.exe、jaeger-all-in-one.exe、jaeger-collector.exe、jaeger-ingester.exe 和 jaeger-query.exe。其中，example-hotrod.exe 是一个使用 Jaeger 的例子，而 jaeger-all-in-one.exe 就是前面所说的 All-in-one 套件的可执行文件。其余几个命令分别对应着 Jaeger 可独立运行的组件，它们是代理组件（Agent）、收集组件（Collector）、消费组件（Ingester）和查询组件（Query）。

启动 All-in-one 套件也非常简单，只要在命令行或 Shell 中执行相应的可执行文件即可。jaeger-all-in-one 命令有好多参数，可通过子命令 help 或是参数--help、-h 查看它们的用法。这些参数实际上都与某一种 Jaeger 服务端组件相关，将在后续章节中介绍具体组件时讲解。如果执行过程中没有出现异常，Jaeger 将会在本机 16686 端口开放 HTTP 界面，通过该界面可以查询业务请求的整个调用链路。这个界面实际上是由 Jaeger 查询组件提供，包含了非常强大的查询与可视化功能。本章 5.7 节和 5.8 节中会对查询组件及其界面做详细介绍。

2. 使用镜像

除了执行安装包中的 jaeger-all-in-one 命令以外，Jaeger 也提供了 Docker 镜像以容器的方式启动，在上述 Jaeger 组件下载页面上也可以找到相关镜像的仓库。如果已经安装了 Docker，那么使用容器方式启动 All-in-one 套件非常简单，但需要将 All-in-one 套件开启的网络端口映射出来：

```
docker run -d --name jaeger-all-in-one \
  -e COLLECTOR_ZIPKIN_HTTP_PORT=9411 \
  -p 5775:5775/udp \
  -p 6831:6831/udp \
  -p 6832:6832/udp \
  -p 5778:5778 \
  -p 16686:16686 \
  -p 14268:14268 \
  -p 9411:9411 \
jaegertracing/all-in-one
```

示例 5-1　Docker 镜像启动 All-in-one 套件

在示例 5-1 中使用的镜像仓库为 jaegertracing/all-in-one，其中"docker run"使用了-d

参数以保证镜像在后台启动。由于在启动命令中做了容器端口映射，所以在本机 16686 端口也可以访问到 Jaeger 可视化界面。除了 16686 开放的 HTTP 端口以外，All-in-one 套件默认还会开放 5775、6831、6832 等 UDP 端口以及 5778、14268 等 HTTP 端口。这些端口其实是由不同的 Jaeger 组件开放出来，有关它们的详细信息将在本章后续小节中陆续介绍，读者现在可以把它们都视为用于收集跨度数据的端口。这些端口不仅在使用 Docker 镜像时存在，在使用命令行启动时也会开放出来。在示例 5-1 中，还通过设置环境变量 COLLECTOR_ZIPKIN_HTTP_PORT 开放了 9411 端口，这端口专门用于接收 Zipkin 埋点库发送的跨度数据。Jaeger 镜像的使用方式与命令行基本一致，可使用的子命令和参数也可以通过 help、--help 或-h 查询到，如示例 5-2 所示：

```
docker run jaegertracing/all-in-one help
docker run jaegertracing/all-in-one --help
docker run jaegertracing/all-in-one -h
```

示例 5-2　通过 Docker 镜像查看帮助

5.1.2　服务埋点

在启动了 All-in-one 套件后就可以向它上报跨度数据了，All-in-one 套件会将上报的跨度保存在内存中并通过 16686 端口开放的界面将它们展示出来。如果不想使用内存保存跨度数据，也可以通过参数将跨度保存在第三方存储组件中，具体可参考第 5.3 节中有关存储插件的介绍。与 Zipkin 一样，Jaeger 也包含有一组埋点库，需要根据服务所采用的编程语言将相应的埋点库添加到系统依赖中：

```
<dependency>
    <groupId>io.jaegertracing</groupId>
    <artifactId>jaeger-client</artifactId>
    <version>${jaeger.version}</version>
</dependency>
```

示例 5-3　添加 jaeger-client 依赖

按示例 5-3 所示添加了 Jaeger 埋点库依赖后，就可以在服务中调用 jaeger-client 提供的接口。jaeger-client 埋点库与 OpenTracing 兼容，所以实际开发主要是使用 OpenTracing 接口。有关 Jaeger 埋点库和 OpenTracing 接口的介绍，将在下一章中详细介绍，本章先以最简单的方式上报一个跨度，如示例 5-4 所示：

```
public static void main(String[] args){
    SamplerConfiguration samplerConfiguration = SamplerConfiguration
            .fromEnv()
            .withType("const")
            .withParam(1);
    Configuration configuration = Configuration.fromEnv("jaeger-demo")
```

```
            .withSampler(samplerConfiguration);
    Tracer tracer = configuration.getTracer();
    Span span = tracer.buildSpan("jaeger-span")
            .start();
    //业务代码


    span.finish();
    tracer.close();
}
```

示例 5-4　使用 jaeger-client 上报跨度

在示例 5-4 中，Configuration 是 Jaeger 埋点库中的核心配置类，通过它可以对追踪行为做配置并构建追踪器 Tracer。SamplerConfiguration 用于设置采样策略，它是 Configuration 的静态内部类。这两个配置对象都是通过静态工厂方法 fromEnv 创建，这也是 Jaeger 埋点库相较于 Zipkin 很不一样的地方，即大量采用环境变量对追踪进行配置。但在示例 5-4 中并没有设置任何环境变量，而只是在代码中通过 SamplerConfiguration 设置了跨度的采样类型是 const、采样参数是 1，这代表的含义就是所有跨度都会被上报到 Jaeger 服务端。有关这些配置类以及它们对应的环境变量将在第 6 章 6.1 节中详细介绍。

从示例 5-4 可以看出，Jaeger 埋点库的核心组件也是 Tracer 和 Span。但这里用到的 Tracer、Span 既不是在 Zipkin 中定义的，也不是在 Jaeger 中定义的，而是 OpenTracing 中定义的核心组件。执行示例 5-4 中的代码后，相关的跨度就会被上报到 All-in-one 套件，通过 Jaeger 服务端界面也可以查询到这条跨度数据，如图 5-1 所示。

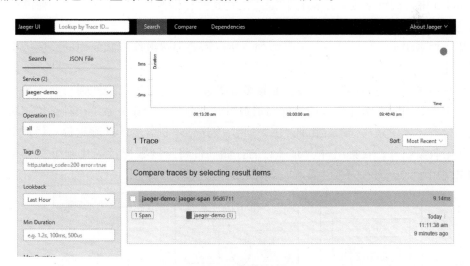

图 5-1　Jaeger 查询追踪

需要注意的是，示例 5-4 中并没有配置上报跨度的地址，默认会通过 UDP 协议上报到本机的 6831 端口。这个 UDP 端口由 Jaeger 代理组件（Agent）开启，All-in-one 套件自然也会开启这个端口。但如果地址和端口与此不符，那就需要做一些配置，这将在第 6 章 6.4 节中详细介绍。

5.2　Jaeger 组件与配置

Jaeger 服务端组件主要包括收集组件（Collector）、查询组件（Query）和消费组件（In-gester）等三种，上一节使用的 All-in-one 套件包含了收集组件和查询组件，此外还包含了代理组件（Agent）并集成了基于内存的存储组件。从部署角度来看，代理组件应该属于 Jaeger 的客户端组件。但由于它在使用上与其他服务端组件更接近，且不需要像埋点库那样与业务系统耦合在一起，所以本章会将它视为服务端组件一起介绍。

5.2.1　体系结构

与 Zipkin 相比，Jaeger 多了代理组件和消费组件；而收集组件和查询组件则是二者都有的组件，并且它们也有着相似的作用。Jaeger 收集组件负责接收跨度数据并将它们存储起来，而查询组件则负责从存储组件中读取跨度数据并将它们展示出来。但与 Zipkin 不同的是，Jaeger 收集组件和查询组件都是独立组件且可独立部署。收集组件为了方便实现水平扩容还特意设计为无状态组件，这样在流量增加时可通过增加实例快速扩容。

在这些组件中，Jaeger 代理组件是比较特殊的一个。它的作用是通过 UDP 端口监听并转发跨度数据给收集组件，所以它一般会与业务系统部署在同一节点上。正如它的名称所暗示的那样，代理组件其实可以认为是收集组件的代理。它接收埋点库发送过来的跨度数据但并不存储，而只是将它们转发给收集组件。所以代理组件的作用就是代理和中转，它的存在隔离了埋点库与收集组件之间的依赖关系。另一个在 Zipkin 中没有的组件是消费组件，它的作用是从 Kafka 中订阅跨度数据并将它们持久化到其他存储组件中。Kafka 是一种高性能的分布式消息队列，收集组件可以将跨度数据发送给 Kafka，这在高流量情况下可以起到保护后端的作用。但 Kafka 毕竟只是一个消息队列，所以需要消费组件将队列中的跨度数据读取出来并持久化。

所以总体来说，Jaeger 埋点库会与业务系统集成在一起，代理组件则与业务系统部署在同一个节点上，而收集组件、查询组件和消费组件则会独立于业务系统单独部署。跨度数据的上报路径大体来说是这样：先由埋点库产生并发送给本机部署的代理组件；代理组件再将它们转发给收集组件，收集组件会通过它的存储插件将跨度数据持久化到第三方存储组件中；如果使用了 Kafka，那么还需要部署消费组件。所以 Jaeger 总体结构如图 5-2 所示。

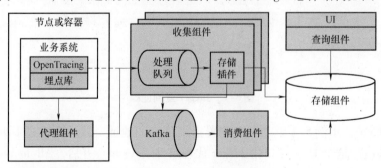

图 5-2　Jaeger 体系结构

不知道读者是否感觉代理组件有点多余，因为跨度数据其实完全可以通过埋点库直接发送给收集组件。事实上，Jaeger 埋点库也的确支持直接向收集组件发送跨度数据，但这仅在一些特殊场景下才会使用。图 5-2 中埋点库和收集组件之间的虚线，代表的就是这个含义。早期 Jaeger 体系结构中并不包含代理组件，跨度数据就是通过埋点库直接上报给收集组件。但由于 Jaeger 收集组件是独立部署且可能部署多个，所以 Jaeger 埋点库就必须要包含对收集组件的发现和路由功能。这在早期 Jaeger 埋点库中是通过 Hyperbahn 来实现，但这不仅增加了埋点库设计的复杂度，Hyperbahn 引入的一些依赖还与埋点库自身的依赖产生了冲突（Dependency Hell）。所以 Jaeger 在不断演进的过程中最终采纳了所谓的边车模式（Sidecar），即在整个结构中增加了代理组件负责转发跨度数据。而 Jaeger 收集组件的发现和路由工作也就由埋点库中转移至代理组件中，这使得 Jaeger 埋点库的实现变得非常"轻爽"。在 Service Mesh 异军突起的时代背景下，边车模式正被越来越多的系统采纳。它不仅可以有效减少组件的复杂度，也提升了系统整体的可靠性和可用性。所以在真实的生产环境中，代理组件在每一个业务节点上都应该有部署。

5.2.2 组件配置

Jaeger 服务端的这些组件都对应着一个可执行命令及相应的 Docker 镜像，比如在安装包中的 jaeger-agent（.exe）文件就是代理组件对应的可执行命令。这些组件都采用 Go 语言开发，可以到 Jaeger 在 Github 上的工程中找到它们，具体地址为"https://github.com/jaeger-tracing/jaeger/"。这些组件源码位于工程根路径下的 cmd 目录中，而每个组件在这个目录中又对应着一个子目录。以代理组件为例，它在 cmd 目录中对应的子目录为 agent。在每个组件对应的目录中，除了 Go 源代码以外还包含一个 Dockerfile，所以它们不仅可以通过 Go 编译为可执行命令，也可以通过 Docker 发布为镜像。表 5-1 列出了这些组件对应的执行命令和镜像仓库，其中也顺带将 All-in-one 套件列了出来。

表 5-1 Jaeger 服务端组件可执行命令与镜像仓库

组件名称	可执行命令	组件镜像仓库
Agent	jaeger-agent（.exe）	hub.docker.com/r/jaegertracing/jaeger-agent/
Collector	jaeger-collector（.exe）	hub.docker.com/r/jaegertracing/jaeger-collector/
Query	jaeger-query（.exe）	hub.docker.com/r/jaegertracing/jaeger-query/
Ingester	jaeger-ingester（.exe）	hub.docker.com/r/jaegertracing/jaeger-ingester/
All-in-one	jaeger-all-in-one（.exe）	hub.docker.com/r/jaegertracing/jaeger-all-in-one/

这些组件在使用上与本章 5.1.1 节介绍的 All-in-one 套件极为相似，可执行命令和 Docker 镜像可使用相同的子命令和参数。这些组件基本上都有 help、version、docs 和 env 子命令，其中 help 和 version 用于展示当前组件的帮助和版本信息。docs 是在 1.13.0 版本之后才添加的子命令，用于生成与组件相关的文档信息。docs 子命令有两个有用的参数，一个是--dir 用于设置生成文档的保存路径，默认值为"./"也就是当前路径；而--format 则用于指定生成文档的格式，支持 md、man、rst 和 yaml 等几种格式，默认值为 md。

这些子命令虽然简单但却很有用，尤其是 help 子命令。因为 Jaeger 组件的参数非常多，使用时只能记住个大体名称而不太可能完全记住，有了这些命令就可以直接查看它们的用法了。本书后续虽然会尽量将所有参数都罗列出来，但毕竟版本变化过程中参数随时有可能调整，所以依然建议读者在使用前使用 help 子命令做一下验证。

代理组件比较特殊，它的子命令只有 help、verion 和 docs 而没有 env 子命令，这是因为代理组件不支持使用环境变量配置。这其实也就引出了另一话题，即组件的配置方式问题。Jaeger 服务端组件在启动时可通过三种方式来配置，按照优先级的顺序排列依次是命令行参数、环境变量和配置文件。这里所说的优先级是指同时应用了三种配置方式时，命令行参数的值会覆盖环境变量的值，而环境变量则会覆盖配置文件中的值。下面就按优先级顺序依次介绍这三种配置方式。

1. 命令行参数

第一种方式是使用命令行参数，它在启动时设置，优先级也最高。Jaeger 服务端组件可用的参数都可通过组件的 help 子命令，或是--help、-h 参数来查看。对于收集组件、查询组件和消费组件来说，由于它们都需要与存储跨度的第三方存储组件打交道，所以它们的参数中有相当一部分与最终选择的存储组件相关联。因此当给这几个 Jaeger 组件设置不同的存储组件后，帮助信息中出现的参数也将有所不同。以 Jaeger 收集组件为例，如果直接运行"jaeger-collector help"会看到大量与 Cassandra 相关的参数；而通过设置环境变量 SPAN_STORAGE_TYPE 为 elasticsearch 后，则帮助信息中将全部改为 Elasticsearch 相关的命令行参数：

```
## 以下是 Linux 命令
## Windows 下请使用：
## set SPAN_STORAGE_TYPE = elasticsearch
export SPAN_STORAGE_TYPE = elasticsearch
jaeger-collector help
jaeger-query help
jaeger-ingester help
```

示例 5-5　设置存储插件类型

按示例 5-5 所示的方式执行 help 子命令看到参数将全部都是 Elasticsearch 相关的参数，SPAN_STORAGE_TYPE 可选值为 cassandra、elasticsearch、memory、kafka、badger 和 grpc-plugin 等。读者可自行替换上述环境变量，查看不同存储组件下的参数。

2. 环境变量

第二种配置组件的方式是使用环境变量，这种方式对于使用 Docker 镜像方式启动组件来说非常方便。比如在示例 5-5 中使用的 SPAN_STORAGE_TYPE，其实就是通过环境变量设置 Jaeger 组件的一种用法。如果在命令行中运行"jaeger-collector env"命令，则在命令行中会返回如下一段提示：

```
All command line options can be provided via environment variables by conver-
ting their names to upper case and replacing punctuation with underscores. For
example:

command line option                     environment variable
```

```
--------------------------------------------------------------------
--cassandra.connections-per-host      CASSANDRA_CONNECTIONS_PER_HOST
--metrics-backend                     METRICS_BACKEND
·

The following configuration options are only available via environment vari-
ables:
SPAN_STORAGE_TYPE string        The type of backend [cassandra elasticsearch
memory kafka badger grpc-plugin] used for trace storage. Multiple backends
can be specified (currently only for writing spans) as comma-separated list,
e.g. "cassandra,kafka". (default "cassandra")
DEPENDENCY_STORAGE_TYPE string  The type of backend used for service depend-
encies storage. (default "${SPAN_STORAGE}")
```

示例 5-6　运行 jaeger-collector env 的输出

如示例 5-6 所示，Jaeger 组件所有命令行参数都可以使用环境变量来代替。环境变量名称与命令行参数之间有一定的转换规则：即将命令行参数改成大写，并使用下划线代替连接线和点。比如命令行参数--cassandra.connections-per-host，对应的环境变量名称就是 CAS-SANDRA_CONNECTIONS_PER_HOST。需要注意的是，有两个配置项只能使用环境变量来设置，它们是 SPAN_STORAGE_TYPE 及 DEPENDENCY_STORAGE_TYPE，分别用于设置跨度和依赖的存储组件类型。SPAN_STORAGE_TYPE 原本有一个对应的参数--span-storage.type，只是在新版本中已经被废止了。

3. 配置文件

最后一种配置方式是使用配置文件，目前支持 JSON、YAML、TOML、HCL 及 Java 属性文件（即 .properties）等格式。Jaeger 的所有组件都有一个--config-file 参数，可通过这个参数设置配置文件的路径。配置文件中配置项名称与命令行参数名称完全相同，以配置收集组件的 YAML 文件为例，可写成如下形式：

```
collector:
  port:14267
  grpc-port:14250
  http-port:14268
  zipkin:
    http-port:9411
es:
  server-urls:http://192.168.100.1:9200,http://192.168.100.2:9200
  timeout:1s
```

示例 5-7　收集组件的 YAML 配置文件

示例 5-7 所示的配置文件设置了收集组件收集跨度数据的几个端口，同时还设置了收集组件使用的 Elasticsearch 节点地址及查询超时时间。使用如下命令即可将配置文件应用到

Jaeger 收集组件上：

> jaeger-collector --config-file = ~/tracing/collector. es. yml

在实际应用中，配置文件一般设置一些比较通用的配置项，而命令行参数或环境变量则会在运行时覆盖某些特定参数。环境变量更适用于 Docker 容器运行组件的场景，尤其是在 Kubernetes 上部署组件时就更合适了。

5.2.3　通用配置

在 Jaeger 的这些组件中，有一些配置项是通用的。比如前面提到的--help、-h 以及--config-file，它们在所有组件中都可以使用。表 5-2 将这些通用参数总结了出来。

表 5-2　Jaeger 组件通用参数

命令行参数	默认值		参数说明
--help、-h	false		帮助信息
--config-file	\		配置文件，支持 JSON、TOML、YAML、HCL 或 Java Properties 文件格式
--log-level	info		日志级别
--metrics-backend	prometheus		上报指标的后台应用类型，可选值包括 expvar, prometheus, none
--metrics-http-route	/metrics		指标监控端点的 HTTP 路径
--admin-http-port --health-check-http-port （已废止）	All-in-one	14269	管理服务端口，包括健康检查、指标监控等
	Collector		
	Ingester	14270	
	Agent	14271	
	Query	16687	

在表 5-2 中，--log-level 参数的作用是设置组件输出日志的级别。Jaeger 组件的日志只写入到标准输出（也就是控制台），默认日志格式为 JSON 而日志级别为 INFO。

由于在大多数情况下 Jaeger 组件都是运行在分布式环境下，所以对 Jaeger 组件的监控尤为重要，而表 5-2 中其余几个参数都与监控配置有关。参数--metric-backend 设置了监控使用的后台工具，可选值包括 expvar、prometheus 和 none 等三个值。其中 prometheus 对应的监控工具是 Prometheus，这是目前 CNCF 认可的分布式监控组件。--metric-backend 的默认值就是 prometheus，代表的含义是 Jaeger 组件将按 Prometheus 约定的格式暴露指标的样本数据。而 expvar 则是 Go 自带的一个标准库，它可以通过 JSON 格式公开指标数据，所以可以通过 MetricBeat 等组件将指标数据收集到其他监控组件中。Jaeger 组件公开指标数据的端口和路径是通过--admin-http-port 和--metrics-http-route 两个参数设置的，默认情况下不同的 Jaeger 组件公开指标数据的端口不同但路径相同。--health-check-http-port 参数用于设置健康检查的端口，也就是检查组件是否运行的响应端口。这个参数现在已经废止，现在统一都由--admin-http-port 参数设置。

5.2.4　启动顺序

在使用 All-in-one 套件时，Jaeger 追踪基本上可以说是一键启动，这虽然方便但却并不适用于生产环境。生产环境中这些组件需要独立部署，但由于它们之间存在着依赖关系，所以需要按照一定的次序逐个启动。由于 Jaeger 收集组件依赖于第三方存储组件，所以第三方存储组件必须要先于收集组件启动；而 Jaeger 代理组件又需要连接收集组件，所以收集组件又要先于代理组件启动。所以在启动 Jaeger 服务端组件时，应该最先启动第三方存储组件，然后是 Jaeger 收集组件，最后是 Jaeger 代理组件。

Jaeger 查询组件和消费组件比较特殊，它们与收集组件或代理组件都没有依赖关系，但它们却全都依赖于存储组件。只要存储组件启动起来了，Jaeger 查询组件就可以启动。而 Jaeger 消费组件除了与存储组件有依赖有关系以外，还与 Kafka 有关联，所以它需要 Kafka 和存储组件都启动起来才能启动。

由此可见，存储组件对于 Jaeger 服务端组件来说至关重要，收集组件、查询组件和消费组件都依赖于存储组件。其实，在第 5.1 节中介绍的 All-in-one 套件也依赖于存储组件。只是它默认使用内存来保存跨度数据，所以即使没有启动第三方存储组件也不会报错。但其他几个组件就不行了，它们不能使用基于内存的存储组件，所以如果没有启动第三方组件就会报错。

但严格来说，Jaeger 并没有自己的存储组件，它只是使用了第三方的存储组件，是这些第三方存储组件的客户端。由于多个组件都依赖于相同的第三方存储组件，所以 Jaeger 将与这些存储组件交互的逻辑统一提取出来，并以插件的形式管理它们。这些插件的源代码位于 jaegertracing/jaeger 项目的 plugin/storage 目录中，每一种第三方存储组件都对应着一种存储插件，所有有关第三方存储组件的配置都是通过存储插件设置。这样一来，Jaeger 组件就可以通过存储插件的形式支持多种存储组件了。由于使用了统一的存储插件，所以不同 Jaeger 组件中有关存储组件的配置几乎相同，接下来就让我们来看看这些存储插件。

5.3　Jaeger 存储插件

如果不考虑 All-in-one 套件，Jaeger 默认使用的存储插件是 cassandra，对应的第三方存储组件就是 Cassandra。后来又加入了支持 Elasticsearch 的存储插件 elasticsearch，直到现在这两种存储插件也是 Jaeger 收集组件中使用最广泛的存储插件。如前所述，存储插件的类型可通过环境变量 SPAN_STORAGE_TYPE 来设置。它的可选值除了前面提到的 cassandra 和 elasticsearch，还有 kafka、grpc-plugin、badger 和 memory 等几种。其中，kafka 插件支持将跨度先发送到 Kafka 队列中，但这一般只是以"削峰填谷"的形式保护后端组件，所以最终还是需要通过 Jaeger 消费组件将数据持久化。grpc-plugin 主要针对 InfuxDB 和 Couchbase，badger 对应一种嵌入式内存存储组件 Badger。badger 和 memory 本质上都是基于内存的存储方法，所以它们只能在 All-in-one 套件中使用。

除了以上这些存储插件以外，Jaeger 收集组件还支持 ScyllaDB，这是一种 C++ 版本的 Cassandra。由于采用 C++ 重写了 Cassandra，所以官方声称其吞吐量比 Cassandra 强十倍以上。在 Jaeger 社区的远景规划中，还计划支持 Netflix Dynomite、Amazon DynamoDB、BigTable

和 ConsmosDB 等第三方存储组件。从版本 1.6.0 开始，SPAN_STORAGE_TYPE 环境变量还接收以逗号分隔的方式设置多种存储类型。但在设置了多种存储类型的情况下，所有存储类型都可以写，但只有第一种存储类型可用于读和归档。

Jaeger 存储插件虽然在查询组件、消费组件和 All-in-one 套件中也有应用，但收集组件中的应用还是最为典型。所以本节将主要以 Jaeger 收集组件为例，介绍最常用的 cassandra 和 elasticsearch 两种插件。需要注意的是，由于 Jaeger 提供的追踪归档功能是在存储层面实现，所以存储插件一般都会包含有归档追踪数据的配置。在 cassandra 和 elasticsearch 两种插件的配置参数中，有相当一部分参数都分为两组。一组设置直接存储，而另一组则设置归档存储，它们的含义相同只是应用场景不同。有关 Jaeger 追踪归档的详细介绍，请参考本章第 5.8.4 节。

5.3.1 初始化 Cassandra

默认情况下，除了 All-in-one 套件使用内存保存跨度数据，Jaeger 收集组件、消费组件都会将跨度数据保存在 Cassandra 中，而查询组件也会在启动时连接 Cassandra 查询跨度数据。所以它们在无参数启动时都会尝试连接本机 9042 端口，而这个端口正是 Cassandra 默认的本地传输端口。如果本机没有启动 Cassandra，这些组件最终就都无法启动。由于 Cassandra 一般会与 Jaeger 组件分开部署，所以一般需要通过--cassandra.servers 和--cassandra.port 设置 Cassandra 的地址和端口。

Cassandra 使用键空间隔离数据，Jaeger 收集组件、消费组件默认都会将追踪数据存储在 jaeger_v1_test 键空间中，而查询组件默认也是从这个键空间中查询追踪数据。这些组件在连接到 Cassandra 后会检查这个键空间是否存在，如果不存在则会报错并导致启动失败。除了键空间以外，Jaeger 还要求在键空间中事先创建一组表。所以为了方便用户初始化 Cassandra 键空间，Jaeger 向用户提供了两种初始化键空间的方法。一种是使用脚本并借助 Cassandra 客户端 cqlsh 初始化，而另一种则是使用 Docker 镜像的方式直接初始化。

1. 使用脚本初始化

初始化脚本需要预先下载下来，位于 Jaeger 存储插件路径下 cassandra/shema 中，具体地址为 https://github.com/jaegertracing/jaeger/tree/master/plugin/storage/cassandra/schema。用于初始化键空间的脚本为 create.sh，执行该脚本的方式如下：

MODE = (prod|test)[PARAM = value...] create.sh [template-file] | cqlsh

其中，MODE 和 PARAM 都是环境变量名称，但 PARAM 并不是环境变量名称本身，而是代表了一组可用的环境变量名称，具体可用环境变量请参考表 5-3。MODE 是执行上述脚本必须要设置的环境变量，有 prod 和 test 两个可选值。当设置为 test 时，键空间副本策略为适用于单数据中心的简单策略（SimpleStrategy），而设置为 prod 时则为多数据中心的网络拓扑策略（NetworkTopologyStrategy）。可见 MODE 的作用是用于区分生产环境和测试环境，并据此创建出不同的键空间来。

[template-file] 则是用于初始化键空间的模板文件，模板文件中包含有创建键空间、表等具体的 CQL 命令。在与 create.sh 同级的目录中包含有三个 cql.tmpl 文件，如果用户没有指定模板文件则会选择最后一个作为模板。脚本最终创建出来的键空间名称可以使用环境变量 KEYSPACE 设置，它的默认值为 jaeger_v1_{datacenter}。其中 {datacenter} 的值由另一

个环境变量 DATACENTER 确定，而当 MODE 值为 test 时 DATACENTER 的值也为 test。所以如果设置 MODE 为 test，最终创建出来的键空间为 jaeger_v1_test，而这也正是默认情况下 Jaeger 组件使用的键空间名称。所以对于测试环境来说，初始化键空间的脚本命令非常简单，只要在脚本所在目录执行 "MODE = test create. sh | cqlsh" 即可。而对于生产环境来说，初始化命令则需要根据实际情况设置好环境变量。表 5-3 将脚本可用的环境变量总结了出来。

表 5-3　使用脚本初始化键空间的环境变量

环境变量名称	默认值	说明
MODE	\	必须设置，值为 prod 或 test
DATACENTER	\	数据中心名称，MODE 为 prod 时必须设置，而 MODE 为 test 时其默认值为 test
TRACE_TTL	172800	追踪数据有效时间，单位为 s，默认值为 2 天
DEPENDENCIES_TTL	0	依赖数据有效时间，单位为 s
KEYSPACE	jaeger_v1_{ datacenter }	键空间名称
REPLICATION_FACTOR	\	副本因子，MODE 为 prod 时默认为 2，test 时为 1

由表 5-3 可见，默认情况下跨度数据在 Cassandra 中的有效期为 2 天。后面学习到 Jaeger 查询组件时就会看到，查询跨度数据的最大时间范围也是 2 天，它们的值应尽量保存一致。

2. 使用镜像初始化

通过脚本的方式初始化 Cassandra 虽然不复杂，但需要用户事先从 Github 上将脚本和模板下载下来，并且还必须要安装 Cassandra 客户端 cqlsh。为了方便那些不想下载脚本或是没有安装 cqlsh 的用户，Jaeger 还专门提供了一种通过 Docker 镜像初始化 Cassandra 的方法，这个镜像就是 jaegertracing/jaeger- cassandra- schema。简单来说，这个镜像中打包了初始化脚本、模板以及 Cassandra 客户端等，用户只需要以通过 Docker 运行该镜像即可。

由于该镜像在初始化时也是调用了前述 create. sh 脚本，并通过 Cassandra 客户端 cqlsh 将模板写入到 Cassandra，所以表 5-3 中的环境变量对于该镜像也同样有效。如果不做任何设置直接运行 jaegertracing/jaeger- cassandra- schema，它会使用内置的 cqlsh 连接主机名为 cassandra 的服务器，并且以 dc1 为数据中心名称初始化键空间。所以最终创建出来的键空间名称为 jaeger_v1_dc1，并且键空间也是设为单节点模式。由此可见，尽管镜像可以使用表 5-3 中的环境变量，但它们的默认值却不尽相同。表 5-4 将镜像特有的环境变量罗列了出来。

表 5-4　使用镜像初始化键空间的特殊环境变量

环境变量名称	默认值	说明
CQLSH	/opt/cassandra/bin/cqlsh	开启归档存储
CQLSH_HOST	cassandra	Cassandra 地址
CQLSH_SSL	\	SSL 连接
CASSANDRA_WAIT_TIMEOUT	60	连接 Cassandra 的超时时间
TEMPLATE	\	模板名称
USER	\	Cassandra 用户名

（续）

环境变量名称	默认值	说明
PASSWORD	\	Cassandra 密码
DATACENTER	dc1	数据中心名称，默认值不一样
MODE	test	非必须设置，有默认值

最后两个环境变量不是镜像特有，但它们的默认值与表 5-3 中不相同，所以也在表格中列出，但将它们的背景标灰以示区别。使用镜像方法不仅简单，而且也更适用于生产环境。示例 5-8 展示使用镜像初始化键空间的命令：

```
docker run -e CQLSH_HOST=172.17.0.1 \
        -e MODE=prod \
        -e KEYSPACE=order_service_traces \
        -e REPLICATION_FACTOR=3 \
        jaegertracing/jaeger-cassandra-schema
```

示例 5-8　使用镜像初始化键空间

按示例 5-8 的方式初始化 Cassandra，将创建一个名为 order_service_traces 的键空间。由于 MODE 设置为 prod，键空间采用网络拓扑的副本策略（NetworkTopologyStrategy），并且 REPLICATION_FACTOR 设置了副本因子为 3，也就是会在 3 个节点上存储跨度数据。

5.3.2　Cassandra 参数

无论使用哪种方式初始化了 Cassandra，只要键空间正确 Jaeger 收集组件启动时就不会再报错了。当然还需要通过启动参数正确地设置收集组件连接 Cassandra 的方式、地址等信息，表 5-5 列出了 Jaeger 收集组件启动时可用的 Cassandra 参数，它们对于其他依赖于 Cassandra 的 Jaeger 组件也同样有效。

表 5-5　Cassandra 存储插件配置参数

参数名称	默认值	说明
--cassandra-archive.enabled	false	开启归档存储
--cassandra.connect-timeout	0s	连接 Cassandra 的超时时间
--cassandra-archive.connect-timeout	0s	
--cassandra.connections-per-host	2	单个后台实例的 Cassandra 连接数量
--cassandra-archive.connections-per-host	0	
--cassandra.consistency	\	Cassandra 一致性级别，可以是 ANY、ONE、TWO、THREE、QUORUM、ALL、LOCAL_QUORUM、EACH_QUORUM、LOCAL_ONE
--cassandra-archive.consistency	LOCAL_ONE	
--cassandra.disable-compression	false	是否关闭 Snappy 压缩，有些 Cassandra 集群不支持该压缩
--cassandra-archive.disable-compression	false	

（续）

参数名称	默认值	说明
- - cassandra. enable- dependencies- v2	false	Jaeger 是否自动检测依赖表的版本
- - cassandra- archive. enable- dependencies- v2	false	
- - cassandra. keyspace	jaeger_v1_test	Jaeger 数据存储的键空间
- - cassandra- archive. keyspace	\	
- - cassandra. local- dc	\	Cassandra 本地数据中心名称
- - cassandra- archive. local- dc	\	
- - cassandra. max- retry- attempts	3	从 Cassandra 读取数据时的重试次数
- - cassandra- archive. max- retry- attempts	0	
- - cassandra. password	\	Cassandra 密码
- - cassandra- archive. password	\	
- - cassandra. port	0	Cassandra 端口
- - cassandra- archive. port	0	
- - - cassandra. proto- version	4	Cassandra 协议版本
- - cassandra- archive. proto- version	0	
- - cassandra. reconnect- interval	1m0s	重新连接 Cassandra 的时间间隔
- - cassandra- archive. reconnect- interval	0s	
- - cassandra. servers	127. 0. 0. 1	逗号分隔的 Cassandra 服务器列表
- - cassandra- archive. servers	\	
- - cassandra. socket- keep- alive	0s	Cassandra 连接 Socket 保持时长，大于 0 时开启保持连接
- - cassandra- archive. socket- keep- alive	0s	
- - cassandra. timeout	0s	查询超时时间，0 代表无超时限制
- - cassandra- archive. timeout	0s	
- - cassandra. tls	false	是否开启 TLS，已废止
- - cassandra- archive. tls	false	使用- - cassandra- archive. tls. enabled
- - cassandra. tls. ca	\	CA 证书路径
- - cassandra- archive. tls. ca	\	
- - cassandra. tls. cert	\	TLS 证书文件路径
- - cassandra- archive. tls. cert	\	
- - cassandra. tls. enabled	false	是否开启 TLS
- - cassandra- archive. tls. enabled	false	
- - cassandra. tls. key	\	TLS 私钥文件路径
- - cassandra- archive. tls. key	\	
- - cassandra. tls. server- name	\	TLS 服务器名称
- - cassandra- archive. tls. server- name	\	
- - cassandra. tls. skip- host- verify	false	跳过服务器证书链和主机名称验证
- - cassandra- archive. tls. skip- host- verify	false	

（续）

参数名称	默认值	说明
- - cassandra. tls. verify- host	false	同上，已废止
- - cassandra- archive. tls. verify- host	false	
- - cassandra. username	false	Cassandra 用户名
- - cassandra- archive. username	false	
- - cassandra. index. logs	true	是否索引日志字段
- - cassandra. index. process- tags	true	是否索引进程标签
- - cassandra. index. tag- blacklist	\	标签索引的黑名单
- - cassandra. index. tag- whitelist	\	标签索引的白名单
- - cassandra. index. tags	true	是否索引标签
- - cassandra. span- store- write- cache- ttl	12h0m0s	重写已经存在的服务或操作名称的时间

表 5-5 中的参数是通过命令行启动 Jaeger 组件时可以使用的参数，它们也可以按前述规则转换成环境变量使用。

5.3.3 使用 Elasticsearch

由于 Jaeger 存储插件默认连接 Cassandra，所以在使用 Elasticsearch 之前，必须要将环境变量 SPAN_STORAGE_TYPE 显示地设置为 elasticsearch。Jaeger 目前支持 Elasticsearch 的版本为 5. x，6. x，7. x，在设置了 elasticsearch 存储插件后，该插件默认会连接本机 9200 端口。一般来说，Elasticsearch 集群不会与 Jaeger 组件部署在一起，所以需要通过- - es. server- urls 设置它们的地址和端口。Elasticsearch 实例地址可以使用逗号分隔设置多个，这样组件就可以在这些地址中做负载均衡。

由于 Elasticsearch 具有动态映射和索引模板等特性，Elasticsearch 并不需要初始化就可以直接作为存储组件使用。但在默认情况下，Jaeger 收集组件会向 Elasticsearch 导入 jaeger- span 和 jaeger- service 两个索引模板。jaeger- span 针对的索引模式为 *jaeger- span-* ，而 jaeger- service 针对的索引模式为 *jaeger- service-* 。如果不需要导入索引模板，可在启动时通过- - es. create- index- templates 参数设置为 false。Jaeger 收集组件在保存跨度数据时，会依据索引模板每日创建以 jaeger- span 和 jaeger- service 开头的两个索引。其中，jaeger- span 开头的索引用于保存跨度相关的数据，而 jaeger- service 开头的索引则用于保存服务和操作名称。

需要注意的是，Jaeger 收集组件使用的索引名称不能直接设置，但可通过- - es. index- prefix 参数设置索引名称的前缀。默认情况下，每个索引会创建 5 个分片和 1 个副本，它们的数量可通过- - es. num- shards 和- - es. num- replicas 两个参数设置。elasticsearch 存储插件的配置参数还有很多，表 5-6 将它们全部罗列了出来。

表 5-6　elasticsearch 存储插件配置参数

参数名称	默认值	说明
- - es- archive. enabled	false	是否开启存档
- - es. server- urls	http://127. 0. 0. 1 :9200	Elasticsearch 地址和端口
- - es- archive. server- urls	\	

（续）

参数名称	默认值	说明
- - es. username	\	Elasticsearch 用户名
- - es- archive. username	\	
- - es. password	\	Elasticsearch 密码
- - es- archive. password	\	
- - es. bulk. actions	1000	批量提交的请求数量限制
- - es- archive. bulk. actions	0	
- - es. bulk. flush- interval	200ms	批量提交的时间限制，即使没有达到请
- - es- archive. bulk. flush- interval	0s	求数量或容量限制也会被提交
- - es. bulk. size	5000000	批量提交的容量限制，即字节数量
- - es- archive. bulk. size	0	
- - es. bulk. workers	1	批量提交的工作线程数量
- - es- archive. bulk. workers	0	
- - es. create- index- templates	true	在应用启动时创建索引模板
- - es- archive. create- index- templates	false	
- - es. index- prefix	\	给索引名称添加的前缀
- - es- archive. index- prefix	\	
- - es. max- num- spans	10000	从 Elasticsearch 中检索跨度时的最大
- - es- archive. max- num- spans	0	数量
- - es. max- span- age	72h0m0s	Span 在 Elasticsearch 中的最大寿命
- - es- archive. max- span- age	0s	
- - es. num- replicas	1	Elasticsearch 中每个索引的副本数量
- - es- archive. num- replicas	0	
- - es. num- shards	5	Elasticsearch 中每个索引的分片数量
- - es- archive. num- shards	0	
- - es. sniffer	false	Elasticsearch 嗅探配置，开启后可自动嗅
- - es- archive. sniffer	false	探 Elasticsearch 集群全部节点
- - es. tags- as- fields. all	false	存储所有跨度并将标签存储为对象类型
- - es- archive. tags- as- fields. all	false	字段
- - es. tags- as- fields. config- file	\	设置需要保存标签键名称的配置文件路
- - es- archive. tags- as- fields. config- file	\	径，每行一个标签键名称
- - es. tags- as- fields. dot- replacement	@	用于替换标签中点 “.” 的字符
- - es- archive. tags- as- fields. dot- replacement	\	
- - es. timeout	0s	查询超时时间
- - es- archive. timeout	0s	
- - es. tls	false	已废止，使用 es. tls. enabled
- - es- archive. tls	false	

（续）

参数名称	默认值	说明
- - es. tls. ca	\	开启 TLS 后 CA 文件路径
- - es- archive. tls. ca	\	
- - es. tls. cert	\	开启 TLS 后证书文件路径
- - es- archive. tls. cert	\	
- - es. tls. enabled	false	是否开启 TLS
- - es- archive. tls. enabled	false	
- - es. tls. key	\	证书密钥
- - es- archive. tls. key	\	
- - es. tls. server- name	\	TLS 服务器名称
- - es- archive. tls. server- name	\	
- - es. tls. skip- host- verify	false	跳过服务器认证链和主机名称验证
- - es- archive. tls. skip- host- verify	false	
- - es. token- file	\	令牌文件路径
- - es- archive. token- file	\	
- - es. use- aliases	false	使用别名读写索引
- - es- archive. use- aliases	false	
- - es. version	0	Elasticsearch 版本，未设置时会自动探测
- - es- archive. version	0	

与 Cassandra 参数类似，表 5-6 中的参数也是在命令行中使用，但同样也可按规则转换为环境变量使用。

5.4　Jaeger 收集组件

由于 Jaeger 收集组件依赖于第三方存储组件，所以在它启动之前必须要像第 5.3 节中介绍的那样将存储组件启动起来，并且使用表 5-5 或表 5-6 中的参数设置好它们。Jaeger 收集组件是介于代理组件与存储组件之间的媒介，所以除了要知道如何配置它使用的存储组件以外，另一个重要内容就是要了解它收集跨度数据的各种通道。由于这涉及 Jaeger 收集组件与代理组件、埋点库之间的通信接口和数据模型，所以它们必须要有统一且共享的定义。这不仅是 Jaeger 组件内在的要求，对于第三方应用与扩展来说也非常有益。Jaeger 官方一直致力于接口与模型的统一工作，现在这些接口与模型都已经或计划定义到 jaegertracing/jaeger-idl 项目中，而其中的 IDL 也正是 Interface Description Language 的简写。目前该项目主要包括三种 IDL，它们是 Thrift、Protocol Buffer 和 Swagger，而涉及收集组件的主要是 Thrift 和 Protocol Buffer。

Jaeger 收集组件启动后默认会开放三个接收跨度的通道，它们是 TChannel 通道、gRPC 通道和 HTTP 通道。在这三个通道中，TChannel 通道和 gRPC 通道是专门接收 Jaeger 代理组件转发过来的跨度，而 HTTP 通道则可以直接接收由 Jaeger 埋点库发送的跨度数据。为了兼容 Zipkin，Jaeger 收集组件也支持以 IITTP 协议接收 Zipkin 埋点库发送的跨度数据，但在新版本的 Jaeger 收集组件中这个通道在默认情况下并不会开启。此外，TChannel 通道在最新版本中也已经声明为废止了。所以目前最主要的两个通道就是用于连接代理组件的 gRPC 通道，以及用于连接埋点库的 HTTP 通道。

5.4.1　面向代理组件的通道

如前所述，Jaeger 收集组件开放的 TChannel 通道和 gRPC 通道主要是面向代理组件的收集通道。这其实涉及两种 RPC 框架和两种序列化协议，两种 RPC 框架是 TChannel 和 gRPC，而两种序列化协议是 Thrift 和 Protocol Buffer。相信这种分类方式一定会有读者提出质疑，比如 Thrift 其实也可以说是一种 RPC 框架。这里之所以要这样分类，主要是参考它们在 Jaeger 中的实际作用。比如 Thrift 在 Jaeger 中更多地被当成序列化协议来使用，所以这里也就将它归类到序列化协议中了。此外，TChannel 基于 Thrift 协议定义，而 gRPC 则基于 Protocol Buffer 还定义。所以从本质上来说，这两个通道就是由 Thrift 和 Protocol Buffer 定义的，因此在 jaegertracing/jaeger-idl 项目中它们也是 IDL 的一种。

1. TChannel 通道

由于 TChannel 与 Jaeger 同属 Uber 公司，所以早期 Jaeger 版本中收集组件使用的就是基于 Thrift 编码的 TChannel 框架。事实上，TChannel 框架设计的目标之一就是要解决 RPC 调用过程中跨度数据传播的问题。Jaeger 收集组件通过 TChannel 开放的服务及数据格式由 jaeger.thrif 文件定义，它位于 jaegertracing/jaeger-idl 项目的 thrift 目录中。收集组件在 TChannel 收集通道上默认开放的端口是 14267，这可以在启动收集组件时通过--collector.port 参数修改。但 TChannel 框架从目前的发展来看还是比较小众，并没有得到广泛应用和厂商支持。从 Jaeger 版本 1.11 以后，收集组件使用的通信协议官方推荐的是基于 Protocol Buffers 的 gRPC，而在版本 1.16 中 TChannel 通道的相关参数就已经被标记为废止了。所以 TChannel 通道在未来版本中很可能会被删除，在生产环境中应该尽可能不再使用这个通道。

2. gRPC 通道

Protocol Buffers 和 gRPC 都源于 Google 公司，这两个协议或框架在业界得到了广泛的认可和支持。Jaeger 收集组件定义 gRPC 接口或服务的 Protobuf 文件是 collector.proto，数据模型则定义在 model.proto 文件中。它们也都位于 jaegertracing/jaeger-idl 项目中，与 Thrift 一起按 IDL 统一管理，具体的目录是 proto/api_v2。默认情况下，Jaeger 收集组件接收跨度数据的 gRPC 通道端口是 14250，可通过参数--collector.grpc-port 修改。除了自定义 gRPC 端口以外，还可以通过参数--collector.grpc.tls、--collector.grpc.tls.cert、--collector.grpc.tls.client.ca 和 --collector.grpc.tls.key 开启和设置 gRPC 的 TLS 通信。表 5-7 列出了 gRPC 通道的这些参数。

表 5-7　gRPC 通道配置参数

参数名称	默认值	说明
--collector.grpc-port	14250	使用 gRPC 的端口
--collector.grpc.tls	false	已废止，使用--collector.grpc.tls.enabled
--collector.grpc.tls.cert	\	gRPC 开启 TLS 后 TLS 证书存储路径
--collector.grpc.tls.client.ca	\	已废止，使用--collector.grpc.tls.client-ca
--collector.grpc.tls.client-ca	\	验证客户端使用的 CA 文件路径
--collector.grpc.tls.enabled	false	是否开启 TLS
--collector.grpc.tls.key	\	gRPC 开启 TLS 后 TLS 证书密钥

虽然 Jaeger 收集组件会自动开启 TChannel 通道和 gRPC 通道，但 Jaeger 代理组件必须要显式指定通过连接收集组件的通道，否则它在启动时就会报错。有关 Jaeger 代理组件指定通道的设置，请参考本章5.5节。

5.4.2 面向埋点库的通道

除了接收 Jaeger 代理组件转发的跨度数据以外，收集组件也可以接收由 Jaeger 埋点库直接发送的跨度数据。之所以要支持埋点库直接发送的跨度数据，是因为在某些情况下无法部署 Jaeger 代理组件。例如，当系统代码以 AWS Lambda 函数运行时就无法同时部署 Jaeger 代理组件。此时，Jaeger 埋点库就可以通过 HTTP/HTTPS 协议，直接向 Jaeger 收集组件上报追踪数据。

Jaeger 收集组件以类似 REST 服务的形式接收埋点库上报的追踪数据，服务地址为"/api/traces"。该地址的 HTTP 端口默认为 14268，并可通过--collector.http-port 参数修改。所以直接调用 Jaeger 收集组件的完整地址是"http://hostname:14268/api/traces"，调用需要使用 POST 方法，追踪数据需要以 jaeger.thrift 定义的格式编码。jaeger.thrift 中定义的 Batch 结构以 Thrift 的 binary 格式编码，所以 HTTP 请求的 Content-Type 报头还必须设置为"application/vnd.apache.thrift.binary"。

这看上去好像很复杂，但如果使用 Jaeger 官方提供的埋点库上报，这些通信与编码的细节将由埋点库实现。本书第6章将详细介绍 Jaeger 埋点库，直接上报收集组件的客户端代码请参考6.4.1节的示例6-14。

5.4.3 面向 Zipkin 的通道

Jaeger 收集组件支持 Zipkin 格式的跨度数据，不仅支持 JSON V2 格式，还支持 JSON V1 及 Thrift 格式。Jaeger 早期版本默认会开启兼容 Zipkin 的 REST 接口，但新版本中都需要通过参数--collector.zipkin.http-port 显式开启。开启之后，Jaeger 收集组件会在"/api/v1/spans"端点接收 JSON V1 或 Thrift 格式的追踪数据，而在"/api/v2/spans"接收 JSON V2 格式的追踪数据。表5-8列出了 Jaeger 收集组件中关于 Zipkin 的启动参数。

表5-8 Jaeger 收集组件 Zipkin 参数

参数名称	默认值	说明
--collector.zipkin.http-port	0	接收 Zipkin 上报的 HTTP 端口，默认值是0而不是9411
--collector.zipkin.allowed-headers	content-type	Zipkin 上报时准许使用的报头，多种报头用逗号分隔开
--collector.zipkin.allowed-origins	*	接收 Zipkin 上报的来源类型，多种类型以逗号分隔开

5.4.4 内部队列

Jaeger 收集组件在接收到跨度数据后，会先将它们缓存到一个队列中再通过一组并发运行的工作线程处理。这种设计的目的显然是为了提高 Jaeger 收集组件的处理能力，同时队列的加入也能在一定程度上起到缓冲流量压力的作用。

默认情况下，工作线程的数量为 50 个，而队列的长度为 2000 个。如果工作线程的处理能力赶不上队列的增长速度，那么队列就有可能会出现溢出。处理队列溢出的办法通常有两种，一种是阻塞客户端的数据发送，等队列有了空闲位置后再返回；另一种则是将新接收到的数据直接丢弃。对于追踪系统来说，它最基本的要求是不能对业务系统产生影响。此外，跨度数据在绝大多数情况下也不是必须要保存的数据，所以 Jaeger 收集组件采取的策略就是直接将跨度数据丢弃。但如果用户对于跨度数据丢失的情况不能接受，那么就可通过加大队列长度和工作线程数量的方式提升收集组件的处理能力。表 5-9 中列出了修相关配置的启动参数。

表 5-9　Jaeger 收集组件队列与工作线程设置

参数名称	默认值	说明
- - collector. queue- size	2000	收集组件队列长度
- - collector. queue- size- memory	0	队列占用内存最大量，单位 MiB
- - collector. num- workers	50	从队列中拉取数据的工作线程数量

表 5-9 中的参数可充分挖掘单节点的资源，加大队列长度或容量是挖掘内存的潜力，而加大工作线程数量则是挖掘 CPU 的潜力。但单节点处理能力毕竟有上限，所以在单节点能力已达上限时就必须对 Jaeger 收集组件做水平扩容。Jaeger 收集组件之所以被设计为无状态组件，就是为了方便在高负载情况下的水平扩容。所以只要多部署几个节点的收集组件，并在代理组件中指向它们就可以实现负载均衡。

5.5　Jaeger 代理组件

如果说 Jaeger 收集组件是位于代理组件和第三方存储组件之间的媒介，那么代理组件就是介于埋点库与收集组件之间的媒介。Jaeger 代理组件与埋点库之间都是通过 UDP 协议通信，而与收集组件之间则包括 TChannel 和 gRPC 两种方式。

在数据处理上，Jaeger 代理组件引入了处理器（Processor）的概念。处理器可以理解成是处理跨度的一个数据通道，Jaeger 代理组件对外开放多少种通道就需要多少种处理器。与收集组件类似，处理器内部也都是通过队列和工作线程的方式提升效率。如果队列已经排满，那么处理器也会将新接收到跨度直接丢弃。与 Jaeger 收集组件不同的是，由于处理器并非只有一个，所以代理组件中的队列也不是一个，相应的工作线程也不是只有一组。图 5-3 展示这些埋点库、代理组件及存储组件之间的关系。

图 5-3 不仅展示了 Jaeger 组件间的通信关系，也展示了代理组件和收集组件的内部结构。虽然并非一定是完全严谨的，但可以从总体上窥探到它们的工作方式。学习代理组件与学习收集组件类似，也是需要掌握它的一进一出。即如何从埋点库发送跨度到代理组件，以及如何从代理组件发送到收集组件。

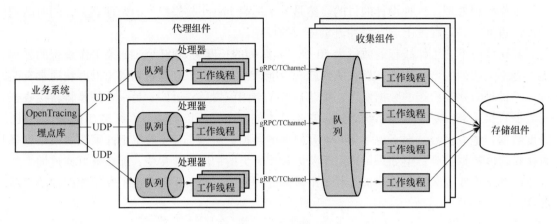

图 5-3　组件关系

5.5.1　UDP 通道

Jaeger 代理组件启动后默认会开启三个 UDP 端口，这三个 UDP 端口都可以用于接收 Jaeger 埋点库发送过来的跨度。之所以采用 UDP 协议而非 TCP 协议，主要也是基于传输效率方面的考量。因为 UDP 协议是面向无连接的协议，它不保证数据传输的可靠性，但传输效率却要高一些。许多即时通信的视频、音频传输即采用 UDP 协议，因为在视频、音频传输中丢失数据虽会造成画面、声音的模糊，但却可以保证它们的实时性。而跨度数据的采集本身也存在这个特点，它一方面并不要求数据传输的完全可靠，另一方面则需要尽量避免因数据传输给业务系统造成影响。与 Jaeger 收集组件类似，代理组件使用的接口和模型也已经或计划定义到 jaegertracing/jaeger-idl 项目中，本节所述的接口或模型定义大多可以在这个项目中找到。

Jaeger 代理组件开启的三个 UDP 端口分别是 5775、6831 和 6832，每一个端口都是一个接收通道并且对应着一个处理器。5775 端口接收由 zipkin.thrift 定义的数据模型，这是早期兼容 Zipkin 模型的一种设计。但这个模型现在已经被废止，相信它在未来的新版本就会被删除。6831 和 6832 端口接收的数据模型都是 jaeger.thift，但 6831 接收的编码是 Thrift 的 compact 协议，而 6832 接收的则是 Thrift 的 binary 协议。目前绝大多数 Jaeger 埋点库都是通过 6831 端口传输追踪数据，因为 compact 协议比 binary 协议效率更高。之所以 Jaeger 代理组件还要保留 6832 端口接，主要是因为 Jaeger 的 Node.js 埋点库不支持 compact 协议。所以可以认为 6832 这个接收通道是专门针对 Node.js 埋点库，其他埋点库都应该发送至 6831 端口。Jaeger 代理组件针对每一个 UDP 通道都会开启一个处理器，每个处理器都有自己的队列和工作线程。这些队列的长度和工作线程的数量可分别设置，表 5-10 列出了针对每种 UDP 通道的设置参数。

由表 5-10 可以看出，无论是针对哪一种协议，处理器内部队列的默认长度都是 1000，而工作线程的数量默认也都是 10。除了以上 UDP 通道以外，Jaeger 代理组件还开放了一个 HTTP 服务，这个服务开放的 TCP 端口为 5778，主要用于服务配置、采样策略设置等。如果想要更改这个端口，可通过参数 http-server.host-port 设置。

表 5-10　Jaeger 代理组件三种处理器配置参数

处理器	参数名称	默认值	说明
Jaeger Compact	- - processor. jaeger- compact. server- host- port	:6831	地址和端口
	- - processor. jaeger- compact. server- max- packet- size	65000	UDP 包大小
	- - processor. jaeger- compact. server- queue- size	1000	队列长度
	- - processor. jaeger- compact. workers	10	工作线程数量
Jaeger Binary	- - processor. jaeger- binary. server- host- port	:6832	地址和商品
	- - processor. jaeger- binary. server- max- packet- size	65000	UDP 包大小
	- - processor. jaeger- binary. server- queue- size	1000	队列长度
	- - processor. jaeger- binary. workers	10	工作线程数量
Zipkin	- - processor. zipkin- compact. server- host- port	:5775	地址和端口
	- - processor. zipkin- compact. server- max- packet- size	65000	UDP 包大小
	- - processor. zipkin- compact. server- queue- size	1000	队列长度
	- - processor. zipkin- compact. workers	10	工作线程数量

5.5.2　连接收集组件

正如本章 5.4.1 节中介绍的那样，Jaeger 收集组件启动后会专门开启 TChannel 和 gRPC 两个面向代理组件的接收通道。但 Jaeger 代理组件并没有设置默认的连接通道，所以在启动时必须要显式指定连接通道和地址，否则代理组件在启动时会抛出异常而导致失败。连接 TChannel 通道地址的参数是- - reporter. tchannel. host- port，而连接 gRPC 通道的参数是- - reporter. grpc. host- port。也就是说在启动 Jaeger 代理组件时，这两个参数必须要指定其中的一个。例如下面两个启动命令都是正确的：

```
jaeger-agent --reporter.grpc.host-port =192.168.1.12:14250
jaeger-agent --reporter.tchannel.host-port =192.168.1.13:14267
```

示例 5-9　启动 Jaeger 代理组件

在配置连接 Jaeger 收集组件地址时，可以配置一组地址以实现负载均衡，多个地址之间由逗号分隔开。Jaeger 代理组件在转发跨度数据时会在地址列表中做轮询，这样可有效减轻收集组件的压力。此外还可以通过 DNS 的形式挂载多个收集组件实例的地址，然后由 DNS 实现在多实例间轮询以达到负载均衡的目的。如果连接的地址不是收集组件而是 DNS，则需要在地址前面添加前缀"dns：///"。表 5-11 将连接 TChannel 和 gRPC 通道相关的参数罗列了出来。

表 5-11　Jaeger 代理组件连接收集组件的参数

参数名称	默认值	说明
- - reporter. grpc. discovery. min- peers	3	代理组件连接多少个收集组件
- - reporter. grpc. host- port	\	逗号分隔的收集组件地址列表
- - reporter. grpc. retry. max	3	重试次数

（续）

参数名称	默认值	说明
--reporter. grpc. tls	false	是否开启 TLS，已废止。使用--reporter. grpc. tls. enabled
--reporter. grpc. tls. ca	\	CA 文件路径
--reporter. grpc. tls. cert	\	TLS 证书路径
--reporter. grpc. tls. enabled	false	是否开启 TLS
--reporter. grpc. tls. key	\	TLS 私钥文件路径
--reporter. grpc. tls. server-name	\	服务器名称
--reporter. grpc. tls. skip-host-verify	false	跳过服务器证书链和主机名称校验
--reporter. tchannel. discovery. conn-check-timeout	250ms	设置建立新连接的超时时间，已废止
--reporter. tchannel. discovery. min-peers	3	建立连接的数量，已废止
--reporter. tchannel. host-port	\	不使用服务发现时，逗号分隔的收集组件地址列表，已废止
--reporter. tchannel. report-timeout	1s	上报跨度时的超时时间，已废止
--reporter. type	grpc	Reporter 类型，可选值为 grpc、tchannel（已废止）
--collector. host-port	\	已废止，推荐使用--reporter. tchannel. host-port
--discovery. conn-check-timeout	250ms	已废止，推荐使用--reporter. tchannel. discovery. conn-check-timeout
--discovery. min-peers	3	已废止，参考 reporter. tchannel. discovery. min-peers

由表 5-11 可以看出，所有与 TChannel 相关的参数都已经标记为废止了。所以在实际应用中，在 Jaeger 代理组件应该尽量使用 6831 端口接收 Compact 协议的跨度数据，而在向收集组件转发跨度数据时则应尽量使用 gRPC 通道。

5.6 Jaeger 消费组件

Jaeger 消费组件位于 Kafka 和第三方存储组件之间，作用是将缓存在 Kafka 中的追踪数据取出并持久化到存储组件中。由于 Jaeger 消费组件也是通过存储插件连接第三方存储组件，所以它们的使用与配置方法请参考 5.3 节的表 5-5 和表 5-6，本节将不再赘述。但想要从 Kafka 中消费跨度数据，首先需要 Jaeger 收集组件将跨度发送到 Kafka 中。接下来就先来看看 Jaeger 收集组件与 Kafka 是如何协作的，本质上来说 Kafka 实际上也是收集组件支持的一种第三方存储组件。

5.6.1 收集组件与 Kafka

Jaeger 收集组件默认使用 Cassandra 作为存储组件，所以如果想要将跨度发送到 Kafka 必须要将 SPAN_STORAGE_TYPE 设置为 kafka。默认情况下，Jaeger 收集组件会尝试在本机 9092 端口连接 Kafka，但可通过--kafka. producer. brokers 参数设置其他地址，也可以设置多个地址以实现负载均衡。Jaeger 收集组件默认会向名为 jaeger-spans 的主题中发送跨度数据，但可通过--kafka. producer. topic 参数设置其他主题名称。主题并不需要事先创建，如果主题不存在，Jaeger 会自动创建这个主题。

　　默认情况下，Jaeger 收集组件会以 Protocol Buffer 对跨度数据编码后再发送至 Kafka。Protocol Buffer 编码效率高但不可读，可通过--kafka. producer. encoding 参数将编码设置为 JSON 格式。此外，Jaeger 还支持对跨度数据做压缩，支持 Gzip、Snappy、LZ4、ZSTD 等多种压缩算法，可通过--kafka. producer. compression 和--kafka. producer. compression-level 设置压缩算法和压缩级别。表 5-12 将连接 Kafka 的所有参数都罗列了出来。

表 5-12　Jaeger 收集组件连接 Kafka 的参数

参数名称	默认值	说明
--kafka. producer. authentication	none	Kafka 集群认证类型，合法值为 none、kerberos 和 tls
--kafka. producer. batch-linger	0s	发送数据前的等待时长
--kafka. producer. batch-max-messages	0	发送数据前最大缓存消息的数量
--kafka. producer. batch-size	0	发送数据前最大缓存消息的字节数
--kafka. producer. brokers	127. 0. 0. 1;9092	Kafka 代理地址和端口，多个地址用逗号分隔
--kafka. producer. compression	none	消息压缩算法，none、gzip、snappy、lz4、zstd
--kafka. producer. compression-level	0	消息压缩级别，gzip 为 1~9（默认 6），snappy 没有级别，lz4 为 1~17（默认为 9），zstd 为 -131072~22（默认为 3）
--kafka. producer. encoding	protobuf	跨度编码格式，json 或 protobuf
--kafka. producer. kerberos. config-file	/etc/krb5. conf	Kerberos 配置文件路径
--kafka. producer. kerberos. keytab-file	/etc/security/kafka. keytab	Kerberos 的 keytab 文件路径
--kafka. producer. kerberos. password	\	Kerberos 密码
--kafka. producer. kerberos. realm	\	Kerberos 域
--kafka. producer. kerberos. service-name	kafka	Kerberos 服务名称
--kafka. producer. kerberos. use-keytab	false	Kerberos 使用 keytab 文件而不使用密码
--kafka. producer. kerberos. username	\	Kerberos 用户名
--kafka. producer. plaintext. password	\	SASL/PLAIN 密码
--kafka. producer. plaintext. username	\	SASL/PLAIN 用户名
--kafka. producer. protocol-version	\	Kafka 协议版本
--kafka. producer. required-acks	local	确认方式，noack、local、all
--kafka. producer. tls	false	已废止，使用--kafka. producer. tls. enabled
--kafka. producer. tls. ca	\	TLS CA 文件路径

127

（续）

参数名称	默认值	说明
--kafka. producer. tls. cert	\	TLS 证书文件路径
--kafka. producer. tls. enabled	false	开启 TLS
--kafka. producer. tls. key	\	TLS 私钥文件路径
--kafka. producer. tls. server-name	\	TLS 服务器名称
--kafka. producer. tls. skip-host-verify	false	是否跳过服务器证书链和主机名称验证
--kafka. producer. topic	jaeger-spans	Kafka 主题名称

所以总的来说，Jaeger 收集组件对 Kafka 来说就是消息的生产者，所以它的所有配置参数都带有 producer。而接下来要介绍的 Jaeger 消费组件相当于 Kafka 的消费者，所以它的参数中就全都带有 consumer。

5.6.2 消费组件与 Kafka

与 Jaeger 收集组件类似，消费组件默认情况下也会在本机 9092 端口连接 Kafka，使用的消息主题也是 jaeger-spans。设置连接地址和主题的参数与 Jaeger 收集组件类似，它们是 --kafka. consumer. brokers 和 --kafka. consumer. topic。Jaeger 消费组件连接 Kafka 其他配置也跟收集组件类似，表 5-13 将这些参数罗列了出来。

表 5-13 Jaeger 收集组件连接 Kafka 的参数

参数名称	默认值	说明
--kafka. consumer. authentication	none	Kafka 集群认证类型，合法值为 none、kerberos 和 tls
--kafka. consumer. brokers	127. 0. 0. 1:9092	Kafka 代理地址和端口，多个地址用逗号分隔
--kafka. consumer. client-id	jaeger-ingester	Kafka 消费者客户端 ID
--kafka. consumer. encoding	protobuf	跨度编码格式
--kafka. consumer. group-id	jaeger-ingester	Kafka 消费者组 ID
--kafka. consumer. kerberos. config-file	/etc/krb5. conf	Kerberos 配置文件路径
--kafka. consumer. kerberos. keytab-file	/etc/security/kafka. keytab	Kerberos 的 keytab 文件路径
--kafka. consumer. kerberos. password	\	Kerberos 密码
--kafka. consumer. kerberos. realm	\	Kerberos 域
--kafka. consumer. kerberos. service-name	kafka	Kerberos 服务名称
--kafka. consumer. kerberos. use-keytab	false	Kerberos 使用 keytab 文件而不使用密码
--kafka. consumer. kerberos. username	\	Kerberos 用户名
--kafka. consumer. plaintext. password	\	SASL/PLAIN 密码
--kafka. consumer. plaintext. username	\	SASL/PLAIN 用户名
--kafka. consumer. protocol-version	\	Kafka 协议版本
--kafka. consumer. tls	false	已废止，使用--kafka. consumer. tls. enabled

（续）

参数名称	默认值	说明
--kafka. consumer. tls. ca	\	TLS CA 文件路径
--kafka. consumer. tls. cert	\	TLS 证书文件路径
--kafka. consumer. tls. enabled	false	开启 TLS
--kafka. consumer. tls. key	\	TLS 私钥文件路径
--kafka. consumer. tls. server-name	\	TLS 服务器名称
--kafka. consumer. tls. skip-host-verify	false	是否跳过服务器证书链和主机名称验证
--kafka. consumer. topic	jaeger-spans	Kafka 主题名称

表 5-13 中有关 Kafka 的配置可以让消费组件连接到 Kafka，但还需要让消费组件能够连接到第三方存储组件上。以连接 Elasticsearch 为例，先要通过 SPAN_STORAGE_TYPE 设置存储类型，并且还需要根据情况设置连接地址、索引名称等。示例 5-10 展示了使用 Elasticsearch 时启动消费组件的命令：

```
SPAN_STORAGE_TYPE=elasticsearch jaeger-ingester \
--kafka. consumer. encoding=json \
--kafka. consumer. topic=jaeger \
--es. index-prefix=kafka
```

示例 5-10　启动消费组件

如示例 5-10 所示，该 Jaeger 消费组件会在本机 9092 端口连接 Kafka，并接收由 jaeger 主题分发的消息。同时接收到的消息会按 JSON 解析为跨度数据，最后存储至 Elasticsearch 中。由于示例 5-10 中还使用--es. index-prefix 参数设置了索引的前缀为 kafka，所以最终使用的索引应该为 kafka-jaeger-service 和 kafka-jaeger-span，当然索引名称后还会附加具体的日期。

5.7　Jaeger 查询组件

Jaeger 查询组件提供从存储组件中检索跨度数据的服务，主要由可视化界面和调用接口两部分组成。可视化界面主要面向人类，它可以将跨度数据以文本、图表的形式展示出来；而调用接口则面向程序，能够以一定的协议和编码向程序传输数据。可视化界面采用 React/Javascript 开发并且是无状态的，所以可以使用 Nginx 等反向代理工具做负载均衡。可视化界面和调用接口默认都通过 16686 端口开放，但可通过 Jaeger 查询组件的--query. port 参数修改。

Jaeger 可视化界面上侧的导航栏中包含有一个搜索框和三个主要菜单，搜索框可按追踪标识符查询跨度数据，三个菜单则是 Search、Compare 和 System Architecture。在最右侧还有一个 About Jaeger 菜单，其中包含了一些有关 Jaeger 的重要链接。事实上，包括 About Jaeger

菜单在内的导航栏右侧区域是用户可定制区域。但 Jaeger 查询组件最为核心的内容还是前述三个菜单代表的功能，所以接下来先看看这些核心功能，最后再介绍如何定制 Jaeger 可视化界面。

5.7.1 查询追踪

Search 界面主要的功能是根据查询条件以图表的形式展示一个服务的跨度数据，所以服务名称是在查询跨度数据时必须要提供的参数。Search 界面可分为左右两个部分，左侧列出了查询追踪的可用条件，而右侧则用于展示查询结果。Search 界面中的查询条件包括服务名称（Service）、操作名称（Operation）、标签（Tags）、时间范围（Lookback）、最小时长（Min Duration）、最大时长（Max Duration）以及返回数量（Limit Results）等。服务名称和操作名称会在追踪上报后，自动以下拉列表的形式出现在参数可选值中。当用户选择一个服务名称后点击 Find Traces 查询，Jaeger 会将该服务最近一个小时跨度数据罗列出来，但最多只展示 20 条。查询结果默认会按时间先后顺序排列，但也可以按追踪耗时、跨度数量等排序。

如图 5-4 所示，查询结果的上方会包括一个二维坐标图，展示了当前 20 个跨度数据按追踪开始时间、追踪耗时的分布情况。坐标图中的每一个点都代表一个追踪，通过坐标图可以非常直观地将那些偏离明显的点展示出来。在分析系统性能时，用户可以直接点击这些点查看追踪详细信息。在二维坐标图的下方还有两个按钮，其中 Sort 可以选择跨度数据的排序方式，而 Deep Dependency Graph 则可以按图形化的形式展示服务之间的依赖关系。

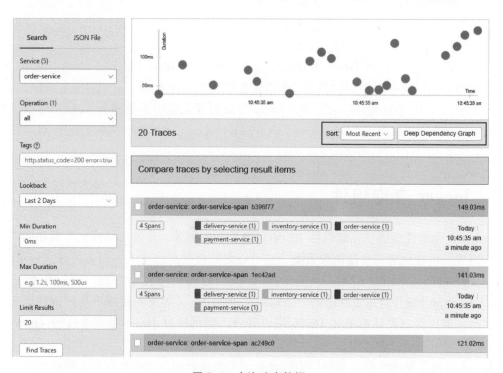

图 5-4 查询跨度数据

如图 5-5 所示，深色圆圈中的节点相当于是中心节点，而整个图就是展示针对这个节点的全部依赖关系。当鼠标悬停于任意节点时还会弹出上下文菜单，比如在非中心节点的弹出菜单中点击 Set focus，这时就会以当前节点为中心展示依赖关系。图 5-5 展示的依赖关系比较简单，但在复杂系统中的节点可能非常多，很难一下子在图中找到想要查看的节点。所以该页面还提供了在图中定位节点的功能，只要在图形上方的输入框中输入服务名称，Jaeger 查询界面就会快速地以黄色圆圈标识出节点来。

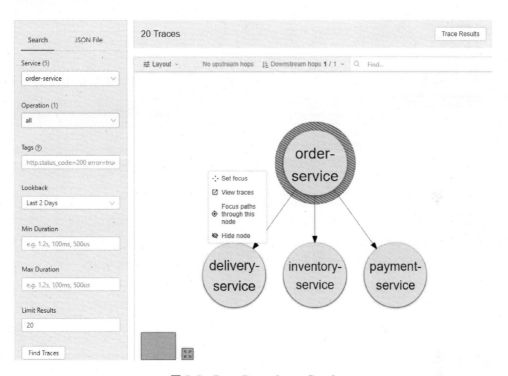

图 5-5　Deep Dependency Graph

5.7.2　追踪详情

如前所述，在图 5-4 的查询结果中点击二维坐标图中的点，或是点击列表中任意一条跨度数据，都可以查看这个追踪的详细情况。由于追踪系统主要用于分析业务系统的性能瓶颈，所以在跨度数据的详情页面中会以时间线为主要的展示形式。这包括了每个跨度在整个追踪中的时间分布情况，每个跨度的耗时及其包含的标签、日志等信息。图 5-6 展示了以时间线为展示维度的追踪详情页面。

除了以图 5-6 中类似表格的形式展示跨度数据以外，Jaeger 也提供了以其他形式展示单个追踪。在该页面右上方有一个 Alternate Views 按钮，其中包含了时间线、图形化和 JSON 三种展示形式。直接点击这个按钮会在时间线与图形化形式之间切换，图形化形式会以类似图 5-5 中依赖关系的方式展示，但每个节点中都会包含更为详细的耗时信息。图 5-7 展示了切换为图形化形式的追踪详情页面。

5.7.3　追踪比较

Jaeger 可视化界面还提供了比较两个追踪的功能，这项功能位于 Compare 页面中。比较

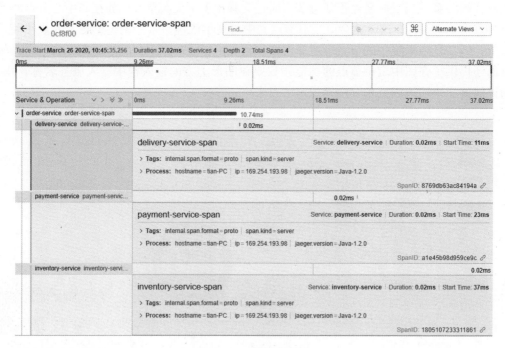

图 5-6　查看追踪详情

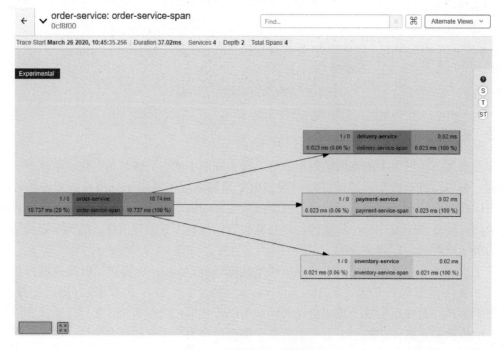

图 5-7　图形化的追踪详情

两个追踪最简单的方法是在 Search 界面的查询结果中勾选两个追踪，然后再点击 Compare Traces 按钮进入 Compare 页面，如图 5-8 所示。

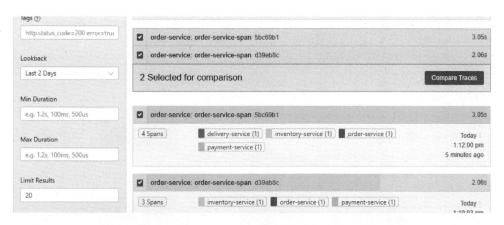

图5-8　勾选追踪进行比较

Compare 页面会将两个追踪相关的信息展示出来，同时还会以图形化的方式展示两个追踪在调用链路上的差异，如图 5-9 所示。

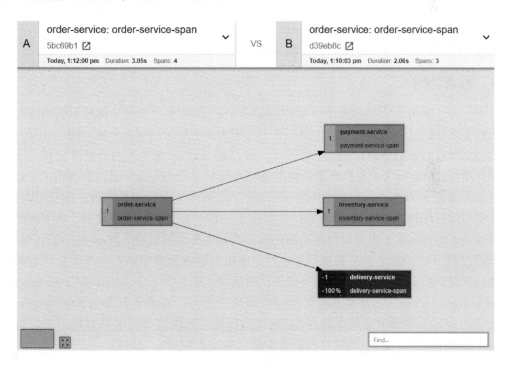

图5-9　比较两个追踪

如图 5-9 所示，Compare 页面上方会以 A 和 B 来标识要比较的两个追踪。由于追踪 A 调用了 delivery-service 而追踪 B 没有调用，所以在图形中 delivery-service 会以不同的颜色标识为调用差异。如果在进入 Compare 页面前勾选了多个追踪，最终的比较也只能在两个追踪之间进行，但可以在 Compare 界面中切换参与比较的追踪。单击 A 或 B 后面的文本内容会弹出选择追踪的对话框，其中包含了已经勾选的所有追踪，也可以根据追踪标识符添加新的追踪进来，如图 5-10 所示。

133

图 5-10　切换比较的追踪

如图 5-10 所示，在弹出对话框中标识有 A、B 的追踪为当前正在参与比较的追踪，点击其余几个追踪前的单选框就可以将比较切换到该追踪了。

5.7.4　系统结构

System Architecture 在早期版本中叫 Dependencies，因为它主要也是体现系统内部服务之间的依赖关系。但这里的依赖关系比第 5.7.1 节图 5-5 中展示的更为全面，图 5-5 是从某一服务的视角来查看该服务的调用关系，而 System Architecture 则体现的是整体结构。需要注意的是，使用非 All-in-one 套件接收跨度数据时，System Architecture 是没有数值的。这种设计显然也是受到了 Zipkin 的影响，具体可以参考第 2.6.4 节中的相关介绍。Jaeger 同样也提供一个专门运算依赖关系的 Spark 作业，它默认会分析一天之内的跨度数据。在实际生产环境中可以一天运行一次，也可以仅在系统结构可能发生变化时触发一次运算。这个 Spark 作业可以通过 JVM 以 JAR 包的形式运行，也可以使用 Docker 镜像启动。但该作业的 JAR 包目前尚无官方发布版本，需要用户自行下载源代码编译，地址为 https://github.com/jaegertracing/spark-dependencies。而镜像方式则可以直接启动运行，镜像库为 jaegertracing/spark-dependencies。启动该镜像时必须要通过 STORAGE 环境变量设置要连接的存储组件，可选值为 cassandra 和 elasticsearch。其他可用环境变量列在表 5-14 中。

表 5-14　jaegertracing/spark-dependencies 可用环境变量

类别	环境变量	默认值	说明
通用	STORAGE	\	存储组件类型 cassandra 或 elasticsearch
	SPARK_MASTER	local［＊］	运行 Spark 作业的模式
	DATE	\	计算时间的起点，默认是从当天 0 点开始

（续）

类别	环境变量	默认值	说明
Cassandra	CASSANDRA_KEYSPACE	jaeger_v1_dc1	键空间名称
	CASSANDRA_CONTACT_POINTS	localhost	Cassandra 主机地址
	CASSANDRA_LOCAL_DC	\	Cassandra 本地数据中心
	CASSANDRA_USERNAME	\	Cassandra 用户名
	CASSANDRA_PASSWORD	\	Cassandra 密码
	CASSANDRA_USE_SSL	false	使用安全连接 SSL
	CASSANDRA _ CLIENT _ AUTH _ EN-ABLED	false	开启客户端认证
Elasticsearch	ES_NODES	localhost	逗号分隔的 Elasticsearch 节点地址
	ES_NODES_WAN_ONLY	false	??
	ES_USERNAME	\	Elasticsearch 用户名
	ES_PASSWORD	\	Elasticsearch 密码
	ES_CLIENT_NODE_ONLY	false	是否只连接客户端节点
	ES_INDEX_PREFIX	\	索引前缀名称

根据表 5-14 中列出的环境变量，如果想要分析 Cassandra 数据库中存储的跨度数据，则可按示例 5-11 的方式启动镜像：

```
docker run - e STORAGE = cassandra \
        - e CASSANDRA_CONTACT_POINTS =172.17.0.1 \
        - e CASSANDRA_KEYSPACE = jaeger_v1_mysystem \
        jaegertracing/spark-dependencies
```

示例 5-11　运行 **jaegertracing/spark- dependencies**

运行结束后，再到 Jaeger 查询界面中就可以看到系统的整体结构了，并且可按 Force Directed Graph 和 DAG 两种方式展示。尽管 Jaeger 在这部分的设计上吸取了 Zipkin 的做法，但它也做了一些优化。这主要体现在 System Architecture 菜单在 Jaeger 中可通过配置取消，也就是用户可以在没有依赖数据时不在页面上显示这个菜单。具体配置方法请参考 5.8.2 节中的介绍。

5.7.5　查询接口

除了通过可视化界面以外，Jaeger 查询组件也提供了两种面向程序的调用接口。一种是由 query. proto 定义的基于 gRPC 的查询接口，它也位于 jaegertracing/jaeger- idl 项目的 proto/aip_v2 目录。对于编程人员来说，只要通过 query. proto 生成本地代码就可以调用查询组件的服务了。另一种则是基于 HTTP 协议的 REST 接口，但它属于 Jaeger 界面与查询组件之间的内部通信协议。它们虽然也可以直接使用，但由于没有对外正式发布，也没有正式的 API 文档，所以接口变化的可能性也很大。REST 接口主要有两个，一个是用来查询追踪数据的/api/traces，另一个则是用来查询依赖的/api/dependencies。

目前官方推荐的调用接口也是使用 gRPC 接口，所以在实际开发中也应该尽量使用 query. proto 定义的接口查询。

5.8　定制 Jaeger 查询组件

Jaeger 查询组件是对持久化后追踪数据的应用，所以它体现了追踪系统的最终价值。但不同用户对追踪系统的需求可能并不相同，所以为了适用各种场景，Jaeger 查询组件提供了灵活的配置方案。配置信息可以写入一个格式为 JSON 的配置文件中，并在启动时通过--query. ui-config参数传给 Jaeger 查询组件。此外 Jaeger 查询组件还能动态感知配置文件的变化，当配置文件修改时 Jaeger 查询组件会自动重新加载。

配置文件可设置的项目包括添加新菜单、配置已有菜单、页面嵌入、追踪归档等，下面就分别做简单介绍。

5.8.1　添加新菜单

Jaeger 可视化界面可根据用户需求做定制，但定制的范围仅限于页面导航栏右侧部分。默认情况下导航栏右侧只有一个 About Jaeger 菜单，一旦使用配置文件对菜单做了定制，About Jaeger 菜单就会被定制菜单覆盖。新菜单按从左到右的顺序逐个排列在整个导航栏的最右侧，也就是说它们整体上是右对齐的。如果定制菜单特别多，它们会将导航栏原有菜单挤到下一行中。菜单本身可以是一个链接，也可以包含有子菜单项，它们在配置文件的menu 字段中配置。示例5-12 就是一段添加定制菜单的配置：

```
{
  "menu":[
    {
      "label":"系统日志",
      "items":[
        {
          "label":"订单服务",
          "url":"http://order/logs"
        },
        {
          "label":"结算服务",
          "url":"http://payment/logs"
        },
        {
          "label":"库存服务",
          "url":"http://inventory/logs"
        },
        {
```

```
         "label":"配送服务",
         "url":"http://delivery/logs"
       }
     ]
   },
   {
     "label":"系统简介",
     "url":"http://shop/intros"
   }
 ]
}
```

示例 5-12　添加新菜单

menu 字段可以视为是数组类型，所以可以在方括号中设置多个菜单。menu 数组中的每一个元素又可以视为对象类型，可通过对象的 label 字段设置菜单名称，url 字段设置菜单的链接地址。如果包含有菜单项，则可通过 items 字段添加。示例 5-12 添加了"系统日志"和"系统简介"两个菜单，其中"系统日志"菜单又包含了四个菜单项。需要注意，如果定制菜单名称中包含有汉字，在保存配置文件时一定要以 UTF-8 编码保存，否则在展示菜单时会出现乱码。添加新菜单后，原有的 About Jaeger 菜单就会消失，如图 5-11 所示。

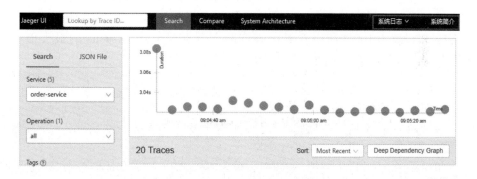

图 5-11　定制新菜单

定制菜单只支持一级菜单项，也就是说不能给菜单项再添加子菜单项。如果存在二级菜单项，可将它们提升到一个新的菜单中展示。

5.8.2　配置已有菜单

除了可以在导航栏右侧添加新菜单以外，原有的 Search 菜单和 System Architecture 菜单也可以做一些配置。System Architecture 菜单的配置比较简单，一共就两个可配置的项目。一个通过 dependencies. dagMaxNumServices 设置 DAG 图的最大服务数量，另一个则是 dependencies. menuEnabled 对 System Architecture 菜单做开关。由于系统结构的数据必须要运行 Spark 作业做分析后才能得到，所以如果不打算运行这个作业，或是对系统结构已经很清楚了，就可以通过上述参数关闭这个菜单。

　　Search 菜单的配置项主要用于设置查询条件的值范围，包括查询追踪时返回数量的上限、追踪时间范围的上限等。默认情况下，查询追踪数据时返回数量为 20 条，对应的查询条件是 Limit Results，这个参数可以设置的最大值为 1500 条；而查询追踪数据的默认时间范围为最近一个小时，它对应的查询条件 Lookback，这个参数的最大可选值为 2 天。这两个参数的最大值可通过 search. maxLimit 和 search. maxLookback 设置，例如示例 5-13 就将查询结果数量的上限定为 100，而时间范围最大值则设置为一周：

```
{
  "search":{
    "maxLookback":{
      "label":"7 天",
      "value":"7d"
    },
    "maxLimit":100
  }
}
```

示例 5-13　设置查询条件的最大值

　　search. maxLookback 有 label 和 value 两个子参数，label 是在下拉列表中选项显示的文本，而 value 则是它的实际值。示例 5-13 中 search. maxLookback 的设置会在 Lookback 中出现一个 "Last 7 天" 的选项，同时 Jaeger 还会按一定间隔生成一组其他选项。此外，由于 search. maxLimit 设置为 100，所以在界面查询跨度数据时 Limit Results 的最大值不能超过 100，否则在查询时会报错。如图 5-12 所示。

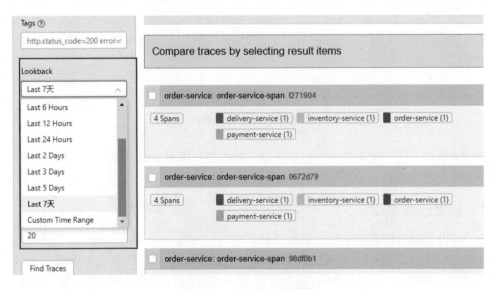

图 5-12　查询条件可选值

此外，Jaeger 还支持在查看追踪详情的页面中给标签和日志添加链接。比如可以在订单服务中给订单 ID 添加链接，直接链接到查看订单详情的页面中：

```
{
  "linkPatterns":[{
    "type":"tags",
    "key":"order.id",
    "url":"http://order/#{order.id}",
    "text":"查看订单#{order.id}"
  }]
}
```

示例 5-14　给订单 ID 标签添加链接

如示例 5-14 所示，配置文件中给标签设置链接的参数为 linkPatterns，它的类型可以认为是一个对象的数组。每个对象的 type 属性指定了设置链接的大类，可选值为 tags、process、logs 等，而 key 属性则指定了标签或日志的键名称。当 type 属性为 tags 时 key 指定的键是跨度标签的键名称，type 为 process 时 key 为全局标签的键名称，而 type 为 logs 时 key 则是日志的键名称。Jaeger 查询组件会根据上述规则找到标签或日志，并在它们的文本上添加链接。链接的地址由 url 属性指定，而 text 则定义了鼠标悬停于链接上时弹出的提示文本。所以示例 5-14 会在跨度的 order.id 标签上添加链接，并且链接地址中还使用#｛order.id｝获取标签值作为参数。在添加了示例 5-14 中的配置后，查看追踪详情中就可以看到 order.id 上的链接了，如图 5-13 所示。

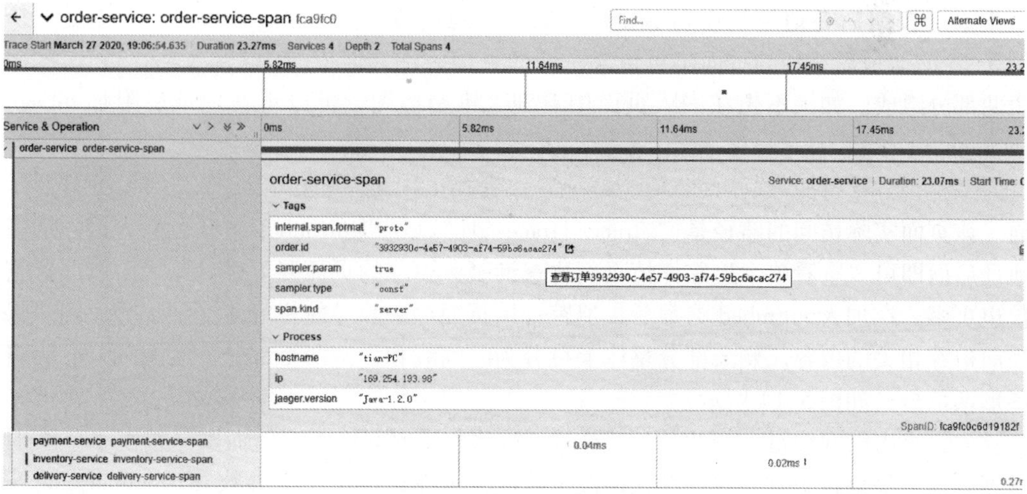

图 5-13　给标签添加链接

如图 5-13 所示，order.id 标签后面不仅附加了链接标识，而且当鼠标悬停于标签上方时也会弹出提示信息。

5.8.3　页面嵌入

在一些情况下用户可能并不希望在 Jaeger 界面中查看追踪，而是希望将跨度数据的查看与其他系统整合在一起。比如，在日志或监控系统的页面中同时也嵌入跨度数据。这时如果通过 IFrame 等方式直接嵌入 Jaeger 的可视化界面，就会将导航栏或是查询条件也包含进来。虽然可以通过一些技术手段将它们屏蔽掉，但实际操作起来还是比较麻烦。Jaeger 查询组件针对这种应用场景，特别提供了一个 uiEmbed 参数。用户只要在请求地址后附加 uiEmbed = v0 参数，就可以去掉一些不必要的内容，v0 的含义是页面嵌入功能的版本为 v0。

目前 Jaeger 官方支持嵌入的页面主要有两个，一个是查询服务跨度数据的页面，另一个则是查看单个追踪详情的页面。5.7.1 节图 5-4 中展示的就是查询服务跨度数据的页面，查询结果的页面左侧会包含有查询条件。加入 uiEmbed = v0 参数后则会只展示右侧的查询结果，同时还会去除整个页面的导航栏。该页面实际的访问路径为 "/search"，在查询某个服务的跨度数据时，只是在该路径后附加了不同的参数而已。所以 uiEmbed = v0 就可以直接附加在所有参数后面，例如：

```
http://localhost:16686/search? end =1585358979473000&
limit =20&lookback =2d&maxDuration&minDuration&
service =order-service&start =1585186179473000&uiEmbed =v0
```

示例 5-15　查询服务追踪中添加 uiEmbed

示例 5-15 展示的地址实际上就是在 Jaeger 可视化界面中设置好查询条件，点击 Find Traces 按钮后在地址栏中看到链接，只是在地址最后附加了 uiEmbed = v0 参数。访问示例 5-15 的地址后看到的页面不再包含左侧的查询条件，但依然由二维坐标图和跨度数据列表两部分组成。如果不想在嵌入页面中看到二维坐标图，可以再在地址后附加 uiSearch-HideGraph = 1 参数。

另一种官方支持嵌入的页面是查看单个追踪详情的页面，也就是 5.7.2 节图 5-6 展示的页面。该页面实际访问的路径是 "/trace/ { trace- id } "，所以 uiEmbed = v0 也是直接附加在整个地址后面即可。查看单个追踪详情页面比查询服务追踪的页面要复杂一些，所以配置它的参数也更多。在加入 iuEmbed 参数后，追踪详情页面会去除导航栏等不必要部分，而只保留与当前追踪相关的内容。剩余部分整体上可分为时间线和详情两个部分，时间线又分为概要和图形两部分，如图 5-14 所示。

首先，点击时间线最上侧的 "V" 符号可以将整个时间线收起，而默认情况下整个时间线是展开的。如果希望时间线在默认情况下收起，可在地址中添加参数 uiTimelineCollapseTitle = 1。此时整个时间线会保留，但会以收起的方式展示出来。如果希望将整个时间线去除也是可以的，但它的去除是按概要和图形分别去除。添加参数 uiTimelineHideMinimap = 1 可以将图形去除，而 uiTimelineHideSummary = 1 则可以去除概要。如果同时添加了这两个参数，则整个时间线就被去除了。注意，去除和收起并不相同，收起后还可以展开，但去除后页面中就再也不会展示了。

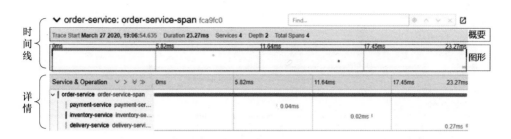

时
间
线

详
情

图 5-14　查看详情页面的结构

5.8.4　追踪归档

对于一些流量比较大的应用来说，追踪数据的存储量非常庞大。所以 Jaeger 在使用 Cassandra 作为存储组件时，会利用 TTL 将追踪数据有效时间设置为 2 天。5.8.2 节中 Lookback 设置的时间范围默认最大值为 2 天也是这个原因，因为 Lookback 的最大值应该与跨度的生存周期相同。由于追踪数据可能会在 TTL 到期后被删除，所以 Jaeger 也提供了类似 Zipkin 的追踪归档功能。但与 Zipkin 不同的是，Jaeger 的追踪归档并不需要两个 Jaeger 服务，而是在存储组件层面就做到追踪归档的支持。所以 Jaeger 开启追踪归档需要做两个准备，第一个就是要在 Jaeger 收集组件启动时将存储插件的归档存储开启，而另一个则是在 Jaeger 查询组件中将追踪归档功能激活。

在 5.3 节介绍存储插件时曾讲到，Cassandra 和 Elasticsearch 相关的配置几乎都包括两份，一份用于直接存储追踪数据，而另一份则用于归档追踪数据。本节介绍的追踪归档需要设置的参数就都是与归档相关的参数，但在使用这些参数前还必须先要把归档存储开启。Cassandra 对应的参数为-- cassandra- archive. enabled，而 Elasticsearch 则-- es- archive. enabled。以 Elasticsearch 为例，如果要开启追踪归档，启动 Jaeger 收集组件时的命令为：

SPAN_STORAGE_TYPE = elasticsearch jaeger- collector -- es- archive. enabled = true

Jaeger 归档追踪数据的功能并不是自动归档，而是由用户自己挑选需要的追踪进行归档。所以在 Jaeger 查看追踪详情的页面中，隐藏了一个归档追踪数据的按钮，需要通过配置文件将它显示出来。具体配置的字段为 archiveEnabled，即

```
{
  "archiveEnabled":true
}
```

示例 5-16　配置界面中的归档按钮

修改配置文件后，在查看追踪详情的页面中，Alternate Views 按钮右侧就会多出一个 Archive Trace 按钮，如图 5-15 所示。

所以在开启了 Jaeger 存储插件和查询组件的归档功能后，用户就可以在查看到有价值的跨度数据时单击 Archive Trace 按钮将它们归档。

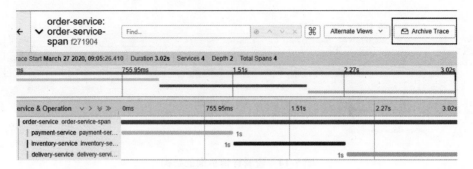

图 5-15　归档按钮

第 6 章
OpenTracing 与 Jaeger 埋点库

与 Zipkin 埋点库类似，Jaeger 埋点库也按编程语言或框架分为多个独立的库。目前支持包括 Java、C++、C#、Python、Go、Node.js 等多种语言，并且计划在未来支持 Javascript、Android、PHP、IOS 等更多语言。目前 Jaeger 这些埋点库的源代码也托管在 Github 上，地址是 https://github.com/jaegertracing。Jaeger 所有编程语言实现的埋点库都兼容 OpenTracing，而 OpenTracing 正致力于成为该领域的行业标准。尽管 OpenTracing 正计划与 OpenCensus 合并为 OpenTelemetry，但 OpenTelemetry 提供了兼容 OpenTracing 的桥接接口（Bridge）。此外，OpenTelemetry 在设计上也吸收了 OpenTracing 的许多经验。学习 Jaeger 埋点库必须要了解 OpenTracing，而了解了 OpenTracing 对于掌握 OpenTelemetry 未来走向又非常有帮助。

OpenTracing 可分为规范和接口两部分，其中接口也是按编程语言定义了多个独立的库，而 OpenTracing 规范则以文本的形式描述了适用于各种语言的统一标准。简单来说就是 OpenTracing 规范定义标准，OpenTracing 接口则依据 OpenTracing 规范定义各种编程语言的接口。所以 OpenTracing 规范只有统一的一份，而 OpenTracing 接口则有多种语言版本。Jaeger 各语言定义的埋点库都需要实现 OpenTracing 相应语言的接口，这样最终的用户就可以直接使用 OpenTracing 接口编程。当然，用户也可以直接使用 Jaeger 埋点库编程，但这样就与 Jaeger 有了强依赖关系。一旦需要将 Jaeger 埋点库更换为其他实现时，用户就不得不大幅修改代码。

这类似于 Java 中的 JDBC，用户在编写数据库相关代码时都是面向 JDBC 接口编程，而 JDBC 接口则由相应数据库的驱动程序实现。当需要更换底层数据库时，用户只要将驱动程序替换为与数据库对应的版本，而用户编写的代码则不需要做太多修改。对于追踪系统的埋点库来说，JDBC 就相当于 OpenTracing 的接口，而驱动程序就是 Jaeger 埋点库的具体实现。Zipkin 如果想要支持 OpenTracing，只要按 OpenTracing 接口给出一套自己的实现即可。而用户如果在服务中埋点时想使用 Zipkin，则只需要将 Jaeger 埋点库替换成 Zipkin 埋点库就可以了。遗憾的是，Zipkin 官方目前还没有支持 OpenTracing 的实现，但 Spring Cloud Sleuth 提供了兼容 OpenTracing 接口的实现。所以在使用 Zipkin 服务端分析追踪信息时，Sleuth 相比 Brave 来说是埋点库的更好选择。

本章主要介绍 Jaeger 埋点库的 Java 语言实现，它位于 jaegertracing/jaeger-client-java 中。由于要兼容 OpenTracing 规范，所以这个埋点库实现了 OpenTracing 定义的 Java 接口库，地址为 https://github. com/opentracing/opentracing- java。在实际应用中主要还是面向 OpenTrac-
ing 接口编程，所以学习 Jaeger 埋点库的重点还是在于 OpenTracing 接口。但 OpenTracing 规
范核心内容是定义了追踪模型和追踪传播，对于初始化追踪系统、追踪信息上报、采样策略
等内容并没有定义，这意味着它们在不同的埋点库中的实现也就会有所不同。所以本章会先
介绍 Jaeger 埋点库中非 OpenTracing 接口的内容，它们主要承担初始化埋点库的职责。此外，
本章所述 OpenTracing 规范的内容适用于所有编程语言，但所述 OpenTracing 接口如果不作特
殊说明，都是特指 Java 语言定义的接口。

6.1 构造器与配置类

在第 5 章示例 5-5 中曾经展示过一段使用 Jaeger 埋点库上报跨度的例子，其中使用的
Tracer、Span 等就是 OpenTracing 规范和接口中定义的核心组件。这些组件的概念与 Brave 中的
定义比较接近，Span 代表了跨度的基本数据模型，而 Tracer 则可以生成和管理跨度。所以只
要创建了 Tracer 的实例，其余就完全可以面向 OpenTracing 接口编写代码了。但 OpenTracing 规
范和接口中都没有定义创建 Tracer 实例的方法，所以这就需要具体的埋点库在实现时定义。以
Jaeger 埋点库为例，它实现 Tracer 接口的类为 io. jaegertracing. internal. JaegerTracer。这个类虽
然不是抽象类，但其构造方法没有定义为公共方法，所以并不能直接通过 new 操作符创建实
例，而是要通过它的构造器 JaegerTracer. Builder 来完成。尽管直接使用 JaegerTracer. Builder
并不常见，但在需要定制 Jaeger 埋点库时又必不可少，所以本节就先来学习一下这个构
造器。

6.1.1 JaegerTracer 构造器

JaegerTracer. Builder 可通过 new 操作符创建，但必须要提供一个字符串类型的参数，这
个参数代表的是被追踪服务的名称。示例 6-1 所示就是一段通过 JaegerTracer. Builder 构建
Tracer 的代码：

```
public static void main(String[]args){
    Tracer tracer = new JaegerTracer. Builder("demo_for_builder")
          .withSampler(new ConstSampler(true))
          .withReporter(new LoggingReporter())
          .build();
    Span span1 = tracer. buildSpan("span1")
          .start();
    span1. finish();
    tracer. close();
}
```

示例 6-1　使用 JaegerTracer. Builder

JaegerTracer. Builder 包含所有创建 JaegerTracer 需要的属性，这些属性可通过一组以 with
开头的方法设置。比如在示例 6-1 中就通过 withSampler 和 withReporter 两个方法，分别设置

了 Tracer 使用的采样器和上报组件。其中，ConstSampler 代表的就是基于常量的采样器，即要么全部采样要么全不采样；LoggingReporter 则是将跨度信息以日志的形式输出，使用 LoggingReporter 时首先要引入一种支持 SLF4J 的日志框架，如 Logback：

```
<dependency>
    <groupId>ch.qos.logback</groupId>
    <artifactId>logback-classic</artifactId>
    <version>${logback-classic.version}</version>
</dependency>
```

示例 6-2　引入 Logback

有关采样器和上报组件，将在下一节中详细介绍。除了这两个方法，JaegerTracer.Builder 还定义了其他一些设置 Tracer 的方法。这些方法虽然是针对 Tracer 的设置，但它们会影响到所有通过 Tracer 创建的跨度。由于一些方法涉及内容比较复杂，所以需要在专门的章节中结合实例讲解。示例 6-3 将它们罗列了出来，读者可以先对它们有个感性认识：

```
public Builder withReporter(Reporter reporter);
public Builder withSampler(Sampler sampler;

public Builder withTag(String key,String value);
public Builder withTag(String key,boolean value);
public Builder withTag(String key,Number value);
public Builder withTags(Map<String,String>tags);

public <T>Builder registerInjector(Format<T>format,Injector<T>injector);
public <T>Builder registerExtractor(Format<T>format,Extractor<T>extrac-
tor);
public Builder withScopeManager(ScopeManager scopeManager);

public Builder withTraceId128Bit();
```

示例 6-3　设置 JaegerTracer.Builder 的方法

withTraceId128Bit 方法比较容易理解，用于设置追踪使用的标识符是否使用 128 位。默认情况下，Jaeger 使用 64 位的追踪标识符。使用 128 位标识符的原因是为了防止出现标识符重复，一般仅在流量巨大且采样策略比较激进的应用中才有必要。此外，withTag 方法用于设置 Jaeger 全局标签，这将在 6.4 节中详细介绍；而 registerInjector、registerExtractor 和 withScopeManager 与跨度传播相关，将在 6.5 节中详细介绍。

6.1.2　JaegerTracer 配置类

JaegerTracer.Builder 是构造 JaegerTracer 的直接方式，提供了所有设置 JaegerTracer 的方法。但在实际应用中这并不常用，它所在包名称中的 internal 也说明了它是一个在埋点库内部应用的类。所以一般来说 JaegerTracer. Builder 仅在需要复杂定制时才使用，更多情况是使用配置类 io. jaegertracing. Configuration 直接创建 Tracer。

与 JaegerTracer. Builder 通过编写代码构造 Tracer 不同，配置类 Configuration 更多地是通过环境变量配置 Tracer，这与 Jaeger 诞生在容器化时代的大背景下有关。Configuration 被定义为具体类，所以可以直接通过 new 操作符创建 Configuration 实例。但这种方式不会读取环境变量初始化配置类，并且需要提供被追踪系统的服务名称，如示例 6-4 所示：

```
public Configuration(String serviceName){
    this. serviceName = Builder. checkValidServiceName(serviceName);
}
```

示例 6-4　Configuration 构造方法

因此在实际应用中，创建 Configuration 实例的最主要方法是通过其静态工厂方法 fromEnv。该方法会通过读取环境变量来初始化 Configuration，但它最终创建 Tracer 时也需要通过构造器 JaegerTracer. Builder 来实现。所以说，Configuration 是对 JaegerTracer. Builder 的进一步封装，它使用起来更简单但功能不如 JaegerTracer. Builder 全面。事实上，Configuration 提供了一个名为 getTracerBuilder 方法，它可以利用配置类已获取的环境变量信息创建 JaegerTracer. Builde 实例。所以，即使在复杂定制场景下，也可以用环境做简单初始化，再通过 getTracerBuilder 方法设置更复杂的配置项。

需要说明的，Configuration 在读取环境变量时会先读取 JVM 中同名的系统属性再读取环境变量。所以无论是将这些变量设置为系统属性还是环境变量，对于 Jaeger 来说都可以起作用。本章为了叙述上的方便，将不区分系统属性和环境变量，而统一称呼它们为环境变量。Configuration 能够识别的环境变量见表 6-1。

表 6-1　Jaeger 埋点库环境变量

环境变量	必须	说明
JAEGER_SERVICE_NAME	是	被追踪的服务或系统名称
JAEGER_AGENT_HOST	否	Jaeger 代理组件地址
JAEGER_AGENT_PORT	否	Jaeger 代理组件端口
JAEGER_ENDPOINT	否	Jaeger 收集组件地址，用于直接连接收集组件
JAEGER_AUTH_TOKEN	否	认证令牌
JAEGER_USER	否	BASIC 认证中的用户名
JAEGER_PASSWORD	否	BASIC 认证中的密码
JAEGER_PROPAGATION	否	追踪传播格式，合法值为 jaeger、b3 和 w3c
JAEGER_REPORTER_LOG_SPANS	否	上报组件是否在日志中输出跨度
JAEGER_REPORTER_MAX_QUEUE_SIZE	否	上报组件使用的队列最大长度
JAEGER_REPORTER_FLUSH_INTERVAL	否	上报组件刷新队列的时间间隔，单位 ms
JAEGER_SAMPLER_TYPE	否	采样类型
JAEGER_SAMPLER_PARAM	否	采样参数

（续）

环境变量	必须	说明
JAEGER_SAMPLER_MANAGER_HOST_PORT	否	远程 Sampler 使用的主机地址和端口
JAEGER_TAGS	否	全局标签
JAEGER_SENDER_FACTORY	否	Sender 工厂类
JAEGER_TRACEID_128BIT	否	是否使用 128 位的追踪标识符

由表 6-1 可见，JAEGER_SERVICE_NAME 是使用 Configuration. fromEnv（）初始化时必须要设置的环境变量。如果没有设置这个环境变量，可以使用 Configuration. fromEnv（String serviceName），或是示例 6-4 中的构造方法初始化配置类。总之，被追踪服务的名称在创建 Tracer 时都是必须要提供的参数。

JAEGER_TRACEID_128BIT 的作用与 JaegerTracer. Builder 的 withTraceId128Bit 方法一样，也是设置追踪标识符是否使用 128 位。其余一些环境变量大多与采样策略、上报组件以及编码器相关，在 Configuration 中由三个静态内部类 SamplerConfiguration、ReporterConfiguration、CodecConfiguration 等表示。除了使用环境变量直接配置以外，这些也都提供了与环境变量相对应的 with 方法，可以在创建实例后以编写代码的形式配置。由于这些配置的含义涉及到跨度上报的一些技术细节，所以将在 6.4 节中详细介绍。

6.1.3 OpenTracing 核心组件

前述构造器和配置类都属于 Jaeger 实现层面的组件，它们都是为了构建 OpenTracing 规范定义的 Tracer。除了 Tracer 以外，跨度（Span）和跨度上下文（Span Context）也是 OpenTracing 规范定义的核心组件，任何语言版本的接口都必须要定义这三个组件。Java 语言的接口中，这三个组件都被定义为接口，并且都位于 io. opentracing 包中。

1. Tracer

Tracer 是一个简单的瘦接口，用于创建 Span 并在不同进程间传播追踪信息。Tracer 定义了一个内部接口 Tracer. SpanBuilder，可以用于创建并启动 Span。Tracer 接口的定义如示例 6-5 所示：

```
public interface Tracer extends Closeable {
    ScopeManager scopeManager();
    Span activeSpan();
    Scope activateSpan(Span span);
    SpanBuilder buildSpan(String operationName);
    <C>void inject(SpanContext spanContext,Format<C>format,C carrier);
    <C>SpanContext extract(Format<C>format,C carrier);
    void close();

    interface SpanBuilder {
        SpanBuilder asChildOf(SpanContext parent);
        SpanBuilder asChildOf(Span parent);
```

```
        SpanBuilder addReference(String referenceType,SpanContext referenced-
Context);
        SpanBuilder ignoreActiveSpan();
        SpanBuilder withTag(String key,String value);
        SpanBuilder withTag(String key,boolean value);
        SpanBuilder withTag(String key,Number value);
        <T>SpanBuilder withTag(Tag<T>tag,T value);
        SpanBuilder withStartTimestamp(long microseconds);
        Span start();
    }
}
```

示例 6-5　Tracer 接口

在创建 Span 时需要先通过 Tracer 中的 buildSpan 方法创建 Tracer. SpanBuilder 实例，然后再通过该实例设置 Span 的属性，最后通过该实例的 start 方法开启并得到 Span 的实例。scopeManager 和 activeSpan 方法主要用于生成 ScopeManager、Scope，通过它们可以实现在进程内部传播追踪信息。最后，inject 和 extract 两个方法则用于在进程间传播追踪信息。

2. Span

Span 接口代表了 OpenTracing 规范对跨度数据模型的抽象，同时也描述了跨度的生命周期。Span 接口定义如示例 6-6 所示：

```
public interface Span {
    SpanContext context();
    Span setTag(String key,String value);
    Span setTag(String key,boolean value);
    Span setTag(String key,Number value);
    <T>Span setTag(Tag<T>tag,T value);

    Span log(Map<String,?>fields);
    Span log(long timestampMicroseconds,Map<String,?>fields);
    Span log(String event);
    Span log(long timestampMicroseconds,String event);

    Span setBaggageItem(String key,String value);
    String getBaggageItem(String key);
    Span setOperationName(String operationName);

    void finish();
    void finish(long finishMicros);
}
```

示例 6-6　Span 接口

Span 接口定义的方法可以分为几个部分，它们分别与标签（Tag）、日志（Log）和随行数据（Baggage）相关，而这些正是构成跨度的基本数据模型。本章第 6.3 节和第 6.4 节会详细介绍数据模型。

3. SpanContext

SpanContext 其实是 Span 数据模型的一部分，主要包含的是跨度标识符等核心数据，这些数据会在跨度传播时扩散给下一跨度。SpanContext 接口定义如示例 6-7 所示：

```java
public interface SpanContext {
    String toTraceId();
    String toSpanId();
    Iterable < Map. Entry < String,String > >baggageItems();
}
```

示例 6-7　SpanContext 接口

事实上，在早期 Java 接口定义中，toTraceId 和 toSpanId 两个方法都不存在。因为 Open-Tracing 规范是要求跨度上下文不可变，所以接口定义中就没有暴露任何可以访问标识符的方法。只是后来在日志关联中出现了获取标识符的要求，才不得不又将上述两个方法加入到上下文接口的定义中。

6.2　OpenTracing 数据模型

OpenTracing 规范可分为数据模型和组件定义两部分，其中最核心的内容就是数据模型。数据模型抽象了追踪系统的概念和模型，而组件定义则是在追踪模型的基础上明确了各种语言在定义接口时应该包含的组件。数据模型侧重于跨度数据的内容和结构，而组件定义则更多地侧重于行为。需要注意的是，OpenTracing 规范中的组件定义与具体语言无关，它定义的组件是各语言都应该实现的最基本组件。所以为了能够适应各种语言，OpenTracing 组件定义分为核心组件和可选组件两部分，而可选组件就是某些语言无法实现的接口。核心组件在 6.1.3 节中已经以 Java 语言定义为例做了介绍，而可选组件主要是跨度在进程内部传播相关的组件，它们将在 6.5 节介绍。本节主要介绍 OpenTracing 规范中有关数据模型的定义，同时也会结合 OpenTracing 接口介绍它们的使用方法。

6.2.1　基本信息

OpenTracing 规范明确定义了追踪（Trace）、跨度（Span）和引用（Reference）的概念，同时还提出追踪是由跨度组成的有向无环图（Directed Acyclic Graph，即 DAG），而跨度和跨度之间的关系则被称为引用。这是分布式追踪领域首次明确而清晰地定义跨度数据模型，使得混乱而模糊的追踪模型终于归于一统。在这个数据模型中，核心概念虽然还是跨度，但跨度中应该包含的属性却有了更为清晰的定义。跨度在 Java 接口中的定义为 io. opentracing. Span，如示例 6-6 所示。OpenTracing 规范则要求跨度应该包含以下属性：

- 操作名称；
- 开始时间戳；

- 结束时间戳；
- 跨度标签（Span Tag）；
- 跨度日志（Span Log）；
- 跨度上下文（SpanContext）；
- 引用（Reference）。

尽管 OpenTracing 规范明确了追踪和引用的概念，但在组件定义中并没有追踪和引用组件。所以追踪和引用更多是逻辑上的概念，而用户在实际编码中操作的还是跨度。此外，跨度的标签和日志是两个重要的话题，它们将在 6.4 节中专门讨论。

在跨度的上述属性中，操作名称、开始时间戳和结束时间戳可以算是跨度的基本信息。操作名称也就是跨度的名称，它是一段简要描述跨度业务内容的字符串，一般可以使用跨度对应的方法、接口或线程的名称作为跨度的操作名称。OpenTracing 没有对操作名称定义规范，但给出了一些命名上的建议。比如，操作名称应该尽可能反映跨度信息，但又不应对应具体某一次的操作，而应该体现跨度的普遍信息。

跨度的开始时间戳与结束时间戳主要用来计算跨度耗时，当然它们也标识了跨度生命的始终节点。OpenTracing 规范中并没有明确这两个时间戳的单位，但为了保证跨度耗时的精确度，在接口定义和 Jaeger 实现中都采用微秒为单位来保存它们。跨度的这两个时间戳可以在跨度开始与结束时显示设置，如果没有明确设置时间戳则应采用开始与结束时的实际时间。

在 OpenTracing 组件定义中，跨度自身并没有定义开始方法，而是要求通过 Tracer 来开始一个跨度。以 Java 语言的接口来看，实际开始一个跨度的方法是 Tracer. SpanBuilder 的 start 方法。在早期 Java 语言的接口定义中，跨度可通过这个 start 方法显示设置开始时间戳，也就是说 start 方法有一个带参数的重载方法。但在最新的 1.1 版本中这个重载方法已经被删除，而是增加了一个 withStartTimestamp 方法专门用于设置开始时间戳。与开始一个跨度不同的是，OpenTracing 要求跨度结束的方法定义在跨度组件中，并且可以带一个跨度结束的时间戳。跨度结束的时间戳可以由这个参数值设置，如果没有传入时间戳参数，则以当前的系统时间为跨度结束时间。

6.2.2　跨度上下文

与 Zipkin 跨度模型相比，OpenTracing 跨度模型中并没有包括标识符这个基本数据。这是因为标识符等基本数据是追踪传播时需要扩散的主要数据，所以 OpenTracing 为了在概念上统一就将它们抽象为跨度上下文（SpanContext）。跨度上下文代表了跨度的核心状态，这些状态会被扩散到之后生成的所有跨度中，并且可以在进程内部或进程之间传播。如果与 Brave 相比，这其实相当于 TraceContext 的概念。但在 Brave 中还包括了 CurrentTaceContext、MutableSpan、ScopedSpan 等概念，所以相对来说 OpenTracing 在这里的定义就相当的清爽。

除了追踪相关的标识符以外，跨度上下文还包含一种用户自定义的数据。这种数据被称为随行数据（Baggage），Brave 将额外数据（Extra）更名为随行数据显然也是受了 OpenTracing 的影响。随行数据与标签类似也是一个键值对的集合，并且随行数据要求键和值的类型都必须是字符串。这是随行数据与标签的不同之处，标签的数据类型并不一定都是字符串。另一个更大的不同在于，随行数据享受与标识符类似的待遇，它们会与标识符一起扩散到之后创建的所有跨度中。一个子跨度可以获取到父跨度中设置的随时数据，但却不能获取到父跨度的标签。但要注意它们是单向传递，也就是说父跨度没有办法取得子跨度中的随行数据。同时每一个跨度都可以添加或修改随行数据，但随行数据的修改只可能在其传播的下一个跨度中看到。所以随行数据也可以用来在跨度间共享数据，示例 6-8 展示一段父子跨度间传播随行数据的代码片段：

```java
public static void main(String[]args){
    Configuration.SamplerConfiguration samplerConfiguration =
            Configuration.SamplerConfiguration.fromEnv()
            .withType("const")
            .withParam(1);
    Configuration configuration = Configuration.fromEnv("jaeger-baggage")
            .withSampler(samplerConfiguration);
    Tracer tracer = configuration.getTracer();
    Span parentSpan = tracer.buildSpan("parent-span")
            .start();
    parentSpan.setBaggageItem("parent.baggage","parent.value");
    Span childSpan = tracer.buildSpan("child-span")
            .asChildOf(parentSpan)
            .start();
    childSpan.setBaggageItem("child.baggage","child.value");
    System.out.println(childSpan.getBaggageItem("parent.baggage"));
    childSpan.setBaggageItem("parent.baggage","parent.child.value");
    System.out.println(childSpan.getBaggageItem("parent.baggage"));
    childSpan.finish();
    System.out.println(parentSpan.getBaggageItem("child.baggage"));
    System.out.println(parentSpan.getBaggageItem("parent.baggage"));
    parentSpan.finish();
    tracer.close();
}
```

示例 6-8　使用随行数据

通过示例 6-8 可以看出，随行数据是通过 io.opentracing.Span 的 setBaggageItem 方法设置到跨度上下文中，而获取随行数据则是通过 getBaggageItem 方法。运行示例 6-8 中的代码就会发现，通过 parentSpan 设置的随行数据可通过子跨度 childSpan 中获取到；但通过 childSpan 设置的随行数据就不能通过 parentSpan 得到，这就是所谓单向传递的含义。此外示例 6-8 还在子跨度 childSpan 中覆盖了父跨度的随行数据，但对于父跨度来说这个覆盖是不可见的，它只会在当前跨度和当前跨度产生的子跨度中可见。

Jaeger 埋点库生成的随行数据会被上报至服务端，而 Brave 生成的随行数据则只可传播而不会上报，这也是 Jaeger 随行数据与 Brave 随行数据的一个重要区别。Jaeger 随行数据最终会上报为跨度的日志（Log）而非标签，有关日志与标签的区别将在下一节中介绍。图 6-1 展示了运行示例 6-8 后在 Jaeger 界面中查询到的上报数据。

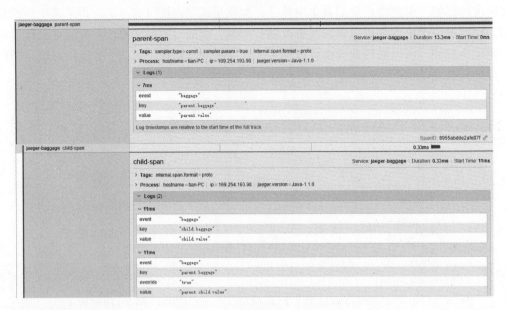

图 6-1　随时数据上报为日志

通过图 6-1 也可以看出来，如果子跨度覆盖了父跨度中的随行数据，Jaeger 界面中会将这个随行数据标识为被覆盖。不仅如此，如果父跨度中的随时数据没有被覆盖，那么它们在子跨度日志中也根本不会展示出来。

所以总的来说，跨度上下文在逻辑上包括两部分，一是用户级别的随行数据，它们最终会在上报的跨度中展示为日志；另一个是在追踪实现中一些必要的数据，比如追踪标识符、跨度标识符等。它们之所以都被定义在跨度上下文中，是因为它们都与追踪传播相关，它们都会在追踪传播中一直扩散下去。跨度上下文是一个很关键的对象，但 OpenTracing 在对它的接口定义上却非常简单，只要求提供一个能够迭代随行数据的方法。OpenTracing 规范的这种定义是希望由实现厂商自己定义其他方法，而不希望接口定义限制了它的应用。Java 接口中由 io. opentracing. SpanContext 定义跨度上下文，如示例 6-7 所示。

6.2.3　引用

每个跨度都会包含一个代表自身状态的跨度上下文，同时也可能会与多个跨度上下文产生关联关系。由于 OpenTracing 将追踪定义为有向无环图，所以一个追踪中的跨度理论上来说只有父子关系。由于跨度之间的这种父子关系是由调用产生的关联关系，所以在 Open-Tracing 中称之为因果关系（Causal Relationship）。OpenTracing 官方文档声称会在其未来版本中加入非因果关系（Non Causal），比如同属于一个批处理的跨度、同属于一个队列的跨度等。但事实上 OpenTracing 的下一个版本将被合并至 OpenTelemetry 中，而在 OpenTelemetry 中则将 OpenTracing 提到的非因果关系抽象为链接（Link）。但 OpenTelemetry 规范并不认为这种关系是非因果关系，具体请参考第 9 章第 9.4.1 节中的介绍。

跨度之间的关系在 OpenTracing 规范中使用引用（Reference）来定义，OpenTracing 目前只将引用区分为 ChildOf 和 FollowsFrom 两种。两者的区别在于被引用跨度是否依赖于跨度的运行结果，存在依赖情况的属于 ChildOf 否则属于 FollowsFrom。OpenTracing 规范中列举了几种属于 ChildOf 的场景：

- 在 RPC 调用中，服务端跨度应该是客户端跨度的 ChildOf 跨度；
- 在 ORM 框架中，执行 SQL 语句的方法可以作为 ORM 持久化方法的 ChildOf 跨度；
- 在并发场景下，并发任务与将并发任务运行结果合并起来的方法之间构成 ChildOf 关系。

以上几种场景，调用方都依赖于被调用方的结果才能结束，所以它们之间是前文所述的 ChildOf 关系。而 FollowsFrom 更像是一种平级关系，跨度之间可能并不存在直接的调用关系。比如一些基于消息的系统，跨度间只是触发关系但并不依赖于对方的运行结果。

需要注意的是，跨度的父子关系并不是通过引用体现出来的。正如 6.2.2 节中介绍的那样，跨度的父子关系实际上是保存在跨度上下文中，跨度上下文有专门的字段保存父跨度标识符。父子关系只是引用的一种情况，其他情况形成的跨度关联关系也可以成为引用，只不过在 OpenTracing 的当前版本中以父子关系为引用的主要形式。换句话说，跨度虽然只可能指向一个父跨度，但却可以通过引用指向多个关联的跨度。所以在具体实现中，引用是被保存在一个集合中的，而父子关系则会同时在跨度上下文中保存。由于在 99% 的情况下跨度只有父子关系，所以 Jaeger 埋点库中使用一个长度为 1 的集合保存引用。仅在跨度添加了多个引用的情况下，才会初始化为正常的集合以保存更多的引用。

在 Java 版的接口中没有对引用做抽象，但定义了一个 References 类来定义两种引用关系的常量字符串。在 Jaeger 埋点库的实现中则将引用抽象为 io. jaegertracing. internal. Reference，用户通常并不需要知道这个类的存在。因为可以直接通过 Tracer. SpanBuilder 的 addReference 方法为跨度添加引用，而这个方法的参数只有被引用的跨度上下文和引用类型。示例 6-9 展示了一段添加 ChildOf 关系的代码：

```
public static void main(String[]args)throws InterruptedException {
    Configuration. SamplerConfiguration samplerConfiguration =
            Configuration. SamplerConfiguration. fromEnv()
            .withType("const")
            .withParam(1);
    Configuration configuration =Configuration. fromEnv("jaeger-demo-child-of")
            .withSampler(samplerConfiguration);
    Tracer tracer = configuration. getTracer();
    Span span = tracer. buildSpan("parent-span")
            .start();
    Thread. sleep(10);
    Span childSpan = tracer. buildSpan("child-span")
            .addReference(References. CHILD_OF,span. context())
            .start();
    Thread. sleep(10);
    childSpan. finish();
    span. finish();
```

```
tracer.close();
}
```

示例 6-9　添加引用

示例 6-9 中为了体现出跨度的时间延迟，特意在每个跨度中增加了 10 毫秒的休眠。通过示例 6-9 也可以看出，引用关系被添加到子跨度上，而父跨度上并未做有关引用的任何处理。读者可将 addReferece 中的引用关系调整为 References. FOLLOWS_FROM，比较一下两种关系在 Jaeger 服务端展示出来的图像。图 6-2 展示了将引用关系修改成 References. FOLLOWS_FROM 后的追踪图像。

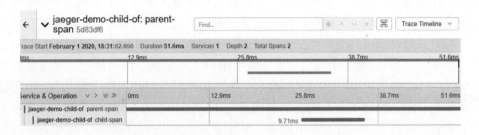

图 6-2　非典型 FOLLOWS_FROM 关系

事实上图 6-2 所示的图像与修改之前并没有什么不同，所以这两种关系更多的是在逻辑上的一种区分。因为它们毕竟都属于父子关系，图像中体现出来样子更多还是取决于跨度生命周期，也就是跨度的创建时间和结束时间。但一般来说图 6-2 展示多数还是属于 ChildOf 关系，而典型的 FollowsFrom 关系应该如图 6-3 所示。

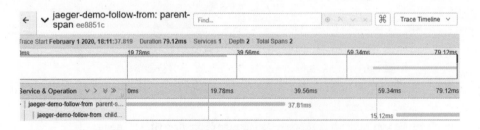

图 6-3　典型的 FOLLOWS_FROM 关系

从 Jaeger 的实现来看，JaegerTracer. SpanBuilder 在创建跨度时会判断是否存在引用。如果存在引用就会以引用指向的跨度为父跨度，否则会直接创建一个新的跨度。但在创建子跨度时 Jaeger 并不会判断引用类型，所以在最终的图像上这两种引用类型并没有区别。可以给一个跨度添加多个引用，JaegerTracer. SpanBuilder 在创建跨度时会选择列表中第一个 ChildOf 引用为父跨度。如果列表中不存在 ChildOf 引用，则会使用列表中的第一个引用为父跨度。所以在多引用的情况下才可以体现出两种引用的区别，即优先以 ChildOf 引用中的跨度为父跨度。但在 OpenTelemetry 中，链接（Link）跟跨度父子关系并没有直接联系。也就是说，OpenTelemetry 想要设置父子关系不能通过添加链接的方式设置，而在 OpenTracing 中则可以通过添加引用的方式设置跨度的父子关系。

6.3　跨度标签与日志

OpenTracing 规范定义的数据模型中，一个跨度可以包含多个标签和多个日志。标签和日志都是以键值对的形式存在，但日志还必须与一个时间戳关联起来。所以从这一点来看，日志其实就是 Dapper、Zipkin 中定义的标注，只是以日志的形式出现可以将它的用途从事件扩展到更大的范围。与 Zipkin 类似，标签主要用于在查询追踪信息时作为条件过滤跨度，而日志则是从时间维度上将跨度做了细化。

6.3.1　标签

与 Zipkin 类似，OpenTracing 规范定义的标签也是一个键值对的集合，跨度可以有多个标签也可以没有任何标签。但在 Jaeger 实现中，一些信息会自动以标签形式添加到跨度中。标签的键必须是字符串类型，但值可以是字符串、布尔或数值等三种类型。这是标签与随行数据、日志的一个重要区别，随行数据的值只能是字符串，而日志的值则可以是任意类型。标签除可以作为查询条件过滤跨度数据，对于理解一个跨度的信息也是有帮助的。

1. 标签名称

除了定义了标签数值的类型以外，OpenTracing 规范对标签名称也做了一些约定，这对于统一标签的含义和用法有着积极意义。表 6-2 将 OpenTracing 规范中定义的标签名称罗列了出来。

表 6-2　OpenTracing 标签名称

标签名称	数据类型	说明
component	字符串	生成当前跨度的软件、框架、库或模块的名称
db. instance	字符串	数据库实例名称
db. statement	字符串	执行的数据库语句
db. type	字符串	数据库类型，值使用小写字母，关系型数据库都为 sql
db. user	字符串	访问数据库的用户名
error	布尔	当前跨度对于的方法或操作出错时为 true
http. method	字符串	HTTP 请求方法
http. status_code	整型	HTTP 响应状态码
http. url	字符串	当前跨度对应的 HTTP 请求 URL
message_bus. destination	字符串	可接收消息的地址
peer. address	字符串	远端地址
peer. hostname	字符串	远端主机名称
peer. ipv4	字符串	远端 IPV4 地址
peer. ipv6	字符串	远端 IPV6 地址
peer. port	整型	远端端口
peer. service	字符串	远端服务名称
sampling. priority	整型	采样优先级
span. kind	字符串	跨度类型，RPC 调用中为 client 或 server，基于消息时为 producer 或 consumer

上述标签名称涉及数据库、HTTP、RPC 等内容，在实际使用时应该尽可能使用这些标准名称。跨度标签应用于跨度的整个生命周期，而非跨度生命周期中的某一时刻。换句话说就是标签与时间无关，这也是它与日志的核心区别。所以在 OpenTracing 的组件定义中，标签相关的方法被定义在跨度组件上。OpenTracing 规范并没有明确将标签定义为组件，但在 Java 接口中抽象了标签，它们被定义在 io. opentracing. tag 包中。在示例 6-6 中所示的 Span 接口中，共定义了 4 个设置标签的方法。其中一个方法描述标签使用的参数类型为 Tag，它就是 Java 接口定义中对标签的抽象。Tag 接口依据标签值的类型，又定义了 StringTag、IntTag、BooleanTag 及 IntOrStringTag 等几种实现类。但在实际使用时更多的是使用另一个工具类 Tags 类，这个类将表 6-2 中罗列的标签名称都定义为静态属性，这样在使用时就可以直接调用，这不仅方便而且也可以防止使用非标准标签名称，如示例 6-10 所示：

```
Tags. DB_TYPE. set (tracer. activeSpan (),"mysql");
Tags. DB_USER. set (tracer. activeSpan (),"root");
```

示例 6-10　使用 Tags

2. 全局标签

在 Jaeger 实现中，标签被区别为进程（Process）标签和跨度标签两类。由于进程标签描述的是追踪过程中的全局信息，所以本书将无差别的使用进程标签和全局标签两种称呼。在查询追踪信息时，全局标签与跨度标签并无区别，它们都可以作为条件起到过滤跨度的作用。

全局标签需要在创建 Tracer 时就设置好，它们会被保存在 Tracer 实例中，并在跨度上报时随跨度数据一并上报。设置 Jaeger 全局标签有两种方法，一种是以环境变量的形式通过配置类设置，再有就是通过 JaegerTracer. Builder 以编码的形式设置。JAEGER_TAGS 是用来设置全局标签的环境变量，基本格式是"key = value"的键值对形式，多个键值对采用逗号分隔。JAEGER_TAGS 被解析后最终也是要通过 JaegerTracer. Builder 设置到 Tracer 中，Jaeger-Tracer. Builder 定义了一组 withTag 方法用于设置全局标签，此外还提供了一个 withTags 方法可以一次设置多个全局标签。示例 6-11 展示了它们的使用方法：

```
public static void main (String[ ]args){
    Map < String,String >tags = new HashMap < > ();
    tags. put ("map_string_tag","map_string_value");
    tags. put ("map_number_tag","2.71828");
    tags. put ("map_bool_tag","false");
    JaegerTracer tracer = new JaegerTracer. Builder ("demo_for_process_tags")
        .withSampler (new ConstSampler (true))
        .withTags (tags)
        .withTag ("string_tag","string_value")
        .withTag ("number_tag",3.14159)
        .withTag ("bool_tag",true)
        .build ();
```

```
Span span = tracer.buildSpan("process_tags_span")
        .start();
System.out.println(((JaegerSpan)span).getTags());
span.finish();
tracer.close();
}
```

示例 6-11　设置全局标签

　　需要注意两个问题，一是通过 withTags 方法只能设置字符串类型的标签，另一个是跨度并不会感知到这些标签的存在。所以通过 JaegerSpan 的 getTags 方法返回的标签中并不会包含这些全局标签，它们只是在上报时与跨度一起发送出去而已。执行示例 6-11 中的代码后，通过 Jaeger 查询界面可以看到这些标签。

　　如图 6-4 所示，所有全局标签都位于 Process 栏下，不同类型的标签值也以不同颜色做了区分。此外，Jaeger 还自动添加了版本、主机地址、IP 地址等全局标签。除了使用上述方式添加全局标签以外，在 Jaeger 代理组件和收集组件中给接收到跨度添加全局标签。代理组件使用--agent.tags（或--jaeger.tags，已废止）参数设置全局标签，而收集组件则使用--collector.tags参数来设置。这两个参数值的基本格式与 JAEGER_TAGS 环境变量类似，也是 "key = value" 的键值对形式，多个键值对采用逗号分隔。但与 JAEGER_TAGS 不同的是，通过它们设置的全局标签可以读取环境变量。比如 collector_node_name = ${NODE_NAME: unknown}，代表的含义就是先从环境变量 NODE_NAME 就获取数值，如果没有则使用 unknown 作为默认值。由于收集组件接收到的跨度可能来源于多个服务，所以在这里添加的全局标签必须是所有服务都共享的标签。此外，收集组件中添加的标签没有网络传输的消耗，所以在性能上比 Tracer 中设置的标签更好一些。

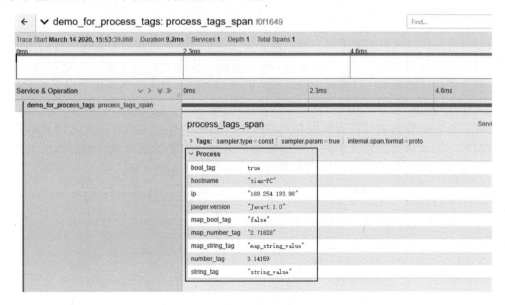

图 6-4　查看全局标签

157

　　全局标签与随行数据看起来有些相似，因为它们的生命周期都不限于单个跨度，而是在整个追踪中都有效。但随行数据会在追踪扩散中一直被复制和传递，所以在通信和计算上有一定的开销。而全局标签则不同，它们不存在复制和传递上的开销，仅在上报跨度时自动附加到上报数据中。另一个不同在于全局标签一旦确定了就不能更改，而随行数据则可以在执行中根据需求任意处理。所以随行数据应该仅在有特殊需求的追踪中使用，而对于所有追踪都需要的数据应该尽可能使用全局标签。

6.3.2　日志

　　跨度日志也是键值对形式的数据，但同时还必须关联一个时间戳。其中，键必须是字符串，而值则可以是任意类型。所以日志的作用是记录一个跨度的生命周期内，在特定时间上的信息或事件。OpenTracing 规范对日志的键名称也做了一些约定，表 6-3 列了规范中定义的日志键名称。

表 6-3　OpenTracing 日志键名称

键名称	数据类型	说明
error. kind	字符串	错误的种类
error. object	object	代表错误的具体对象，比较 Java 中的 Throwable、Exception 对象
event	字符串	事件标识，代表跨度生命周期特定时刻
message	字符串	简要的可读信息，用于描述事件
stack	字符串	信息堆栈，可用于追踪错误或异常

　　类似标签，OpenTracing 规范也没有要求将日志定义为专门的组件，在 Java 语言的接口定义中同样也没有定义相关的组件。但为鼓励使用表 6-3 中定义的日志键名称，在 io. opentracing. log. Fields 对象中将它们定义为常量以供编程时使用。此外，由于日志一定与一个跨度相关联，所以日志的设置也被定义在跨度对象上。以 Java 语言的接口定义为例，Span 接口就定义了 4 个与日志相关的方法，具体可参考第 6.1 节示例 6-6 中 Span 接口的定义。虽然日志是带时间戳的键值对，但在这些方法中都没有明确设置日志键名称的地方。事实上，如果直接调用 Span 的 log（String event）方法，实际上是会生成一个键名为 event 的日志。从这里也可以看出，日志与 Zipkin 标注的作用类似，更多的还是用于定义跨度中的特定事件。而如果想要使用其他键名称，则应该使用 log（Map < String,？ > fields）方法，将键值对先保存在 Map 中再通过该方法保存到跨度中。这两个方法生成日志的时间戳都是取系统当前时间，Span 同时也定义了两个带时间戳的方法。需要特别注意，时间戳的单位是微秒而不是毫秒。示例 6-12 展示了一段调用这些方法生成日志的代码：

```
public static void main(String[ ]args)throws Exception {
    SamplerConfiguration sampler = SamplerConfiguration. fromEnv()
            .withType("const")
            .withParam(1);
    Configuration configuration = Configuration. fromEnv("jaeger-log-demo")
            .withSampler(sampler);
    Tracer tracer = configuration. getTracer();
```

```
            Span span = tracer.buildSpan("log-span")
                    .start();
        span.log("start");
        span.log(System.currentTimeMillis() * 1000L + 500 * 1000, "after start");
        Thread.sleep(1000);
        span.log(Collections.singletonMap(Fields.MESSAGE, "hello"));
        span.log(System.currentTimeMillis() * 1000L + 500 * 1000, "after message");
        Thread.sleep(1000);
        span.log("end");
        span.finish();
        tracer.close();
    }
}
```

示例 6-12 生成日志

示例 6-12 中直接使用 log 方法生成了 start 和 end 两个日志,它们的键名称都是 event。另外还使用带时间戳的 log 方法生成 after start 和 after message 两个日志,它们键名称也都是 event,但时间戳会使用参数中给出的时间。而对于其他键名称,示例中使用了 Collections.singletonMap 方法生成了一个包含 message 键的日志。所以这些日志在上报到 Jaeger 服务端后都会在跨度时间轴中以竖线标识出来,当鼠标悬停在这些竖线上时还会弹出该日志相关的详细信息。所有跨度日志相关的信息还可以在 Log 栏中查看到,图 6-5 展示了上报后查询界面中看到跨度信息。

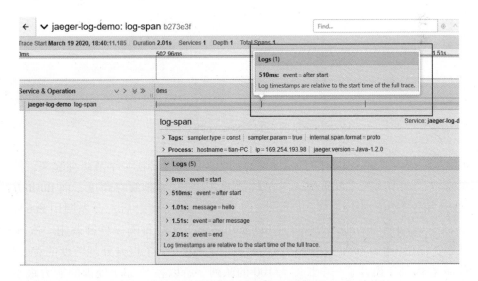

图 6-5 日志在 Jaeger 中的展现

最后需要说明,跨度的日志重点在于描述跨度中的重要事件。所以它与普通日志不同,不应该包含太多的文本描述信息,而应该尽量使用类似标注那样的编码形式。

6.4　跨度上报与采样策略

对于追踪系统的埋点库来说，上报追踪信息和定义采样策略是两个非常重要的内容。但由于追踪信息的上报涉及与服务端的通信协议，所以不同服务端的埋点库在实现上一定会存在着较大差异。OpenTracing 对此选择了"下放权力"，将跨度上报相关的内容留给具体埋点库自行定义，所以本节所述内容均属于 Jaeger 埋点库。

Jaeger 埋点库的跨度上报非常灵活，不仅可以上报给 Jaeger 服务端，还可以上报给 Zipkin 服务端。默认情况下，Jaeger 埋点库会以 UDP 形式上报给 Jaeger 代理组件，但也可以通过简单的配置直接上报给 Jaeger 收集组件。Jaeger 跨度上报是通过上报组件实现的，下面就先来看看这个组件。

6.4.1　上报组件

Jaeger 埋点库上报组件是 io. jaegertracing. spi. Reporter，它被定义为一个接口且有五种主要实现。Reporter 接口定义非常简单，只有 report 和 close 两个方法。在示例 6-1 中使用的 LoggingReporter 就是 Reporter 接口的一种实现，它的 report 方法实现是通过日志框架将跨度写入到输出流中。

1. RemoteReporter

Jaeger 默认使用的上报组件是 Reporter 接口的另一个实现类 RemoteReporter，它实现的最终效果是将跨度通过某种通信协议发送出去。与 Zipkin 类似，RemoteReporter 也是将发送跨度的工作委托给另一个组件 Sender。Sender 接口的定义也非常简单，如示例 6-13 所示：

```
public interface Sender {
  int append(JaegerSpan span)throws SenderException;
  int flush()throws SenderException;
  int close()throws SenderException;
}
```

示例 6-13　Sender 接口

为了提升通信效率，Sender 的实现类一般都会先将跨度转换为字节缓存起来，然后再一次性将它们都发送出去。Sender 的 append 方法就是用于在本地缓存跨度，而 flush 方法则是将跨度数据真正发送出去。RemoteReporter 在接收到一个跨度之后，会先调用 Sender 的 append 方法将跨度缓存到 Sender 中。同时 RemoteReporter 又会每隔一秒钟调用一次 Sender 的 flush 方法，进而触发 Sender 向服务端发送跨度数据。另外为了提升处理跨度的吞吐量，RemoteReporter 在内部还设计了一个长度为 100 的队列。所以在 Sender 处理的能力跟不上跨度上报的速度时，跨度就会先在这个队列中排队。如果队列也排满了 RemoteReporter 会将新上报的跨度直接丢弃，对于追踪系统来说这通常并不是什么大问题。因为依据 Dapper 论文的结论，千分之一的采样率就可以满足性能分析的要求，所以在流量巨大的应用中还会故意使用采样策略丢弃一些跨度。但如果希望只按采样策略处理跨度，那就需要根据实际流量控制好队列长度。RemoteReporter 在丢弃跨度时会生成一个计数器类型的监控指标，它的标识为 reporter_spans ｛result ="droped"｝。所以只要使用 Prometheus 等监控这个指标的变化，就能大致估算出与流量匹配的队列长度。

RemoteReporter 可通过 Configuration. ReporterConfiguration 来配置，它包含了一组可以识别的环境变量。所以如果想要修改 RemoteReporter 内部队列长度可以使用 JAEGER_REPORTER_MAX_QUEUE_SIZE 设置；而如果想修改 RemoteReporter 刷新 Sender 的时间间隔，则可以通过 JAEGER_REPORTER_FLUSH_INTERVAL。Sender 组件也对应着一个配置类 Configuration. SenderConfiguration，可以设置 Sender 组件发送跨度的地址端口等信息。默认情况下，RemoteReporter 会创建一个通过 UDP 协议通信的 Sender，向本机代理组件的 6831 端口发送跨度数据。如果想要修改代理组件的地址，则可以通过 JAEGER_AGENT_HOST 和 JAEGER_AGENT_PORT 设置。此外，如果用户设置了 JAEGER_ENDPOINT 环境变量，Jaeger 会依据该环境变量定义的地址直接向收集组件发送跨度数据。除了使用环境变量设置以外，还可以直接使用上述配置类在代码中设置。示例 6-14 中通过这些配置类修改了 RemoteReporter 队列长度、刷新时间间隔，同时还将上报地址直接修改为收集组件了：

```java
public static void main(String[]args){
    SenderConfiguration sender = SenderConfiguration. fromEnv()
            .withEndpoint("http://localhost:14268/api/traces");
    ReporterConfiguration reporter = ReporterConfiguration. fromEnv()
            .withFlushInterval(2000)
            .withMaxQueueSize(10)
            .withSender(sender)
            .withLogSpans(true);
    SamplerConfiguration sampler = SamplerConfiguration. fromEnv()
            .withType("const")
            .withParam(1);
    Configuration configuration = Configuration. fromEnv("direct_to_collector")
            .withSampler(sampler)
            .withReporter(reporter);
    Tracer tracer = configuration. getTracer();
    Span span = tracer. buildSpan("collector_span")
            .start();
    span. finish();
    tracer. close();
}
```

示例 6-14　直接上报给收集组件

在示例 6-14 中，尽管配置项都是通过编写代码的形式设置的，但所有配置类还是通过 fromEnv 创建。这样可以先使用环境变量初始配置类，而代码中的设置则可以覆盖环境变量中的设置。SenderConfiguration 通过 withEndpoint 方法设置了 Jaeger 收集组件的 REST 端点，它用于直接从埋点库中接收跨度数据。默认端口为 14268，而 REST 接口为 "/api/traces"，这在第 5 章 5.4.2 节有详细介绍。ReporterConfiguration 通过 withFlushInterval 方法设置了刷新时间间隔为 2s，而 withMaxQueueSize 方法则将队列长度设置为 10。运行上述代码时无须启动 Jaeger 代理组件，只要收集组件启动就能接收到上报的追踪信息。

读者可将代码中通过 with 方法设置的内容都删除，尝试使用它们对应的环境变量设置。在都使用环境变量的情况下，SenderConfiguration、ReporterConfiguration 和 SamplerConfiguration 都不须创建，Configuration 的 fromEnv 方法会自动根据环境变量初始化它们，最终的代码会精简很多。

2. CompositeReporter

在示例 6-14 中，ReporterConfiguration 还调用了 withLogSpans 方法，它对应的环境变量是 JAEGER_REPORTER_LOG_SPANS。当这个环境变量设置为 true 时，Jaeger 使用的上报组件就变成了 CompositeReporter 了。CompositeReporter 也是 Reporter 的一个实现类，它内部维护了一个由多个其他 Reporter 实例组成的列表。当用户调用 report 方法传入跨度时，CompositeReporter 会遍历列表中所有 Reporter 实例并分别调用它们的 report 方法。CompositeReporter 构造方法的参数为可变长参数，接收任意多个 Reporter 实例。当环境变量 JAEGER_RE-PORTER_LOG_SPANS 设置为 true 时，Jaeger 会在创建 RemoteReporter 的同时再创建一个 LoggingReporter 的实例，然后将这两个实例通过 CompositeReporter 的构造方法保存在 CompositeReporter 实例的列表中。所以从最终的效果上来看，设置了上述环境变量后，跨度数据不仅会上报至 Jaeger 服务端，同时还会向日志中输出。

在实际应用中也可以使用 CompositeReporter 维护多个上报组件，比如同时向 Jaeger 和 Zipkin 上报跨度数据。这时可以创建针对这两个后端服务的上报组件，再将它们通过 CompositeReporter 组合后设置给 Tracer。当然在这种需要定制上报组件的情况下，就不能再通过配置类 Configuration，而必须要借助构造器 JaegerTracer.Builder 了。

3. InMemoryReporter

InMemoryReporter 是 Jaeger 埋点库中另一个 Reporter 接口的实现类，它将接收到的跨度保存在内存中。具体来说，InMemoryReporter 内部维护了一个列表，用户调用 report 方法时跨度会被添加到这个列表中。显然这个上报组件并非用于生产环境，它的主要应用场景是单元测试。程序员可以使用这个类实例化上报组件，这样就单元测度就不需要依赖外部组件了。InMemoryReporter 提供了一个 getSpans 方法，可以将接收到所有跨度数据以列表的方式返回，这可以用于对上报跨度数据的校验。

4. NoopReporter

NoopReporter 应该是 Reporter 接口最简单的实现了，因为这个类在接收到跨度后不会做任何处理。它主要应用于不需要上报跨度数据的场景，比如只需要在日志中添加追踪标识符等。

6.4.2 兼容 Zipkin

Jaeger 埋点库可以将跨度数据上报给 Zipkin，只需要将上报组件替换为兼容 Zipkin 的 Reporter 实现即可。Jaeger 埋点库将兼容 Zipkin 的组件放置在一个单独的工程中，所以在使用前需要单独将它们添加到依赖中。如：

```
<dependency>
   <groupId>io. jaegertracing</groupId>
   <artifactId>jaeger-zipkin</artifactId>
   <version>$ {jaeger. version}</version>
</dependency>
```

示例 6-15　jaeger-zipkin 依赖

jaeger-zipkin 支持 Zipkin 的 V1、V2 两种版本，它们在设置上略有不同。V1 版本提供的组件是 Sender 的实现 io. jaegertracing. zipkin. ZipkinSender，需要将其实例化后设置给 RemoteReporter。而 V2 版本提供的组件则是 Reporter 的实现 io. jaegertracing. zipkin. ZipkinV2Reporter，可以直接实例化后使用。示例 6-16 将这两种方式都列了出来，注释中的内容为使用 V1 版本的方式：

```
public static void main(String[]args){
    /* V1
    String v1URL = "http://localhost:9411/api/v1/spans";
    Sender sender = ZipkinSender. create(v1URL);
    Reporter reporter = new RemoteReporter. Builder()
            .withSender(sender)
            .build();
    */
    String v2URL = "http://localhost:9411/api/v2/spans";
    Reporter reporter = new ZipkinV2Reporter(
            AsyncReporter. create(URLConnectionSender. create(v2URL))
    );
    Tracer tracer = new JaegerTracer. Builder("jaeger_to_zipkin")
            .withSampler(new ConstSampler(true))
            .withReporter(reporter)
            .build();
    Span span = tracer. buildSpan("span_from_jaeger")
            .start();
    span. finish();
    tracer. close();
}
```

示例 6-16　向 Zipkin 上报跨度数据

有了前述关于上报组件的知识，相信示例 6-16 中的代码并不难理解。代码中最主要的工作是通过 JaegerTracer. Builder 的 withReporter 方法，将 JaegerTracer 最终使用的上报组件设置为 ZipkinV2Reporter，这样 Tracer 在上报跨度时就会依据示例中的地址上报到 Zipkin 了。

6.4.3 采样策略

Jaeger 埋点库与 Brave 埋点库类似，也采用了基于头部的采样策略，但两者在实现上却存在着比较大的差异。Brave 在确定了是否上报后会生成不同类型的跨度，不上报的跨度采用 NoopSpan，而上报的则为 RealSpan。Jaeger 生成的跨度则全都是 JaegerSpan 类型，但会在内部保存是否需要采样的标识。所以当调用 JaegerSpan 的 finish 方法时，它会根据这个采样标识确定是否上报。由于 JaegerSpan 是通过 Tracer 创建出来，所以跨度是否上报是由 Tracer 来决定。而 Tracer 又将这个职责委托给另一个对象 Sampler，所以 Jaeger 最终决定是否上报跨度的也是 Sampler，即采样器。

由于 OpenTracing 并没有定义追踪上报相关的内容，所以 Sampler 只是 Jaeger 定义的一个接口，位于 io. jaegertracing. spi 包中。Sampler 接口主要包括常量（Constant）、概率（Probabilistic）、速率（Rate Limiting）和远程（Remote）等四种实现，在示例 6-16 的代码中使用的 ConstSampler 就是常量类型的 Sampler。除了使用 JaegerTracer. Builder 以编写代码的形式设置 Sampler 以外，更常用的方式还是使用配置类设置。SamplerConfiguration 是用于设置 Sampler 的配置类，它包括 type 和 param 两个配置项。其中，type 为字符串类型的值，用于设置 Sampler 的具体类型，后续章节中统一称之为采样类型；而 param 则为数值类型的值，用于设置 Sampler 中使用到的参数值，后续章节统一称之为采样参数。也就是说每一种 Sampler 都对应着一个字符串描述的类型，以及一个用于决定是否采样的参数。以基于常量的采样器为例，它的采样类型为字符串 const，而采样参数一般是 1 或 0，其中 1 代表全部采样而 0 代表不采样。事实上，对于基于常量的采样器来说，它的采样参数只区分 0 和非 0 两种数值，所有非 0 数值都会被认为是全部采样。采样类型和采样参数也可以通过环境变量来设置，采样类型对应的环境变量是 JAEGER_SAMPLER_TYPE，而采样参数对应的环境变量则是 JAEGER_SAMPLER_PARAM。示例 6-12 展示了一段创建 SamplerConfiguration 实例的代码：

```
System.setProperty("JAEGER_SAMPLER_TYPE","probabilistic");
System.setProperty("JAEGER_SAMPLER_PARAM","0.1");


SamplerConfiguration samplerConfiguration = SamplerConfiguration.fromEnv()
            .withType("const")
            .withParam(1);
```

示例 6-17　配置采样策略

示例 6-17 通过环境变量设置了 Sampler 类型为 probabilistic，这代表基于概率的采样器；而采样器的采样参数为 0.1，代表仅采集 10% 的跨度数据。此外，尽管使用环境变量设置了采样类型和采样参数，但代码中又通过 withType 和 withParam 覆盖了它们的值。所以最终采样类型依然为 const，而采样参数为 1，也就是全部采样。

前面已经介绍了基于常量的采样器，下面再来介绍一下其他几种采样器。首先先来看看基于概率的采样器，这是在实际生产环境中使用比较多的一种采样器。它的采样类型是字符串 probabilistic，对应的实现类是 ProbabilisticSampler。示例 6-17 中通过环境变量设置的就是这种采样器，它会按追踪总量的百分比来确定是否采样跨度数据。所以基于概率的采样参数应该介于 0 至 1 之间，默认情况下的采样参数为千分之一，也就是每 1000 次追踪中只采样 1 次。与 Brave 类似，基于概率的采样器并不能达到完全的精确。就目前的算法来看，采样概率的准确性完全取决于追踪标识符的随机性或分散度，标识符越随机越分散，采样概率的准确度也就越高。

另一种使用比较多的采样器是基于速率的采样器，对应的实现类为 RateLimitingSampler，而采样类型是字符串 ratelimiting。它采用了著名的漏桶算法（Leaky Bucket），可以将每秒采样数量限定在某一固定值上。所以它的采样参数设置的就是每秒采样的具体数量，从形式上看这类似于限流。这种采样器比较适合流量高的互联网应用，因为它不会在流量瞬间爆发时给系统增加额外负担。比如在使用千分之一采样率的情况，每秒流量为一千时只采集一个样本；但当流量突然上升到一千万时，采集的样本也会随之增加到一万个。而在突发流量到来时系统资源会瞬间变得紧张起来，如果跨度数据也跟随申请资源，它就很可能成为压垮系统的"最后一棵稻草"。但基于速率的采样器将每秒采集样本的数量固定在一个确定的数值上，所以即使在流量暴涨时也不会给系统增加额外负担。由于基于速率的采样器默认情况下每秒采样数量为 0，所以使用这种采样器需要显示设置其采样参数。采样参数一般应设置为正整数，且应根据 Dapper 论文千分之一的比率做估算。但采样参数即使被设置为浮点类型也不会报错，配置类会取整数部分作为速率的最终值。

最后一种采样器是 Jaeger 埋点库默认采用的采样器，它的采样类型是字符串 remote，对应的实现类为 RemoteControlledSampler。这种类型的采样器自身并不直接决定跨度是否采样，而由其内部包含的另一个采样器实例来确定，所以 RemoteControlledSampler 更像是一个代理类。默认情况下，RemoteControlledSampler 代理的采样器实例在初始时采用 ProbabilisticSampler，之后会定期从远程服务中动态获取。具体来说，它会每隔 60s 以 HTTP 协议请求 "http://hostname:port/sampling?service = x"。其中，"hostname:port" 是可以配置的，默认值是本机的 5778 端口。这个地址正是第 5 章 5.5.1 节中介绍的，由 Jaeger 代理组件开放的 HTTP 服务地址。配置该地址和端口有两种方式，一种方式是在创建 SamplerConfiguration 实例后通过 withManagerHostPort 方法设置，而另一种则是通过环境变量 JAEGER_SAMPLER_MANAGER_HOST_PORT 设置。

在请求地址中的 service 参数代表的是服务名称，Jaeger 代理组件会根据服务名称返回与该服务名称关联的采样类型。事实上，Jaeger 代理组件本身也不能决定服务的采样器，它会将请求转发给 Jaeger 服务端的收集组件，所以收集组件才是最终决定每种服务对应采样类型的 Jaeger 组件。这也正是这种采样类型被称为远程的原因。

Jaeger 收集组件在启动的时候，可通过- - sampling. strategies-file 参数设置一个静态的采样策略文件。采样策略文件为 JSON 格式，其中定义了不同服务、不同操作的采样类型和采样参数。也就是说，采样策略文件的定义可以细化到被追踪服务的每一个操作上。Jaeger 埋点库在查询采样类型时，会根据服务名称返回该服务下所有操作的采样类型，然后再根据追踪对应的操作名称来做出最终的选择。事实上 Jaeger 埋点库定义了一个名为 PerOperationSampler 的采样器，它内部维护了一个从操作到采样类型的 Map。当从 Jaeger 代理组件获取到的采样类型是按操作名称区分的，这时就会使用 PerOperationSampler 采样器保存这些映射关系。PerOperationSampler 保存这种映射关系的数量是有上限的，默认值为 2000 个。示例 6-18

就是一个采样策略文件的例子：

```json
{
  "service_strategies":[
   {
     "service":"service_per_op",
     "type":"probabilistic",
     "param":0.3,
     "operation_strategies":[
       {
         "operation":"high_op",
         "type":"probabilistic",
         "param":0.1
       },
       {
         "operation":"low_op",
         "type":"probabilistic",
         "param":0.6
       }
     ]
   },
   {
     "service":"service_unique",
     "type":"ratelimiting",
     "param":5
   }
  ],
  "default_strategy":{
   "type":"probabilistic",
   "param":0.5
  }
}
```

示例 6-18   采样策略文件

示例 6-18 所示的采样策略文件由两部分组成，service_strategies 以列表的形式定义了不同服务的采样类型，而 default_strategy 则定义了默认的采样类型。也就是说当用户要查询的服务名称不在 service_strategies 列表中，那么就会使用 default_strategy 定义的采样类型。service_strategies 列表中每一个服务又可以包含一个 operation_strategies 元素，它就是按操作名称定义了不同的采样类型。在采样策略文件中可以使用的采样策略有两种，即前面提到的 probabilistic 和 ratelimiting，其中 ratelimiting 在 operation_strategies 中不支持。

Jaeger 收集组件在启动时需要通过 - - sampling. strategies - file 参数，显示地指定一个静态的采样策略文件，例如：

jaeger- collector （. exe） - - sampling. strategies- file = strategy. json

但 Jaeger 收集组件并不直接开放采样策略的查询服务，需要让 Jaeger 代理组件连接到收集组件上，收集组件设置的采样策略就可以分发给代理组件了。当代理组件启动成功后，通过 5778 端口就能够获取到采样策略文件中的采样类型了。读者可以尝试直接通过浏览器访问"http://hostname:port/sampling?service = x"，并且按示例 6-18 所示替换 service 参数的数值，看看它们返回的结果是什么样的，有什么不同。

远程采样类型可基于每个操作决定采样率，非常适用于网关接口服务。因为网关接口对应的后端服务可能具有不同的流量，所以需要采用不同的采样策略。同时，由于远程采样类型会定期刷新采样策略，对于需要在运行时调整采样策略的服务来说也是非常有效的。

6.5　跨度传播

跨度传播对于所有追踪系统来说都是一个重要话题，因为只有能够将跨度信息在一个调用链路传播出去，才可能构建起完整的追踪信息。OpenTracing 规范要求跨度必须能够在进程之间传播，而对于进程内部的跨度传播则被定义为可选实现。进程间传播主要就是针对 RPC 远程调用，比如在 Spring Boot 中通过 REST 接口构建微服务之间的调用等。对于进程内部跨度的传播来说，它们虽然没有进程间传播那么重要，但对于细化一个进程内方法之间的调用也是非常有价值的。OpenTracing 接口 Java 语言版本中，定义了进程间与进程内跨度传播的方法，本节就来介绍这些方法的具体应用。

6.5.1　进程间传播

由于进程间没有共享的内存空间，所以进程间传播跨度就需要一种能够在进程间传播的中间介质。OpenTracing 规范也明确提出了载体（Carrier）的概念，载体能够承载跨度数据，并且可以在进程间传播。在跨度传播过程中，进程先将跨度以某种方式编码后注入（Inject）到载体中，载体再带着这些数据传播至另一个进程中，最后再将跨度从载体中提取（Extract）出来。从跨度传播的概念上来说，载体、注入和提取等概念与 Brave 基本相同；但在实现上 OpenTracing 规范要求跨度数据的注入与提取应定义在 Tracer 中，而注入与提取的对象则由跨度上下文（SpanContext）表示。这与 Brave 埋点库的定义有着明显区别，Brave 的注入与提取实际上是由 TraceContext 的两个内部接口 TraceContext. Injector 和 TraceContext. Extractor 定义；而 OpenTracing 则是将注入与提取定义为 Tracer 的两个方法：

```
<C>void inject(SpanContext spanContext,Format<C>format,C carrier);
<C>SpanContext extract(Format<C>format,C carrier);
```

示例 6-19　Tracer 的注入与提取方法

由示例 6-19 也可以看到，OpenTracing 与 Brave 的另一个明显的区别，就是在 Brave 中使用 Setter 和 Getter 的方式将传播与载体关联起来，而 OpenTracing 则是通过 Format 建立这种关联关系。此外，OpenTracing 规范还建议载体的类型应该由注入或提取跨度使用的编码决定。跨度上下文的编码格式要求必须支持三种类型：

- 文本映射（Text Map）：字符串类型的键值对
- HTTP 报头（HTTP Headers）：遵从 HTTP 规范要求的 HTTP 报头，也是字符串类型的键值对
- 二进制（Binary）：字节流形式的编码

由示例 6-19 可以看出，OpenTracing 接口将载体类型以泛型的形式表示。在这两个方法中 Format 是一个非常重要的参数，它不仅定义了 SpanContext 的编码形式，同时也定义了传播使用的载体。而这个 Format 就是 OpenTracing 规范中要求的跨度上下文编码格式。Format 被定义为一个接口，并通过其静态内部类 Format.Builtin 给出了 OpenTracing 规范要求的三种实现：

```
public final static Format <TextMap >TEXT_MAP = new Builtin <TextMap > ("TEXT_MAP");
public final static Format <TextMap >HTTP_HEADERS = new Builtin <TextMap > ("HT-
TP_HEADERS");
public final static Format <Binary >BINARY = new Builtin <Binary > ("BINARY");
```

示例 6-20 Format 内置的三种实现

示例 6-20 中，TEXT_MAP 对应文本映射格式，它以纯文本键值对的形式编码跨度信息。HTTP_HEADERS 对应 HTTP 报头格式，它的编码应该符合 HTTP 协议的要求。由于 TEXT_MAP 和 HTTP_HEADERS 两种格式本质上都是字符串类型的键值对，所以它们都使用 TextMap 作为载体。但 TextMap 实际上只是一个接口，所以需要在具体应用中给出它的实现。OpenTracing 接口中定义了一个 TextMap 的适配器，可以方便地使用 Java 的 Map 类型注入或提取跨度上下文。例如，示例 6-21 实现了将跨度上下文注入到 HashMap 的代码：

```
public static void main(String[]args){
    Configuration configuration = Configuration.fromEnv("jaeger-textmap");
    Tracer tracer = configuration.getTracer();
    Span span = tracer.buildSpan("textmap-span")
        .start();
    span.setBaggageItem("bkey1","bvalue1");
    span.setBaggageItem("bkey2","bvalue2");
    Map <String,String >map = new HashMap < > ();
    tracer.inject(span.context(),Format.Builtin.TEXT_MAP,new TextMapAdapter(map));
    System.out.println(map);
    span.finish();
    tracer.close();
}
```

示例 6-21 使用 TextMapAdapter

在示例 6-21 中特意在跨度中添加了随行数据，它们会与追踪标识符一起被注入到 Hash-Map 中。如果不做任何修改或配置运行示例 6-21 中的代码，会发现追踪标识符会以 uber-trace-id 为键，而随行数据的键则都会在原有键名称基础上附加 "uberctx-" 前缀。这些键名称显然都带有浓厚的 Jaeger 特征，这与 Zipkin 中使用 "X-B3" 作为前缀类似，可以看作

是 Jaeger 的传播协议。这种传播协议在 Jaeger 中可以通过配置类 CodecConfiguration 设置，Jaeger 还提供了一个枚举 Propagation 将其支持的三种传播协议定义了出来。传播协议也可以通过环境变量或字符串来设置，对应的环境变量名称为 JAEGER_PROPAGATION。示例 6-22 展示了以上三种设置传播协议的方法：

```
System.setProperty("JAEGER_PROPAGATION","jaeger");
CodecConfiguration codec1 = CodecConfiguration.fromEnv();
CodecConfiguration codec2 = CodecConfiguration.fromString("b3");

CodecConfiguration codec3 = CodecConfiguration.fromEnv()
        .withPropagation(Propagation.W3C);

Configuration configuration = Configuration.fromEnv("jaeger-textmap")
        .withCodec(codec3);
```

示例 6-22　使用 CodecConfiguration

在示例 6-22 中，codec3 先从环境变量中读取到 jaeger 传播协议，然后又通过 withPropagation 方法设置了 W3C 传播协议。在这种情况下，W3C 协议并不会覆盖 Jaeger 协议。在注入时会依据两种协议将跨度上下文注入两次，也就是说在载体中会包含两组相同的数据，但它们的键名称并不相同。但是在提取跨度上下文时，Jaeger 则只会使用先注册的协议提取一次。

从 Jaeger 对 OpenTracing 规范的实现来看，它与 Brave 又有几分相似之处。因为 Jaeger 也抽象了 Injector 和 Extractor，并且会以编码格式为键写入到注册表中。也就是说每一种格式都有对应的 Injector 和 Extractor，当用户希望以某种编程格式传播跨度时，Jaeger 就会以编码格式为键从注册表中查找对应的 Injector 或 Extractor。为了实现上的方便，Jaeger 埋点库又将 Injector 和 Extractor 合并为一个 Codec 接口。换句话说，Codec 即可以完成注入也可以完成提取，但在向注册表注册时还是按注入和提取分开注册。Jaeger 埋点库提供了三种主要 Codec 的实现类，它们分别是 TextMapCodec、TraceContextCodec 和 B3TextMapCodec。TextMapCodec 是默认使用的是 Codec，示例 6-21 使用的就是这种 Codec，最终会以 Jaeger 自身的传播协议编码数据。而 TraceContextCodec 和 B3TextMapCodec 则对应着 W3C 和 B3 传播协议，它们默认情况下并没有注册到注册表中。所以如果想要使用 W3C 或是 B3 协议，就需要显式地将 TraceContextCodec 和 B3TextMapCodec 注册。示例 6-23 展示的就是通过 JaegerTracer.Builder 注册 B3 协议的 Codec：

```
JaegerTracer.Builder builder = new JaegerTracer.Builder("builder-codec");
B3TextMapCodec b3Codec = new B3TextMapCodec.Builder().build();
builder.registerInjector(Format.Builtin.TEXT_MAP,b3Codec);
builder.registerInjector(Format.Builtin.HTTP_HEADERS,b3Codec);
Tracer tracer = builder.build();
```

示例 6-23　注册 Codec

示例 6-23 将 TEXT_MAP 和 HTTP_HEADERS 这两种格式与 B3 的 Codec 关联了起来，所

以只要使用这两种格式做跨度数据的注入或提取就都会使用 B3 协议。虽然示例6-23 只能注册了 B3TextMapCodec，但它会与 TextMapCodec 组合成 CompositeCodec。CompositeCodec 类似于 CompositeReporter 一样也是个代理，它将多种编解码器组合在一起做多次编码。所以最终在注入的结果中会有两种协议的数据，即 Jaeger 自身协议与 B3 协议。

最后需要注意的是，格式与传播协议是不一样的。格式有文本、报头和二进制三种，传播协议则有 Jaeger、W3C 和 B3 三种。格式是最终跨度数据的编码形式，而传播协议则主要定义了键的名称。所以一般来说传播协议只与文本和报头两种格式相关联，而二进制格式往往并不需要定义键名称，它有可能会依据底层通信协议做更紧凑的编码。

6.5.2 进程内传播

进程内传播跨度数据主要应用于方法之间的调用，方法调用形成的追踪链路一般来说是一种父子关系。由于进程内共享同一存储空间，所以在进程内部传播追踪信息并不难实现。最简单的方法是直接将当前跨度以参数的形式传递给被调用方法，然后再以其为父跨度创建新的子跨度。但这种方法会导致追踪系统对业务系统侵入过重，进而影响业务系统的自由开发。OpenTracing 规范对进程内传播追踪并没有给出具体的解决方案，而是将其定义为可选接口。也就是说，具体接口定义中是否添加进程内传播追踪信息的接口，可由定义接口的具体项目来决定。OpenTracing 规范的这种做法实际上是一种折中妥协，因为规范要适用于各种编程语言，而有些语言要实现无侵入的跨度进程内传播并不容易。从目前各语言接口的定义来看，Java 语言在进程内传播时采用的接口较为简单和清晰。所以 OpenTracing 社区已经有人编写了相关的草案，建议将 Java 语言接口的相关概念推广为其他语言的参考实现，所以未来它有可能会成为 OpenTracing 规范的正式内容。

为了简单而清晰地实现进程内传播跨度，OpenTracing 接口抽象了 ScopeManager 和 Scope 两个概念。这与 Brave 中的 CurrentTraceContext 和 CurrentTraceContext. Scope 在作用上差不多，但从概念上来说更为清晰。因为 Brave 中除了上述两个类以外，还有中 ScopedSpan、SpanIn-Scope 等类。它们将跨度及跨度共享范围都混在了一起，用户在使用时很容易被迷惑。反观 OpenTracing 则将跨度与跨度共享范围分开定义，并引入 ScopeManager 来管理跨度共享。ScopeManager 还引入了激活跨度的概念来共享跨度，并由 Scope 代表跨度共享的范围。ScopeManager 和 Scope 不仅概念清晰，而且它们的接口定义也相当简单：

```
public interface ScopeManager {
    Scope activate(Span span);
    Span activeSpan();
}
public interface Scope extends Closeable {
    void close();
}
```

示例 6-24　ScopeManager 和 Scope 接口定义

由于 Java 语言天然地支持多线程，所有代码一定都在一个线程中执行。所以 Java 语言接口支持的进程内传播，实际上是在线程内共享跨度的问题。显然 Java 语言中的 ThreadLo-cal 机制是最适合的共享方案，Brave 线程内共享跨度的方案就是采用了 ThreadLocal。上述两个接口的默认实现类 ThreadLocalScopeManager 和 ThreadLocalScope，实际上也是采用了 ThreadLocal 来共享跨度。当调用 ScopeManager 的 activate 方法激活跨度时，其实就是将跨度保存在 ThreadLocal 中。由于 ThreadLocal 在线程内惟一且只能保存一个对象，所以在一个范围内只能有一个跨度处于激活状态。一旦处于激活状态，这个跨度可以通过 ScopeManager 的 activeSpan 方法随时获取。Scope 只定义了一个 close 方法，它的作用是关闭这个范围，也就是将激活的跨度从 ThreadLocal 中清除掉。所以 Scope 代表的就是跨度激活的范围，一旦调用了 Scope 的 close 方法，这个范围也就结束了。

Tracer 中的 activateSpan 和 activeSpan 两个方法，实际上就是调用了 ScopeManager 中的 activate 和 activeSpan 方法；前者用于设置当前跨度，而后者则用于返回当前跨度。所以在实际编写代码时，一般是不需要直接使用 ScopeManager，除非需要自定义 ScopeManager。需要注意的是，由于 Brave 默认采用 InheritableThreadLocal 共享跨度，所以子线程中生成的跨度会自动成为父线程的子跨度。但 OpenTracing 接口则直接使用 ThreadLoacl，所以使用 Open-Tracing 时就不会自动成为父线程的子跨度。例如，在示例 6-25 中 child 方法中创建的跨度 childSpan 会成为子跨度，而子线程 t1 内创建的跨度 threadSpan 则不会成为子跨度：

```
private static Configuration configuration = Configuration.fromEnv("scope-demo");
private static Tracer tracer = configuration.getTracer();
public static void main(String[]args){
    Span span = tracer.buildSpan("parent-span")
            .start();
    Scope scope = tracer.activateSpan(span);
    System.out.println(span);
    childSpan();
    nonChildSpan();
    Thread t1 = new Thread(()->{
        Span threadSpan = tracer.buildSpan("thread-span")
                .start();
        System.out.println(threadSpan);
        span.finish();
    });
    t1.start();
    scope.close();
    span.finish();
    tracer.close();
}
public static void childSpan(){
    Span span = tracer.buildSpan("child-span")
            .start();
    System.out.println(span);
```

```
    span.finish();
}
public static void nonChildSpan(){
    Span span = tracer.buildSpan("non-child-span")
            .ignoreActiveSpan()
            .start();
    System.out.println(span);
    span.finish();
}
```

示例 6-25　线程内共享跨度

　　如示例 6-25 所示，在使用 Tracer. SpanBuilder 构建跨度时，如果已经有跨度处于激活状态，那么创建出来的跨度就会以激活跨度为父跨度。但是如果在创建跨度前调用了 Tracer. SpanBuilder 的 ignoreActiveSpan 方法，则构建出来的跨度就会忽略激活跨度，所以示例 6-25 中 nonChildSpan 中的跨度就不会成为子跨度。

　　如果希望采用不同的 ScopeManager，则需要在创建 Tracer 实例前将定制好的 ScopeManager 实例设置给 Tracer，而这只能通过 JaegerTracer. Builder 的 withScopeManager 方法设置。读者可尝试将默认实现中的 ThreadLocal 改为 InheritableThreadLocal，从而实现子线程中自动生成子跨度。

第7章
Prometheus 服务概览

Prometheus 是一种开源的分布式监控与报警系统，它采用定时拉取的方式从被监控系统中读取监控数据，这些监控数据会被保存在 Prometheus 自带的时序数据库中。用户可通过 Prometheus 接口查询到即时或历史监控数据，同时还可以在其界面中以图形的方式查看这些数据。另一方面，用户还可以在 Prometheus 中根据监控指标设置报警规则。如果监控数据达到了用户设置的报警规则，Prometheus 会通过另一个组件触发多种告警机制。

Prometheus 官方网站是 https://prometheus.io，其中包含非常详尽的文档。Prometheus 各组件的源代码也是托管在 Github 上，地址是 https://github.com/prometheus，Prometheus 各种组件都可以在这里找到文档和源码。本节介绍的 Prometheus 服务，源代码就位于上述地址中 prometheus 项目中。Prometheus 主要用于提升被监控系统的可用性，在被监控系统出现异常或故障时触发合理动作避免重大事故发生。

7.1 Prometheus 快速入门

从广义上来说，Prometheus 代表的是一个有关监控的生态系统。除了 Prometheus 服务自身以外，还应该包括报警管理（Alertmanager）、推送网关（Pushgateway）、导出器（Exporter）等多种组件。狭义上的 Prometheus 就是指 Prometheus 服务，它实现了对监控数据的基本处理功能，这包括拉取监控数据、存储监控数据、查询与可视化等。所以 Prometheus 服务本身是整个生态最为核心的组件，本节就先来介绍 Prometheus 服务的基本配置与使用方法。

7.1.1 安装与启动

Prometheus 安装和启动非常简单，直接解压安装包运行启动命令，或使用 Docker 容器加载镜像都可以启动 Prometheus。Prometheus 安装包的下载地址为 https://prometheus.io/download/，Docker 镜像地址为 https://hub.docker.com/u/prom。Prometheus 官网提供了支持 Windows、Linux 和 Darwin（即 MacOS）三种操作系统的安装包，下载后直接解压即可完成安装。Prometheus 启动命令是位于安装目录下的 prometheus（.exe），无须做任何配置直接运行该命令即可完成启动。

Prometheus 启动后默认会在 9090 端口监听 HTTP 请求，同时还会自动收集自身产生的指标数据。Prometheus 对外发布自身监控指标的路径是/metrics，在浏览器中直接访问 http://localhost:9090/metrics 就可以看到以文本格式发布的指标数据。这种指标数据的文本格式有着严格的语法定义，并且正在试图标准化为 OpenMetrics，详细请参考第 8 章 8.1.3 节中的介绍。默认情况下，Prometheus 会每隔 15s 从这个地址拉取监控数据，它们会被保存到 Prometheus 自带的时序数据库中。

如果安装了 Docker 容器，使用 Docker 镜像启动 Prometheus 更容易，只需注意将 Prometheus 的 9090 端口从容器中映射出来即可。具体启动命令如下：

docker run -d -p 9090:9090 prom/prometheus

由于 Prometheus 有多种组件都会通过 HTTP 端口提供服务，所以 Prometheus 对这些组件使用的端口做了一些约定。表 7-1 将这些接口的分布情况列了出来。

表 7-1　Prometheus 组件端口说明

端口	Prometheus 组件
9090	Prometheus 服务
9091	推送网关（Pushgateway）
9092	由于 Kafka 默认端口为 9092，所以 Prometheus 中未使用该端口
9093	报警管理器（Alertmanager）
9094	报警管理器集群（Alertmanager Clustering）
大于 9100	所有导出器（Exporter）端口都大于或等于 9100，目前已经分配到 9682

Prometheus 提供了一种查询监控指标的语言 PromQL，在 Prometheus 界面可通过一些简单的表达式查询指标数值。在 Prometheus 界面上侧有一个输入框，这个输入框就是用于输入 PromQL 做查询的地方。PromQL 表达式最简单的形式就是直接使用指标名称，可直接在输入框中录入。由于在录入的时候 Prometheus 会给出提示，所以即使不知道指标名称也没有关系。另一种录入指标的方式是使用 Execute 按键旁边的下拉列表，其中列出了所有 Prometheus 已经收集到指标。点击其中的任意一个指标，它们就会直接被录入到输入框中，如图 7-1 所示。

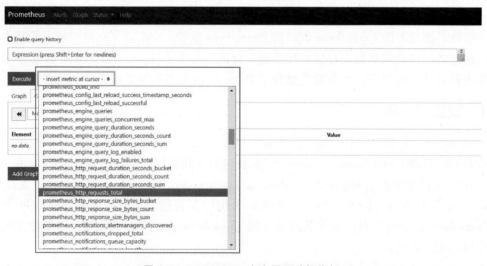

图 7-1　Prometheus 查询界面选择指标

如图 7-1 所示，可录入或选择 prometheus_http_requests_total 指标，该指标名称暗示了它代表了 Prometheus 接收 HTTP 请求的总数量。点击 Execute 按钮或直接键入回车，则在 Prometheus 界面中会列出该指标相关监控数据。查询出来的监控数据有两种展示方式，默认是在 Console 标签中以文本形式展示。用户也可选择 Graph 标签以图形化的方式展示，如图 7-2 所示。

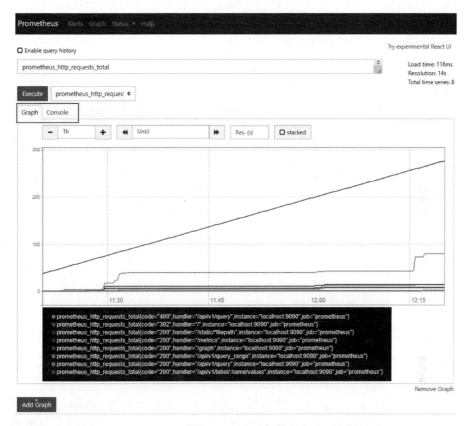

图 7-2　Graph 标签

图形化的方式展示了监控指标随时间的变化趋势，图形的样子取决于 Prometheus 收集到的数据。有些指标的图形可能并不连续，空缺段的时间范围内可能没有该指标的数据。这可能是被监控服务崩溃，或是收集该监控指标的客户端组件出现故障，也有可能是在该段时间 Prometheus 自身没有启动。

除了开放查询界面以外，Prometheus 还在 9090 端口对外开放了一些管理接口，这些接口都位于一个特殊的路径 "/-" 下，具体接口及其作用见表 7-2。

表 7-2　Prometheus 管理接口

管理接口	说明
GET /-/healthy	用于检查 Prometheus 健康状态
GET /-/ready	用于检查 Prometheus 是否就绪
PUT /-/reload	用于触发重新加载 Prometheus 配置文件和规则文件，默认未开启
POST /-/reload	可通过命令行参数 --web.enable-lifecycle 开启

175

（续）

管理接口	说明
PUT /-/quit	用于安全关闭 Prometheus，默认未开启
POST /-/quit	可通过命令行参数

Prometheus 启动命令有许多配置参数，可通过--help 或-h 查看所有配置参数。命令行参数一般配置一些在运行时不可变的系统设置，比如 HTTP 服务端口、时序数据存储位置等。表 7-3 列出了 Prometheus 启动命令参数。

表 7-3　Prometheus 启动命令参数

参数名称	默认值	说明
--web.listen-address	"0.0.0.0:9090"	Web 服务的监听地址
--web.read-timeout	5m	读取请求的超时时间
--web.max-connections	512	并发连接数量
--web.external-url	\	Prometheus 外部可达地址
--web.route-prefix	\	Web 端点内部路由前缀
--web.user-assets	\	网页静态资源路径
--web.enable-lifecycle	\	开启通过 HTTP 请求关闭或重新加载
--web.enable-admin-api	\	开启管理端点 API
--web.console.templates	"consoles"	控制台模板路径
--web.console.libraries	"console_libraries"	控制台库路径
--web.page-title	"Prometheus Time Series Collection and Processing Server"	Web 页面标题
--web.cors.origin	".*"	CORS Origin 正则表达式

命令行参数对于 Docker 镜像也一样适用，比如在镜像后面附加--help 也可以查看所有参数。但需要将 docker 命令的-d 参数去除，否则 docker 会在后台运行而无法看到输出结果，即

docker run -p 9090:9090 prom/prometheus --help

除了启动 Prometheus 的命令以外，安装目录下还提供了 promtool（.exe）和 tsdb（.exe）两个工具。前者可用来校验配置文件的正确性，后者可以用于分析和查看 Prometheus 自带的时序数据库。

7.1.2　配置入门

由于 Prometheus 通过拉取的方式获取监控指标，所以被监控的业务系统需要开放自己的监控接口。以 Prometheus 为例，它之所以可以监控自身就是因为它在启动后会开放一个监控接口。本机启动 Prometheus 之后，可在浏览器中录入地址 http://localhost:9090/metrics，Prometheus 就会立即返回 Prometheus 各种监控指标的数值。多数分布式组件都会提供自身监控的接口，本书前几章介绍的 Zipkin、Jaeger 等服务默认都会开放自身的监控接口。表 7-4 列出了它们的监控接口地址，Jaeger 几个组件的监控地址只是端口不同。

表 7-4　**Zipkin 与 Jaeger 服务端组件监控接口**

组件名称		监控地址
Zipkin		http://localhost:9411/prometheus
Jaeger	All-in-one	http://localhost:14269/metrics
	Collector	
	Ingester	http://localhost:14270/metrics
	Agent	http://localhost:14271/metrics
	Query	http://localhost:16687/metrics

被监控服务的监控接口地址需要让 Prometheus 知道，这可以在 Prometheus 配置文件中设置。默认情况下，Prometheus 的配置文件是在安装路径下的 prometheus.yml 文件，但这可以通过参数--config.file 修改。Prometheus 之所以在启动后会自动监控自身，就是因为在默认配置文件 prometheus.yml 中配置了自身的监控地址，如示例 7-1 所示：

```
global:
  scrape_interval:15s
  evaluation_interval:15s

alerting:
  alertmanagers:
  -static_configs:
    -targets:
      #-alertmanager:9093

rule_files:
  #-"first_rules.yml"
  #-"second_rules.yml"

scrape_configs:
  -job_name:'prometheus'
    static_configs:
    -targets:['localhost:9090']
```

示例 7-1　**prometheus.yml 默认配置**

示例 7-1 展示的就是 prometheus.yml 的默认配置，核心内容就是 scrape_configs 中的配置。简单来说就是配置了一个名为 prometheus 的作业（Job），这个作业会每隔 15 秒到 http://localhost:9090/metrics 地址拉取监控数据。虽然在配置中只设置了 localhost:9090，但 Prometheus 默认会为地址附加协议 HTTP 以及路径/metrics。如果使用的协议或路径与它们的默认值不符，那么可以通过 scheme、metrics_path 来设置。根据以上配置知识，我们来试着将 Zipkin 也加入到 Prometheus 的监控中。示例 7-2 展示了配置文件修改的内容：

```
scrape_configs:
 -job_name:'prometheus'
   static_configs:
   -targets:['localhost:9090']

 -job_name:'zipkin'
   metrics_path:'/prometheus'
   static_configs:
   -targets:['localhost:9411']
```

示例7-2　**prometheus_zipkin. yml**

示例 7-2 中新增加了一个名为 zipkin 的作业去拉取 Zipkin 监控数据，在 targets 中设置了 Zipkin 监控地址为 localhost:9411。由于 Zipkin 监控接口地址不是/metrics，所以需要在 metrics_path 中设置监控路径为/prometheus。将示例 7-2 保存为 prometheus_zipkin. yml，然后再在启动 Prometheus 时通过参数--config. file 指定配置文件路径，即"prometheus（. exe）--config. file = prometheus_zipkin. yml"。开启 Zipkin 服务后再到 Prometheus 中查询就会看到 Zipkin 相关的监控指标了。比如 zipkin_collector_spans_total 即是 Zipkin 开放的一个监控指标，如果在 Zipkin 运行一段时间后可以在 Prometheus 中查询到这个指标，就说明 Prometheus 监控 Zipkin 已经成功了。

7.1.3　体系结构

Prometheus 是一个生态系统，包括多种独立组件。Prometheus 服务端是整个生态中的核心组件，它负责从业务系统拉取监控数据，并将它们存储在一个内置的本地时序数据库中。Prometheus 服务端还内置了可视化的查询界面，也可以与 Grafana 等第三方可视化组件集成起来使用。除了服务端以外，Prometheus 也有用于生成监控指标数据的埋点库。Prometheus 埋点库与 Zipkin、Jaeger 的埋点库类似，也需要采用与业务系统相同的语言开发并与业务系统集成在一起。对于一些常用软件或中间件，Prometheus 还提供了现成的导出器（Exporter），可以将已存在的监控数据转换成 Prometheus 可识别的监控指标。

Prometheus 服务端拉取监控指标的方式只适用于那些长时间运行的业务系统，但对于一些短生命周期的业务系统来说就不适用了。比如一些命令行工具执行的时间可能很短，Prometheus 还没来得及拉取到监控数据时它们就已经退出了。所以 Prometheus 针对这种情况还提供了推送网关（Push gateway）组件，可以使用推送的方式接收业务系统的监控指标。最后一种组件是报警管理（Alertmanager）组件，它可以在监控异常时触发多种告警机制。整个 Prometheus 体系结构如图 7-3 所示。在图 7-3 中，所有白色背景的组件都不属于 Prometheus 生态，而是第三方组件或业务系统。其中，查询界面和时序数据库都是与 Prometheus 服务端集成在一起的，不能单独部署。尤其是 Prometheus 内置的时序数据库，由于它决定了监控指标数据的存储方式，所以可以说是整个 Prometheus 服务的根基。接下来就让我们先来看一看 Prometheus 的监控数据模型，以及它们是如何存储在内置时序库中。

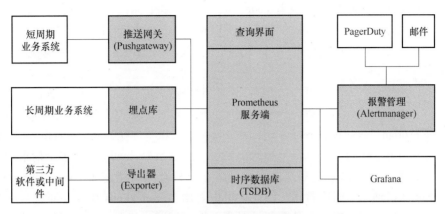

图 7-3　Prometheus 体系结构

7.2　数据模型与存储

监控数据对于监控系统来说是最为重要的根基，而监控产生的数据通常都是以时序数据（Time Series）的形式来描述。本书第 1 章对时序数据有部分介绍，读者在学习本节内容之前可以先温习一下相关章节。Prometheus 也使用时序数据的形式描述监控数据，并且给监控数据定义了严格的数据模型。Prometheus 会将时序数据以文件的形式存储在本机，所以它并不依赖于外部存储组件。本地存储使 Prometheus 的部署变得非常简单，但也带来了一些问题。所以作为本地存储的补充，Prometheus 也提供了对许多第三方存储组件的支持。本节会在介绍 Prometheus 监控数据模型的基础上，简单介绍 Prometheus 自带时序数据库的配置和使用，同时也会以 Elasticsearch 为例介绍如何引入远程存储组件。

7.2.1　数据模型

时序数据是带有时间戳的数据，单纯看时序数据的数值会非常简单，只有一个代表监控时间的时间戳和一个具体的监控数值。但对于监控系统来说，更为重要的是描述这些数据所代表的含义。从具体实现来说，也就是如何标识（Identity）这些数据。

1. 标注

Prometheus 采用标注（Notation）的形式来标识时序数据，标注由一个指标名称（Metric Name）和一组标记（Label）组成，具体格式如下所示：

＜指标名称＞ ｛＜标记名＞＝＜标记值＞，...｝

标注中必须要有一个指标名称，但标记则可有可无也可以有多个，所以最简单的标注就是一个指标名称。比如在本章 7.1.1 节中使用的 prometheus_http_requests_total 就是一个指标名称，所以它也就可以当成标注来标识时序数据，代表的含义就是 Prometheus 接收 HTTP 请求的总量。标记位于指标名称之后的大括号中，它们虽然可有可无但却意义重大。标记在一些时序数据库中也称为标签（Tag），但无论怎么称呼它们，它们代表的都是一组与指标相关联的键值对。标记为指标提供了更多的考量维度（Dimension），它们相当于是当前指标的属性，是对指标特征的细化。一个指标可以有多个标记，多个标记之间用逗号分隔开来。比如 prometheus_http_requests_total 就有 code、handler 等多个标记，它们代表的含义分别是请求返回的响应状态码和处理请求的地址。所以标注 prometheus_http_requests_total $\{$ code = "200", handler = "/graph" $\}$ 就是将指标做了细化，代表的是地址/graph 上响应状态码为 200 的请求总量。

由此可见，标记在标注中更多的是起到细化时序数据的作用，标记设置得越详细则它们标识的时序数据也就越具体。假设 prometheus_http_requests_total 只有 code 和 handler 两个标记，那么标注 prometheus_http_requests_total $\{$ code = "200" $\}$ 就是将 Prometheus 所有请求地址上响应状态码为 200 的请求总量都标识出来了。所以当 Prometheus 有多个请求地址时，上述标注标识出来的时序数据就不是单个而是多个。只有同时指定了 code 和 handler 的具体值，标注才能标识到单个时序数据。由此也可以看出，Prometheus 在保存原始时序数据时也要同时保存标记值。即使指标名称和原始时序数据都相同，只要它的标记值有所不同，它在 TSDB 中也必然会形成一条新的记录。Prometheus 称指标的原始时序数据为样本（Sample），它由一个 64 位的浮点值和一个毫秒级的时间戳构成。而指标名称和标记值都用于标识这个样本，它们组成的标注可以在 PromQL 中标识一个或多个样本，而这些样本又可以通过 PromQL 提供的运算符和函数参与到更复杂的运算。

Prometheus 时序数据中并没有域（Field）的概念，所以如果指标的确存在不同的域时，应该将不同域拆分成为不同的指标来表示。这种设计可以降低时序数据的复杂度，有利于提升系统的可靠性。

2. 命名规范

Prometheus 对指标名称有严格的定义，它要求指标名称必须由字母、数字、下划线及冒号组成。此外，指标名称不能以数字开头，使用正则表达式描述就是"[a-zA-Z_:][a-zA-Z0-9_:]*"。需要注意，尽管冒号可以用于定义指标名称，但 Prometheus 建议只在定义记录规则（Recording Rule）时使用冒号，所以冒号通常并不会直接应用于一般指标的名称中。记录（Recording）也可以当成是一种监控指标，只是它通常并不是直接来源于被监控系统，而是根据其他监控指标通过一定运算公式计算而来。记录规则就是定义了这些运算公式的规则，它们可以预先计算出来并存储起来，以避免实时计算导致的性能问题。具体请参考本章 7.3 节中有关记录规则的详细介绍。

除了冒号在使用上的约定以外，Prometheus 对指标名称还给出了一些建议。它们虽然不是指标名称的强制要求，但却是指标命名时的一些最佳实践。Prometheus 认为指标名称应该以暴露该指标的应用或服务名称为前缀，并以指标值的单位或特征为后缀，同时指标名称还应该描述指标监控的内容。例如 prometheus_http_requests_total 就是一个合格的指标名称，它的前缀 prometheus 标明了该指标由 Prometheus 服务暴露出来，而后缀 total 则代表了该指标值是一个统计量。此外，该指标名称中还以下划线分隔了一些必要的信息，能够清楚描述监控内容的大致含义。标记名称与指标名称的命名规则类似，可以包含字母、数字和下划线，区别在于标记名称中不能包含有冒号。如果用正则表达式来表示标识名称的规则，可以写成"[a-zA-Z_][a-zA-Z0-9_]*"。此外，以下划线开头的标识名称也尽量不要使用，它们一般用于 Prometheus 内部预定义的一些标记名称。

Prometheus 要求标记值只能是使用 Unicode 编码的字符串，比如 code 标记值虽然都是数字，但它们在标注中时必须要放置在双引号中使用。标记值还不能是空字符串，如果给标记设置了空字符串的值，Prometheus 会认为这个标记不存在。此外，Prometheus 还会为每一个拉取上来的时序数据添加 job 和 instance 两个标记。其中，job 标记值是配置文件中拉取配置中作业的名称，而 instance 则是拉取该指标的地址及其端口。如果原始的时序数据中已经存在 job 和 instance 标记，那么时序数据中原有的 job 和 instance 会被重命名为 exported_job 和 exported_instance。如果希望保留原始时序数据中的标记，则需要在配置拉取策略时将 honor_labels 参数设置为 true。这在使用联邦机制（Federate）和推送网关（Push Gateway）时非常有用，联邦机制会在下一小节中介绍，而有关推送网关请参见第 8 章 8.4 节。

此外，Prometheus 在每次拉取监控指标时，还会保存一些有关 job 和 instance 自身的时序数据。这些数据能够反映被监控端点的健康状况、拉取数据量等基本信息，具体样本数据见表 7-5 所示。

表 7-5　与拉取相关的时序数据

标注形式	说明
up\{job = " < job-name > " , instance = " < instance-id > "\}	监控端点健康状态，1 代表可达，0 代表不可达
scrape_duration_seconds\{job = " < job-name > " , instance = " < instance-id > "\}	拉取时长
scrape_samples_post_metric_relabeling\{job = " < job-name > " , instance = " < instance-id > "\}	指标重新标记后剩余样本数量
scrape_samples_scraped\{job = " < job-name > " , instance = " < instance-id > "\}	端点暴露样本数量
scrape_series_added\{job = " < job-name > " , instance = " < instance-id > "\}	新时序数据的总量

7.2.2　时序数据库

使用传统关系型数据库存储时序数据存在很多无法解决的问题，所以时序数据一般都保存在专门的时序数据库中。Prometheus 并没有使用第三方提供的时序数据库，而是自带了一个基于本地硬盘的时序数据库，所有样本数据最终都会以文件形式保存在这个数据库中。默认情况下，这个数据库位于 Prometheus 安装路径下的 data 目录中，可通过 Prometheus 启动参数--storage.tsdb.path 修改存储位置。

1. 存储原理与结构

正如第 1.2.3 节中介绍的那样，Prometheus 内置的时序数据也采用了 LSM-Tree 数据库。具体来说，Prometheus 会将即时拉取的样本数据先保存在内存中，然后每隔两小时将内存中保存的样本数据写入到区块（Block）文件中。也就是说，Prometheus 会在内存保存最近两小时的时序数据，保存历史数据的区块文件会以两小时为单元分散到不同的文件夹中，这其实相当于按时间给时序数据做了索引。这一方面可以提升拉取数据后的处理速度，更重要的是这使得实时监控数据的检索效率变得更高。

在一个区块（Block）文件夹中会有多个文件，其中包含一个数据块（Chunk）文件夹、一个元数据（Metadata）文件、一个索引（Index）文件和一个墓碑（Tombstone）文件。数据块文件夹中由一个或多个块文件组成，这些块文件中保存了在该时间段所有处理后的样本数据。元数据文件是一个 JSON 格式的文件，包含整个区块的时间范围、样本数量等基本信息。而索引文件则保存了对指标名称、标记的索引，以便于提升基于指标名称和标记查询或聚合样本的速度。如果用户通过 API 删除了某些时序数据，这些数据会记录到墓碑文件中而并不会真的从区块中删除。

Prometheus 按时间段划分文件夹的形式相当于是按时间对样本数据做了索引，而在每一个区块文件夹中又通过索引文件对指标名称和标记做了索引，这些都有效地提升了时序数据的检索速度。但是为了节省存储空间，块文件中的样本数据都会做数据压缩处理。所以 Prometheus 对历史数据的检索和聚合能力弱于实时数据，但通常人们对于两个小时以前的监控数据并不会有太多兴趣。如果真的有必要分析历史数据，应该采用 Prometheus 提供的远程读写机制将它们保存到第三方的存储组件中。

虽然使用基于内存的方式保存实时数据有利于提升检索速度，但在 Prometheus 因意外崩溃时会导致样本数据的丢失。为解决这个问题，Prometheus 按 LSM-Tree 的方法引入了预写日志（Write-ahead Log，WAL）机制。预写日志会保存对样本的原始操作和原始数据，所以即使在 Prometheus 崩溃后也可以依据这些操作和数据做样本恢复。预写日志保存在名为 wal 的文件夹中，它与每两小时形成的文件夹一样，都保存在 TSDB 存储路径的根目录下。

2. 联邦机制

时序数据这种本地化存储方式具有一些显而易见的优势，最重要的就是使 Prometheus 的高可用性方案变得非常简单。因为本地化数据存储不存在集群中的数据同步和复制过程，所以提升 Prometheus 的可用性只需要多部署几个 Prometheus 实例就可以了。具体来说就是让多个 Prometheus 实例执行相同的监控任务，这样即使有部分 Prometheus 实例崩溃，其他运行中实例也可以持续完成监控任务。但这种方式不能解决 Prometheus 的扩展性（Scalability）问题，这里所说的扩展性是指在系统负载增加时通过增加集群节点提升系统处理能力。一般的业务集群可通过软硬件负载均衡方案，将负载分散到集群中的不同节点上，因此在集群中增加节点时就可以提升系统处理负载的能力。但 Prometheus 单节点需要监控所有服务以提升可用性，所以增加节点的方式就不能增强 Prometheus 的监控能力。

为了解决扩展性问题，Prometheus 引入了一种称为联邦（Federation）的机制增强集群整体负载能力。在联邦机制下 Prometheus 实例不再从被监控系统中直接拉取样本，而是从另一个 Prometheus 实例中拉取该实例已经拉取到的样本，这样一来 Prometheus 实例之间就可以形成一个层级结构的集群。最顶层实例负责汇总所有实例获取到的样本数据，其余实例则负责拉取本区域内服务或系统产生的样本数据，当然它们也可能同时负有汇总其子区域实例样本数据的职责。

Prometheus 实例会在/federate 端点开放联邦服务，通过该服务可获取一组时序数据的集合。但直接请求/federate 端点并不会返回任何时序数据，这是因为该服务要求必须提供一个地址栏参数 match[ ]，如果没有提供这个参数则不会返回时序数据。match[ ] 参数的作用是指定需要获取的时序数据，它使用 PromQL 中定义的即时向量表示，有关即时向量请参考下一节中的介绍。最简单的即时向量就是一个指标名称，比如 prometheus_http_requests_total。所以按如下地址直接在浏览器中请求/federate 端点，就可以在返回的页面中看到 prometheus_http_requests_total 的时序数据：

http://localhost:9090/federate?match[ ] = prometheus_http_requests_total

所以在联邦集群中配置拉取策略时，只要将拉取的地址配置为/federate 端点，同时提供

match〔〕参数，即可完成联邦集群的搭建。

```
scrape_configs:
  -job_name:'my_federate'
    honor_labels:false
    metrics_path:'/federate'

    params:
      'match[]':
        -'prometheus_http_requests_total{code="200"}'
        -'prometheus_http_request_duration_seconds_sum'

    static_configs:
      -targets:
        -'192.168.1.7:9090'
```

示例 7-3　配置 Prometheus 联邦

示例 7-3 的拉取配置中，match〔〕参数设置为两个。这时拉取上来的时序数据将取它们的并集，也就是拉取 'prometheus_http_requests_total ｛code = "200"｝ 和 prometheus_http_request_duration_seconds_sum 标识的两类指标。在 Prometheus 联邦集群运行一段时间后就可以检索到这两个指标了，但它们会多出两个新的标记 exported_job 和 exported_instance。它们就是在上一节中介绍的 job 和 instance 发生冲突时的解决机制，即将它们附加 exported 前缀后重命名。如果希望保留原始信息的话，可以在配置中将 honor_labels 参数设置为 true。

3. 时序数据库配置

联邦机制虽然可以解决 Prometheus 扩展问题，但它解决不了 TSDB 存储容量的扩容问题。毕竟单节点本地存储的容量有限，无论配备了多大的磁盘也会有写满数据的一天，所以需要定期清理 TSDB 中的数据。默认情况下，Prometheus 在 TSDB 中的样本数据只保留 15 天，15 天之后它们就会被直接删除。这种清理 TSDB 的行为可通过启动参数来配置，它们是- - storage. tsdb. retention. time 和- - storage. tsdb. retention. size。前者可以设置样本数据保留时长，而另一个则是根据存储总量来设置保留策略，超出容量后会删除时间最久的旧数据。需要注意的是，数据删除以区块为单位进行，也就是位于一个区块中的数据要么全删要么全保留，这样可有效提升删除数据时的性能。除了以上参数，Prometheus 还提供了其他一些启动参数用于配置时序数据库，表 7-6 将这些启动参数总结了出来。

表 7-6　时序数据库启动参数

参数名称	默认值	说明
- - storage. tsdb. path	"data/"	TSDB 存储路径
- - storage. tsdb. retention	STORAGE. TSDB. RETENTION	TSDB 样本保留时长，已废止
- - storage. tsdb. retention. time	STORAGE. TSDB. RETENTION. TIME	TSDB 样本保留时长，未设置时为 15d。时间单位支持 y、w、d、h、m、s、ms

（续）

参数名称	默认值	说明
- - storage. tsdb. retention. size	STORAGE. TSDB. RETENTION. SIZE	最大保存字节数量，目前为实验参数。支持 KB，MB、GB、TB、PB
- - storage. tsdb. no- lockfile	\	不生成 lockfile
- - storage. tsdb. allow- overlapping- blocks	\	允许块重叠以开启垂直压缩和垂直查询
- storage. tsdb. wal- compression	\	压缩 WAL 文件
- - storage. remote. flush- deadline	\	关闭或重新加载配置时等待刷新样本的时长
- - storage. remote. read- sample- limit	5e7	通过远程接口单次查询样本数量上限
- - storage. remote. read- concurrent- limit	10	远程接口读取时的最大并发数量
- - storage. remote. read- max- bytes- in- frame	1048576	流式远程接口读取时单个帧的字节数量

  Prometheus 针对本地时序数据库还专门提供了一个命令行工具 tsdb(. exe)，通过该命令实现查看 TSDB 中的区块信息或是样本数据等功能。比如，如果想要从 TSDB 中将所有样本数据都提取出来，可执行 "tsdb dump . /data/"。其中，dump 是 tsdb(. exe) 的子命令，而. /data/ 则是 TSDB 的存储路径。表 7-7 列出所有子命令及其作用。

表 7-7 tsdb(. exe) 子命令

子命令	说明及示例
help	查看帮助，也可以使用-- help、-- help- long 或-- help- man
bench write [<flags>] [<file>]	运行基准测试以检查性能，-- out = "benchout" 设置测试数据写入的路径，- - metrics =10000 则指定了读取指标的数量
ls [<flags>] [< db path >]	列出所有区块，可使用-h 或-- human- readable 显示友好的时间格式
analyze [<flags>] [< db path >] [< block id >]	分析数据块，包括指标、标记等基数，可使用-- limit =20 设置每项返回结果的数量
dump [<flags>] [< db path >]	从 TSDB 中导出指标，可通过-- min- time 和-- max- time 设置时间范围

  其中，bench write 命令默认会从名为 20kseries. json 的文件中读取指标数据，这个文件在安装包中并没有包含需要到 Github 上下载。文件位于 Prometheus 源代码工程 prometheus/prometheus 的 tsdb/testdata 目录中，当然用户也可以自己编写测试数据，只要格式与该文件内容兼容即可。

7.2.3 远程读写

  尽管可以通过设置保留策略管理 TSDB 存储容量，但依然存在一些问题是本地存储解决不了的。比如在本地硬盘或文件损坏时，TSDB 中的样本数据就会丢失且无法恢复。还有在 K8S 容器化的环境下，容器实例重启也有可能会导致历史数据全部丢失。此外，有些业务场景需要长时间保留监控数据，而本地存储受容量限制必须要做定期删除。这些问题从本质上来说都是数据可靠性存储问题，Prometheus 自身并不支持可靠存储而是通过集成第三方存储组件实现。

　　为了集成第三方存储组件，Prometheus 定义了通用的通信与编码协议，专门用于实现 Prometheus 与任意存储组件之间的数据传输。在最新版的 Prometheus 中，数据采用 Protocol Buffer 编码并以 Snappy 算法做压缩，然后再通过 HTTP 协议传输数据。但在未来版本中，Prometheus 很有可能会采用更为流行的 gRPC 协议。数据采用的 Protocol Buffer 编码格式可以在 Prometheus 源码中找到，位于 prometheus 项目中 prompb 模块下的 remote. proto 文件中。

　　从实现的角度来说，无论 Prometheus 采用什么样的协议，都可以在 Prometheus 与第三方存储组件之间添加一层适配器。这个适配器负责实现 Prometheus 协议与第三方存储组件协议之间的转换，从而可以屏蔽 Prometheus 协议的变化。具体如图 7-4 所示。

图 7-4　集成第三方存储组件

　　如图 7-4 所示，Prometheus 实际上还将读取与写入协议做了区分处理。所以，第三方存储组件可以同时支持读写协议，也可以只支持写入协议。比如 InfluxDB 就内置地支持了读取和写入，而 Elasticsearch 则只支持写入而不支持读取。表 7-8 列出了 Prometheus 官网给出的第三方存储组件支持情况。

表 7-8　第三方存储组件支持情况

存储组件	写入	读取	存储组件	写入	读取
AppOptics	√	×	Kafka	√	×
Azure Data Explorer	√	√	M3DB	√	√
Azure Event Hubs	√	×	OpenTSDB	√	×
Chronix	√	×	PostgreSQL/TimescaleDB	√	√
Cortex	√	√	QuasarDB	√	√
CrateDB	√	√	SignalFx	√	×
Elasticsearch	√	×	Splunk	√	×
Gnocchi	√	×	TiKV	√	√
Google Cloud Spanner	√	√	Thanos	√	×
Graphite	√	×	VictoriaMetrics	√	×
InfluxDB	√	√	Wavefront	√	×
IRONdb	√	√			

　　由表 7-8 可以看出，所有存储组件都支持写入协议，但并不一定会支持读取协议。Pro-

metheus 集成上述第三方存储组件很简单，只要在配置文件中通过 remote_write、remote_read 设置即可。由于 Prometheus 远程读写都是使用 HTTP 协议，所以这两个配置项的最主要参数就是连接地址 URL。下面以 InfluxDB 和 Elasticsearch 为例，来看一下如何将 Prometheus 与第三方存储组件集成起来使用。

1. 集成 InfluxDB

InfluxDB 内置地支持 Prometheus 远程读写协议，Prometheus 既可以从 InfluxDB 中读取样本数据，也可以向 InfluxDB 中写入样本数据。InfluxDB 启动后会开放两个 REST 接口用于接收 Prometheus 的读写请求，它们是/api/v1/prom/read 和/api/v1/prom/write。换句话说，在 Prometheus 与 InfluxDB 之间并没有独立的适配器，而是由 InfluxDB 自身完成与 Prometheus 远程读写协议的适配。

上述两个 REST 接口都需要一个名为 db 的参数，这个参数指明了 Prometheus 样本数据存储在 InfluxDB 的哪一个数据库中。所以在连接 InfluxDB 之前，需要在 InfluxDB 中创建一个数据库。例如，使用“create database mydb”命令创建一个名为 mydb 的数据库，那么在配置 Prometheus 时需要加入如下内容：

```
remote_write:
  -url:"http://localhost:8086/api/v1/prom/write?db=mydb"

remote_read:
  -url:"http://localhost:8086/api/v1/prom/read?db=mydb"
```

示例 7-4　配置 InfluxDB 远程读写

示例 7-4 同时开启了 InfluxDB 远程读写，它们使用的 InfluxDB 都是 mydb。先启动 InfluxDB 再按示例 7-4 运行 Prometheus，一段时间后进入 InfluxDB Shell 执行“use mydb”命令进入 mydb 数据库。Prometheus 监控数据中的指标名称会映射为 InfluxDB 的 Measurement 名称，通过“show measurements”命令就可以看到当前数据库中所有的 Measurement。Prometheus 样本数据的数值会映射为 Measurement 中名为 value 的域，而标记则会映射为 Measurement 的标签。如果将 Measurement 理解为关系型数据库中的表，那么域和标签都可以认为是表中的列。InfluxDB 提供了类似 SQL 的语言查询样本数据，比如执行“select * from prometheus_http_requests_total”就可以查询所有 prometheus_http_requests_total 中的样本数据，如图 7-5所示。

```
> select * from prometheus_http_requests_total
name: prometheus_http_requests_total
time                __name__                       code handler  instance       job        value
----                --------                       ---- -------  --------       ---        -----
1582523501214000000 prometheus_http_requests_total 200  /metrics localhost:9090 prometheus 1
1582523516215000000 prometheus_http_requests_total 200  /metrics localhost:9090 prometheus 2
1582523531215000000 prometheus_http_requests_total 200  /metrics localhost:9090 prometheus 3
```

图 7-5　InfluxDB 查询样本

如果 InfluxDB 开启了身份认证，则可以通过 u 和 p 两个参数设置用户名和密码。这两个参数与 db 参数一样，都是在 Prometheus 配置文件中 url 的地址参数。

2. 集成 Elasticsearch

Elasticsearch 本身并不直接支持 Prometheus，所以集成 Elasticsearch 需要使用适配器。早期 Prometheus 官方推荐的适配器是 Infonova 开发的 Prometheusbeat，而在最新版本中已经转而推荐 Elastic Stack 官方的 Metricbeat。这两种适配器都是 Beat 组件，它们是 Elastic Stack 组件中的一种。Beat 组件专门用于收集各种类型的数据，然后再将数据存储到 Elasticsearch 或其他组件中。有关 Elasticsearch 和 Beat 组件的介绍，请参考笔者的另外一本书《Elastic Stack 应用宝典》（机械工业出版社，2019）。

Prometheusbeat 托管在 Github 上，地址是 https://github.com/infonova/prometheusbeat。在该项目的 release 页面上可以下载到编译好的二进制包，地址为 https://github.com/infonova/prometheusbeat/releases。下载后直接解压缩即可，启动命令是安装路径下的 prometheusbeat（.exe），也可以通过 Docker 镜像的形式启动该组件。默认情况下，Prometheusbeat 启动后会在 8080 端口开启 HTTP 服务，而监听 Prometheus 写入服务的上下文地址是 /prometheus。当然这些参数也可以通过配置文件修改，Prometheusbeat 的配置文件是安装路径下的 prometheusbeat.yml 文件。该配置文件的格式与其他类型的 Beat 组件类似，比如可以设置处理器、输出等配置，而核心配置是 prometheusbeat 元素。除此之外还需要像集成 InfluxDB 一样，在 Prometheus 配置文件中添加 remote_write 元素，如示例 7-5 所示：

```
###############以上为 Prometheusbeat 配置内容###############
prometheusbeat:
  listen:":8080"
  context:"/prometheus"
output.elasticsearch:
  hosts:["localhost:9200"]


###############以上为 Prometheus 的配置内容###############
remote_write:
  -url:"http://localhost:8080/prometheus"
```

示例 7-5　使用 Prometheusbeat

示例 7-5 分为两个部分，第一部分展示的是 Prometheusbeat 的配置内容，第二部分则是 Prometheus 自身的配置。Prometheusbeat 配置文件中的 listen 参数设置了 Beat 组件 HTTP 监听端口，而 context 则设置了监听 Prometheus 写入数据的地址，Prometheus 配置文件中配置的 remote_write 端口和地址需要与此一致。

如果使用 Metricbeat 的话配置也不复杂，大体上与 Prometheusbeat 相类似。首先需要配置 Metricbeat 接收的地址和端口，然后同样需要在 Prometheus 的配置中添加 remote_write。与 Prometheusbeat 不同的是，Metricbeat 采用 Module 的形式开启该功能。具体配置如示例 7-6 所示：

```
###############以上为 Prometheusbeat 配置内容###############
-module:prometheus
```

```
metricsets:["remote_write"]
host:"localhost"
port:"9201"


###############以上为 Prometheus 的配置内容###############
remote_write:
 -url:"https://localhost:9201/write"
```

示例7-6　使用 Metricbeat

无论使用哪一种 Beat 组件，它们最终保存到 Elasticsearch 的文档字段都比较多。除了指标名称和标记以外，还包括主机地址、操作系统等信息，这可能会导致样本数据量急剧膨胀。但 Prometheus 并不支持在写入远程存储前过滤样本，所以只能通过 Beat 组件处理。比较理想的方法是将 Beat 组件的输出设置为 Logstash，然后再在 Logstash 中做数据过滤，最后再由 Logstash 转存到 Elasticsearch 中。

最后需要特别强调，由于存在网络通信和协议转换的开销，第三方存储组件写入和查询的性能都不可能好于本地存储。所以为了提升性能，Prometheus 即使在开启了远程存储时也不会停止本地 TSDB 存储，远程存储只是作为一个长期保存样本数据的辅助方式。在查询样本数据时，Prometheus 只有在本地存储中找不到数据时才会到远程存储中查询数据。对于最近两个小时内的样本数据，Prometheus 也依然会在内存中做保留。这也是为什么许多第三方存储组件不支持读取协议的原因之一，因为对于监控系统来说实时数据的查询需求要远高于历史数据，而实时数据的检索可以完全基于内存。但是在监控数据量巨大的场景下，监控数据可能在很短时间内就会爆满。此时如果不将这些数据存储到远程存储组件中，短时间内的数据也会因为需要清除而无法查询到，这时远程读写就变得更加必要了。

7.3　查询语言 PromQL

Prometheus 提供了一种查询时序数据的语言 PromQL，它通过运算符和函数将向量、标量组合成表达式以描述查询需求。PromQL 表达式可以直接在 Prometheus 查询界面中直接使用，比如在第 7.1.1 节中查询 prometheus_http_requests_total 就是最简单的 PromQL 表达式。另一种使用 PromQL 的方法是通过 Prometheus 提供的 REST 接口 "/api/v1/query" 执行，可通过 GET 方法或 POST 方法请求。例如，以 GET 或 POST 方法请求如下地址，也会返回 prometheus_http_requests_total 指标的即时样本数据：

http://localhost:9090/api/v1/query?query = prometheus_http_requests_total

其中，query 参数传递的就是 PromQL 表达式。为了方便，读者可在 Prometheus 界面中直接实验本节中的表达式示例，REST 接口一般是提供给应用程序使用。一般来说，表达式是由操作符和操作数组成，PromQL 表达式也不例外。但 PromQL 参与表达式运算的操作数类型比较特殊，下面就先来看一下操作数的数据类型。

7.3.1　数据类型

PromQL 一共定义了四种数据类型，它们是即时向量（Instant Vector）、范围向量（Range Vector）、标量（Scalar）和字符串（String）。目前字符串类型并没在 PromQL 表达式中应用，所以可将这些类型归为向量和标量两种大类。标量一般是一个单一值，在 PromQL 中它由一个浮点类型的数值表示。标量可以单独出现的 PromQL 中，但只有标量的表达式现实意义并不大，所以更多的情况下是与向量一起做运算。如果只在查询界面中录入单个标量或标量表达式，那么返回结果就是标量自身或标量表达式运算的结果。

所以学习 PromQL 的重点还是在向量上，向量与标量的区别在于它不是单一值而是一组值。如果 PromQL 中的标量是一个浮点类型的数值，那么向量就是一个浮点类型的数组。当然在特殊情况下也可能只有一个值，但从类型上看它们仍然是向量，只是向量中只包含一个数据而已。PromQL 向量中包含的数据是一组时序数据，它们不能像标量那样直接表达出来，而必须通过时序数据选择器（Time Series Selector）从时序数据中筛选出来。时序数据选择器从形式上来看与第 7.2.1 节中介绍的标注极为相似，大体上也是由一个指标名称和一组放置在大括号中的标记组成。标记在时序选择器中的作用是根据标记值过滤时序数据，所以标记与标记值之间除了可以使用"＝"以外，还可以使用"！＝""＝~"和"！~"等。标记使用"＝"或"！＝"匹配标记值时，选择器会选择那些等于或不等于标记值的时序数据。而"＝~"和"！~"则使用正则表达式作为标记值，前者会选择那些匹配正则表达式的时序数据，而后者则是选择不匹配的时序数据。比如 prometheus_http_requests_total｛code！＝"200"｝就是通过 code 过滤所有响应状态码不是 200 的样本数据，而 prometheus_http_requests_total｛code＝~"200｜201"｝则代表取状态码为 200 或 201 的请求。

上述两个时序数据选择器选择出来的向量都属于即时向量，所以它们也被称为即时向量选择器（Instant Vector Selector）。即时向量选择器会以当前时间为参考，选取最近一个时间戳的样本数据。所以即时向量中的时序数据必然具有相同的时间戳，这也是即时向量与范围向量的最显著区别。也就是说，范围向量中时序数据的时间戳应该是一个范围。当然在特殊情况下也有可能具有相同的时间戳，但即使是这样它也依然属于范围向量。区分即时向量和范围向量的意义在于，对于 PromQL 中的某些运算符和函数来说，它们可能只适用于某一种向量类型。比如，PromQL 中的聚合运算符就只能应用于即时向量，应用于标量或范围向量时会返回错误。

筛选范围向量的选择器称为范围向量选择器（Range Vector Selector），它与即时向量选择器类似，只是多了一个从当前时间算起的时间范围。时间范围可以在选择器最后通过方括号［］来表示，方括号中可使用带时间单位的数值来表示时间，可使用时间单位为 s（秒）、m（分钟）、h（小时）、d（日）、w（周）和 y（年）。比如，prometheus_http_requests_total［5m］代表的含义就是取该指标最近 5 分钟内的样本数据。

无论是即时选择器还是范围选择器，它们针对的时间都是当前时间。对于即时选择器来说，它会选择离当前时间最近的一次采样数据；而对于范围选择器来说，时间范围则是以当前作为时间范围的终止点。如果不想以当前时间作为参考的时间点，可以使用 offset 修饰符来修饰选择器。注意 offset 属于修饰符，它即可以修饰即时向量选择器，也可以修饰范围向量选择器，而且它必须要紧跟在选择器后面。比如 prometheus_http_requests_total［5m］offset 10m，它的含义是从 10 分钟之前开始算起，再向前回退 5 分钟时间范围内的样本数据，也就是选取当前时间之前 15 分钟至之前 10 分钟之间的样本数据。

7.3.2 运算符

PromQL 运算符分为数学运算符、比较运算符、逻辑运算符和聚合运算符四大类，它们一般可以应用于标量和即时向量而不能应用于范围向量。其中，逻辑运算符和聚合运算符不能应用于标量，而只能用于即时向量。

1. 数学运算符

数学运算符包括 +（加）、−（减）、*（乘）、/（除）、%（取模）和^（幂）等，它们可以应用于标量、即时向量类型而不能应用于范围向量。标量与标量之间应用数学运算符就是简单的数学运算，而即时向量与标量之间则是将运算应用于向量中的每一个元素。比如，"prometheus_http_requests_total + 2"这个表达式，它是将 prometheus_http_requests_total 选取出来的即时向量中的每一个元素都加 2。

即时向量与即时向量也可以做数学运算，运算会在向量匹配的元素之间进行。返回的结果也是一个即时向量，其中包含了所以匹配元素运算后的结果。如果没有匹配的元素则返回一个空的即时向量。可以看出，对于即时向量之间的数学运算来说，如何做元素匹配是一个比较关键的运算规则。向量元素之间的匹配规则比较复杂，默认情况下需要向量元素的标记及其值完全相同才算是匹配的元素。所以两个向量中的元素要想匹配，首先标记的数量就必须相同。举例来说，prometheus_http_requests_total 有 code、handler、instance 和 job 四个标记，而 prometheus_http_request_duration_seconds_count 则有 handler、instance 和 job 三个标记。在这种情况下，即使两个向量元素的 handler、instance 和 job 标记值都完全相同，两个向量中的元素也没有办法匹配，因为后者永远都不会有 code 这个标记。这其实是比较苛刻的要求，所以 PromQL 又提供了 ignoring 和 on 两个关键字，专门用于排除或指定用于匹配元素的标记。它们在使用时都需要跟在运算符后面，并使用括号列出需要排除或使用的标记名称。例如：

```
1. prometheus_http_requests_total{code = "200"} + ignoring(code) prometheus_
   http_request_duration_seconds_count
2. prometheus_http_requests_total{code = "200"} + on(handler) prometheus_http_
   request_duration_seconds_count
```

示例 7-7　使用 **ignoring** 和 **on**

示例 7-7 中两个表达式的作用类似，前者使用 ignoring 关键字将 code 标记从匹配规则中排除，而后者则使用 on 关键字指明了用于匹配的标记为 handler。上述表达式返回的即时向量中元素的标注会去除指标名称而只保留匹配标记及其值，所以示例 7-7 中两个表达式返回向量中元素的标注会有所不同。前者会返回所有除 code 以外的标记，而后者则会只包含 handler 标记。示例 7-8 展示了使用 ignoring（code）时返回即时向量元素的列表：

```
{handler = "/api/v1/label", instance = "localhost:9090", job = "prometheus"}  6
{handler = "/api/v1/query", instance = "localhost:9090", job = "prometheus"}  217
{handler = "/graph", instance = "localhost:9090", job = "prometheus"}  4
```

```
{handler = "/static/ * filepath",instance = "localhost:9090",job = "prometheus"}  4
{handler = "/metrics",instance = "localhost:9090",job = "prometheus"}  986
```

示例 7-8　使用 ignoring 和 on 的返回结果

　　以上向量元素的匹配规则相对来说比较简单，因为左右两个即时向量中匹配的元素都只有一个，所以在 PromQL 中称这种匹配规则为一对一（one to one）的匹配。除了一对一的匹配以外，还有一对多（多对一）和多对多两种情况。所谓一对多（多对一）的情况是指在表达式左右两个向量中，一个向量中满足匹配规则的元素数据只有一个，而另一个向量元素数据则是多个。出现这种情况说明多的一方标记的个数应该多于另一个向量，这使得多的一方比另一方增加了细分向量的维度。举例来说，prometheus_http_requests_total 比 prometheus_http_request_duration_seconds_count 多了一个 code 标记，所以在使用 handler 做元素匹配时，只要同一 handler 返回了不同的响应状态码，那么 prometheus_http_requests_total 对同一 handler 就会有两个元素。例如，在使用/api/v1/query 执行 PromQL 时必须要传入 query 参数，否则 Prometheus 会返回 400 状态码，所以只要在地址栏里直接访问/api/v1/query 就可以创建一个 code 为 400 的元素。而在这之前如果在 Prometheus 查询界面执行过正确的查询操作，也会在/api/v1/query 上创建 code 为 200 元素。但由于 prometheus_http_request_duration_seconds_count 向量没有 code 标记，所以对于 handler = "api/v1/query" 的元素只可能有一个。

　　PromQL 支持一对多（多对一）的情况，运算采用多的一方中的每一元素与另一方中的单个元素做相同的运算，同时将运算结果以即时向量的形式返回。换句话说，多的一方会重复使用另一方的匹配元素做运算，返回结果的数量取决于多的一方。但由于返回向量只可能包含双方共有的标记，所以没有办法将多出来的元素也展示出来。比如当使用 on（handler）匹配时，那么返回结果中就只会有 handler 而没有 code，而没有 code 就没有办法细分多的一方中的元素。PromQL 在这种情况提供了另外两个关键字 group_left 和 group_right，它们的意思就是使用具有多个匹配元素一方中的标记来区分结果。这两个关键字跟 on 或 ignoring 类似，也是要跟在运算符后面。例如：

```
1. prometheus_http_requests_total + on(handler)group_left prometheus_http_re-
   quest_duration_seconds_count
2. prometheus_http_request_duration_seconds_count + on(handler)group_right
   prometheus_http_requests_total
```

示例 7-9　使用 group_left 和 group_right

　　示例 7-9 中分别使用 group_left 和 group_right 对返回结果分组，具体使用哪一个取决于匹配多的一方在左还是在右。这两个关键字并不容易理解，读者可以在界面中运行示例中的表达式以体味它们的区别。

　　最后需要说明，PromQL 对于多对多的匹配情况并不支持。原因是在多对多的情况下做运算会产生笛卡儿乘积，而这将导致返回的即时向量元素数量产生不可预料的膨胀。

2. 比较运算符

比较运算一般用于过滤查询结果，可以应用于标量之间、即时向量之间或是即时向量与标量之间。比较运算符包括 ==（等于）、! =（不等于）、>（大于）、<（小于）、>=（大于等于）和 <=（小于等于）等。比较运算主要是在即时向量与标量之间进行，向量中的每一个元素都会与标量做比较，只有满足比较条件的元素才会出现在返回结果中。比如 prometheus_http_requests_total > 100，只有元素值大于 100 的才会出现在返回结果的向量中。如果只想查看每个元素与标量的比较结果，可以在运算符后面添加 bool 修饰符。这时比较结果会以 0 或 1 作为元素值返回，其中 0 代表假而 1 代表真，但不会过滤那些不满足条件的元素。比如 prometheus_http_requests_total > bool 100，返回结果大概如示例 7-10 所示：

```
{code = "200",handler = "/api/v1/label/",..}  0
{code = "200",handler = "/api/v1/query",..}  1
{code = "200",handler = "/graph",..}  0
```

示例 7-10　比较运算只返回比较结果

示例 7-10 中每个元素的值只能是 0 或 1，代表的含义是它们实际的值是否超过了 100。读者可以将表达式中间的 bool 去除，比较一下返回的结果有什么不同。

比较运算符应用在即时向量之间时的匹配规则与数学运算符完全相同，也是通过标记做元素匹配。比如：

```
1. prometheus_http_request_duration_seconds_count == on (handler) group_right
   prometheus_http_requests_total
2. prometheus_http_request_duration_seconds_count == bool on (handler) group_
   right prometheus_http_requests_total
```

示例 7-11　即时向量间的比较运算

示例 7-11 中的表达式比较了两个向量中匹配元素之间的值是否相等，其中第 1 个示例只会返回满足比较运算的元素，而第 2 个示例中由于使用了 bool 关键字则会返回所有元素，但会以 0 或 1 标识每个元素参与运算后的结果。

3. 逻辑运算符

PromQL 中的逻辑运算符也称为集合运算符，因为这种运算的返回结果并非布尔类型而是一个新的集合。逻辑运算符只能用于两个即时向量之间，包括 and、or 和 unless 三种。大体上来说，and 运算符相当于是取两个即时向量的交集，or 运算符是取两个向量的并集，而 unless 运算符是则取两个即时向量的补集。下面还是通过前述 prometheus_http_requests_total 和 prometheus_http_request_duration_seconds_count 两个即时向量，说明集合运算符的具体含义。先来看 and 运算符，如示例 7-12 所示：

```
1. prometheus_http_requests_total and prometheus_http_request_duration_sec-
   onds_count
2. prometheus_http_requests_total and on (handler) prometheus_http_request_du-
   ration_seconds_count
```

示例 7-12　使用 and 运算符

and 运算符是将两个向量中完全匹配的元素返回，返回元素的指标和值以左侧向量为准。由于示例 7-12 中两个指标的标记不完全相同，所以第 1 个表达式取交集就不会有任何返回；而第 2 个表达式中使用了 on 指定了只匹配 handler，所以返回的交集就会包含所有左侧向量的元素。再来看 or 运算符，如示例 7-13 所示：

```
1. prometheus_http_requests_total or prometheus_http_request_duration_
   seconds_count
2. prometheus_http_requests_total or on(handler)prometheus_http_request_dura-
   tion_seconds_count
```

示例 7-13 使用 or 运算符

or 运算符的运算过程大体是这样的，首先会将左侧向量全部返回，然后再将右侧向量中那些不能匹配的元素也一并返回。在示例 7-13 中，由于两个向量没有一个元素是匹配的，所以第 1 个表达式会将两个向量中的元素合并起来返回；而第 2 个表达式由于使用 on 指定了使用 handler 做匹配，所以右侧向量中的元素都会与左侧向量匹配上，最终返回的结果中也就只会包含左侧向量中的元素。最后再来看 unless 运算符，如示例 7-14 所示：

```
1. prometheus_http_requests_total unless prometheus_http_request_duration_
   seconds_count
2. prometheus_http_requests_total unless on(handler)prometheus_http_request_
   duration_seconds_count
```

示例 7-14 使用 unless 运算符

unless 运算符会将左侧向量中不能与右侧向量匹配的元素返回。所以示例 7-14 中第 1 个表达式中会返回左侧向量中的所有元素，而后者由于只使用 handler 标记做匹配，所以左侧元素都可以匹配而返回空。

通过以上示例可以看出，逻辑运算主要依据还是两个向量的匹配情况，并且返回结果都是以左侧向量为主。正是因为这种运算只考查匹配情况，所以 group_left 和 group_right 对逻辑运算没有意义，因此它们也不能在这些表达式中使用。

4. 聚合运算符

PromQL 聚合运算符用于对即时向量中的元素做聚合运算，并且只能应用于即时向量而不能用于范围向量和标量。从形式上看，PromQL 的聚合运算符更像是函数，包括 sum、min、max、avg、stddev、stdvar、count、count_values、bottomk、topk 和 quantile 等 11 种。以 sum 聚焦运算符为例，它的作用是将即时向量中的所有元素取出来求和。比如，sum（prometheus_http_requests_total）的作用就是将 prometheus_http_requests_total 标识的即时向量中所有元素全部累加起来。

聚合运算符可以在向量所有标记的维度上运算，也可以通过 without 或 by 子句以部分标记为维度做聚合。without 和 by 子句都会后接一个标记列表，by 子句使用列表中的标记做为维度做聚合，而 without 子句则会以列表中标记以外的标记做聚合。without 或 by 可以跟在运算符后面，也可以放置在表达式的结尾处，如下示例 7-15 所示：

```
<聚合运算符>[without|by(<标记列表>)]([参数,]<即时向量>)
<聚合运算符>([参数,]<即时向量>)[without|by(<标记列表>)]
```

示例 7-15　聚合运算符使用方法

例如，sum（prometheus_http_requests_total）by（code）或 sum by（code）（prometheus_http_requests_total），它们都是按 code 标记值分组聚合。例如，当 code 有 200 和 400 两种值，那么返回结果中就会包含两个元素，一个是 code 为 200 的元素的累加值，另一个则是 code 为 400 的元素的累加值。表 7-9 列出了所有聚合运算符及其作用。

表 7-9　聚合运算符及其作用

聚合运算符	参数	说明及示例
sum	无	计算所有元素的累加值
min	无	计算所有元素中最小值
max	无	计算所有元素中最大值
avg	无	计算所有元素的平均值
stddev	无	计算所有元素的标准偏差
stdvar	无	计算所有元素的标准差
count	无	计算所有元素的个数
count_values	结果向量的标记名称	计算所有元素中具有相同数值元素的数量
bottomk	前 k 位中的 k 值	最小值前 k 位的元素
topk	前 k 位中的 k 值	最大值前 k 位的元素
quantile	分位点	计算所有元素的指定分位数

如示例 7-15 所示，所有聚合运算符都需要在括号中给出一个即时向量，除此之外还可以指定一些参数，参数位于即时向量之前。在 PromQL 的所有聚合运算符中，只有 count_values、quantile、topk 和 bottomk 需要参数。count_values 是统计具有相同值的元素的个数，它的返回结果也是一个即时向量，而它所需要的参数就是用于设置返回向量的标记名称。读者可以尝试执行 count_values（"value"，prometheus_http_requests_total），返回的结果如示例 7-16所示：

```
{value="2"}  1
{value="36"}  1
{value="1"}  2
{value="24"}  1
{value="128"}  1
{value="4"}  1
```

示例 7-16　count_values 返回结果

显然，value 成为了元素的标记名称，而标记值正是被聚合向量元素的值。如示例 7-16 所示，在被聚合的元素中除了有两个元素的值为都为 1 以外，其余元素的值在整个向量中都是惟一的。topk 和 bottomk 用于取即时向量中最大值或最小值的前 k 位，所以它们需要的参数就是 k 的具体数值。例如 topk（3，prometheus_http_requests_total）代表的是取元素中最大值的前 3 位，而 bottomk（3，prometheus_http_requests_total）则是取最小值前 3 位。quantile 用于计算分位数，所以它的参数用于指定分位点，值的范围应该位于 0 和 1 之间。比如 quantile（0.5，prometheus_http_requests_total）中分位点为 0.5，也就是计算向量元素的二分位点。而 quantile（1，prometheus_http_requests_total）一定是元素中最大的值，而 quantile（0，prometheus_http_requests_total）则是最小值。

7.3.3　函数

PromQL 函数比较多，算上范围向量的聚合函数有四十多种。它们的含义和使用方法都比较容易理解，所以限于篇幅本小节不会逐一介绍。表 7-10 列出了这些函数。

表 7-10　PromQL 函数

函数	说明及示例
abs（v instant-vector）	将即时向量 v 中元素取绝对值后返回
absent（v instant-vector）	如果即时向量 v 包含有元素，则返回空向量，否则返回一个只包含有 1 的向量
ceil（v̇ instant-vector）	将即时向量 v 中元素取整后返回
changes（v range-vector）	范围向量 v 中元素在给定时间范围内值的变化次数
clamp_max（v instant-vector，max scalar）	将即时向量 v 中元素的返回值限定在 max 以下
clamp_min（v instant-vector，min scalar）	将即时向量 v 中元素的返回值限定在 min 以上
day_of_month（v = vector（time（）） instant-vector）	返回即时向量 v 中元素的月份日期，值为 1～31
day_of_week（v = vector（time（）） instant-vector）	返回即时向量 v 中元素的周日期，值为 0～6
days_in_month（v = vector（time（）） instant-vector）	返回即时向量 v 所在月份的天数，值为 28～31
delta（v range-vector）	返回范围向量 v 中元素在给定时间范围内值的变化量
deriv（v range-vector）	使用简单线性回归计算范围向量 v 中时序数据的每秒导数
exp（v instant-vector）	使用即时向量 v 中元素对自然对数 e 做指数运算
floor（v instant-vector）	对即时向量 v 中元素做舍入运算后返回
histogram_quantile（φ float，b instant-vector）	计算即时向量 v 的 φ 分位数直方图
holt_winters（v range-vector，sf scalar，tf scalar）	使用 Hot-Winters 方法平滑范围向量
hour（v = vector（time（）） instant-vector）	返回即时向量 v 当天的小时时间，值范围是 0～23 之间
idelta（v range-vector）	计算范围向量中最后两个样本之间的差异
increase（v range-vector）	计算范围向量中时序数据的增量
irate（v range-vector）	计算范围向量中时序数据的每秒瞬时增长量

（续）

函数	说明及示例
label_join（v instant-vector, dst_label string, separator string, src_label_1 string, src_label_2 string, …）	将 src_label 值通过 separator 连接起来赋值给 dst_label，然后再添加到即时向量 v 的标记列表中返回
label_replace（v instant-vector, dst_label string, replacement string, src_label string, regex string）	使用正则表达式 regex 匹配 src_label 值，匹配成功后将 dst_label 添加到即时向量 v 中返回，值为 replacement。replacement 中可以使用 $1、$2 等代表正则表达式中匹配的分组
ln（v instant-vector）	计算即时向量中每个元素的自然对数
log2（v instant-vector）	计算即时向量中每个元素 2 的对数
log10（v instant-vector）	计算即时向量中每个元素 10 的对数
minute（v = vector（time（））instant-vector）	返回即时向量 v 的分钟，值范围是 0~59 之间
month（v = vector（time（））instant-vector）	返回即时向量 v 的月份，值范围是 1~12 之间
predict_linear（v range-vector, t scalar）	使用线性回归预测 t 秒后即时向量 v 的值
rate（v range-vector）	计算范围向量中时序数据每秒平均增长量
resets（v range-vector）	返回范围向量中计数器重置的数量
round（v instant-vector, to_nearest = 1 scalar）	计算即时向量中每个元素的舍入值
scalar（v instant-vector）	将只有一个元素的即时向量转化成标量，多个元素时返回 NaN
sort（v instant-vector）	按升序排列即时向量中的元素
sort_desc（v instant-vector）	按降序排列即时向量中的元素
sqrt（v instant-vector）	计算即时向量中每个元素的平方根
time（）	返回计算机当前时间的秒数，即 1970 年 1 月 1 日至今的秒数
timestamp（v instant-vector）	返回即时向量的时间戳，单位是 s
vector（s scalar）	将标量 s 转化成无标记的向量
year（v = vector（time（））instant-vector）	返回即时向量 v 的年份
<aggregation>_over_time（）	一组聚合函数，用于对范围向量中元素做聚合运算 avg_over_time（range-vector）：平均值 min_over_time（range-vector）：最小值 max_over_time（range-vector）：最大值 sum_over_time（range-vector）：取和 count_over_time（range-vector）：个数 quantile_over_time（scalar, range-vector）：分位数 stddev_over_time（range-vector）：标准偏差 stdvar_over_time（range-vector）：标准方差

7.3.4　记录规则

由于 PromQL 表达式的多数运算都是针对向量，而在某些情况下针对向量的运算可能会非常耗时。在使用范围向量聚合函数对范围向量做聚合时就有可能非常耗时，比如使用 avg_over_time 对近一年时间的指标求平均值，时间跨度越长运算耗时也就越长。如果直接在查询界面执行该表达式，或是通过该表达式形成图表，就很可能由于计算时间过长而导致响应超时失败。还有在一些超大规模的集群中，某些系统指标的数量非常庞大，这有时也会导致一些一般性的 PromQL 表达式运算超时。

针对这种情况，PromQL 提供了一种称为规则（Rule）的定时运算机制。规则与一个 PromQL 表达式相关联，Prometheus 会根据 evaluation_interval 配置的时间周期定时计算表达式。Prometheus 支持记录规则（Recording Rule）和报警规则（Alerting Rule）两种类型的规则，报警规则将在下一节介绍 Alertmanager 时一并讲解，本节主要介绍记录规则。记录可以认为是一种特殊的指标，它在使用 PromQL 做查询时当成普通指标来使用。不同在于记录的来源并不是拉取的监控数据，而是通过一定的规则运算而来。记录的运算规则由记录规则定义，Prometheus 会以定时的方式提前将记录运算出来，所以在使用记录名称查询就不会再触发实际的运算了。

无论是记录规则还是报警规则，它们的配置都是在单独的规则文件中定义，规则文件的格式也是 YAML。规则以集合的形式定义在 groups 参数中，而 groups 集合中的每一个元素都代表一组规则。每组规则中可以通过 name 定义该组规则的总体名称，然后再通过 rules 定义多个规则。在每一条规则中，可通过 record 定义记录的标识，这个标识是可以在查询时使用的指标名称。示例 7-17 定义了一个标识为 code：prometheus_http_requests_total：sum_1y的规则，它对应的 PromQL 表达式是计算一年内 prometheus_http_requests_total 的累加聚合：

```
groups:
  -name:req_sum_1y
    rules:
    - record:code:prometheus_http_requests_total:sum_1y
      expr:sum_over_time(prometheus_http_requests_total[1y])
```

示例 7-17　使用记录规则

示例 7-17 中定义了一组名为 req_sum_1y 的规则，record 参数相当于定义了一个指标名称为 code：prometheus_http_requests_total：sum_1y 的新指标。注意，这个指标名称中特意包含了冒号，使用冒号是为记录规则中指标命名的一种约定，详细可参考 7.2.1 节。这里指标的名称虽然可以替换成下划线或是其他合法字符，但使用冒号可以让用户从名称判断出该指标是一个通过规则自定义的记录。在规则中定义的记录指标与直接抓取来的指标并没有什么区别，可以直接在查询界面中使用，也可以在报警规则中使用。

Prometheus 还专门提供了一个用于检查规则文件的工具，该工具是位于 Prometheus 安装路径下的 promtool(.exe)。例如执行如下命令将检查规则文件，并返回检查中的错误：

promtool check rules /path/to/example. rules. yml

Prometheus 配置文件中的包含一个 rule_files 字段，通过该字段可以指定多个配置规则文件路径，Prometheus 在启动时会依据该字段加载这些文件。另外在 global 参数中还有一个子参数 evaluation_interval，可以设置规则定时运算的时间周期。一般来说，规则运算的时间周期应该与指标拉取的时间周期一致。例如：

```
global:
  scrape_interval: 15s
  evaluation_interval: 15s


rule_files:
  -rules.yml
```

示例 7-18　在 Prometheus 配置文件中添加规则文件

在配置文件中加入示例 7-18 中的内容后，重新启动 Prometheus 并运行一段时间后，就可以在查询页面中查询到 code:prometheus_http_requests_total:sum_1y 这个指标了。

7.4　报警与可视化

报警与可视化都是对监控数据的使用方式。报警会在指标发生异常时触发某些特定的行为，比如发送邮件、调用特定组件处理异常等。可视化则是以图表形式展示指标数据，它可以直观地展示某些指标的变化趋势。报警一般是对实时监控指标的应用，而可视化则往往是对历史数据的应用。Prometheus 可视化功能集成在 Prometheus 查询服务的/graph 端点上，它能够以二维坐标图的形式展示指标数据在一定时间范围内的变化趋势。但 Prometheus 自带的图形化服务比较简单且不支持直方图、饼图等复杂图表，所以结合 Grafana 等第三方可视化组件展示监控数据的方式更为普遍一些。Grafana 是一个开源的数据分析与可视化平台，支持包括 Prometheus、Elasticsearch 和 MySQL 等在内的多种类型数据源。但从其最初的设计目的来说 Grafana 最主要还是用于支持对 Prometheus、InfluxDB、OpenTSDB 等时序数据库的分析与可视化，所以使用 Grafana 可视化 Prometheus 时序数据非常合适。

Grafana 虽然提供了非常丰富的图表形式，但基于 Prometheus 做可视化时会经常会出现错误。这主要是因为 Prometheus 采用的本地 TSDB 并不适合分析大数据，所以当选取历史跨度太大时就会出现查询超时等问题。所以无论是使用 Prometheus 自带的可视化组件，还是使用第三方的可视化组件，它们一般都只适合展示实时数据的变化趋势。而这其实也正是监控系统最为重要的特点之一，即更关注实时数据的变化。如果确须分析历史监控数据，应该先将历史数据导入 Elasticsearch、MongoDB 等大数据存储组件中，再通过这些组件对历史数据做可视化等分析。所以在实际应用中往往会部署两套系统处理监控数据，一套面向实时数据并侧重于异常报警，而另一套则面向历史数据且侧重于数据分析。

由于 Prometheus 自带的可视化功能比较简单，而 Grafana 等第三方组件又超出了本书的范围，所以本节主要介绍 Prometheus 的报警处理组件 Alertmanager。但仍然建议读者学习一下 Grafana 的使用，它在展示实时数据变化趋势上非常直观，并且也支持异常报警等功能。

7.4.1　报警状态

要想搞明白 Alertmanager，必须要搞明白 Prometheus 和 Alertmanager 之间在报警上的分工。首先，报警是 Prometheus 根据报警规则生成的。报警规则与记录规则类似，就是一个由

PromQL 定义的表达式。只要按报警规则运算后返回了向量，那么报警就会被激活（Active）。也就是说，所有报警最开始都处于非激活状态（Inactive），只有在监控过程中有满足条件的向量返回时报警才会被激活。报警被激活后 Prometheus 不会立即向 Alermanager 发送报警，而是会继续再观察报警规则一段时间。而在这段观察时期内，报警处于挂起状态（Pending）。如果在这段时间内报警还是一直满足规则的要求，那么报警就会被发送至 Alertmanager，此时报警就处于触发状态（Firing）。Prometheus 会根据报警规则运算的结果不断变换报警的状态，不仅会在报警触发时向 AlertManager 发送报警，还会在报警重新恢复到非激活状态时撤销报警。报警状态的转换与发送如图 7-6 所示。

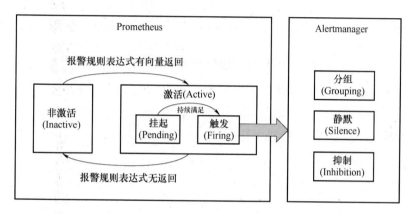

图 7-6　报警状态转换与发送

由此可见，Alertmanager 的职责并不在于如何生成报警，而是在接收到报警时根据报警的特征确定如何处理报警。Alertmanager 支持的警报处理方式多种多样，最普遍的方式是发送报警通知。Prometheus 支持通过电子邮件的形式发送报警，也支持通过 Pushover 向 Android、iOS 等平台推送通知。由于许多系统警报需要尽快处理，所以 Prometheus 也支持通过微信（WeChat）、HipChat、Slack 等即时通信工具报警。对于已经部署了专业运维管理平台的公司来说，Prometheus 还支持 PagerDuty、Opsgenie、VictorOps 等商用运维或事件管理软件。如果以上处理方式还不能满足需求的话，Alertmanager 还以 Webhook 模式提供了一种通用的扩展方式。在这种处理方式中 Alertmanager 会调用一个用户配置的 Web 服务，而在这个 Web 服务中用户就可以自定义警报的处理方式了。

由于 Alertmanager 是独立于 Prometheus 服务的组件，所以需要单独安装或以 Docker 容器的方式启动。Alertmanager 组件的下载地址与 Prometheus 列在同一个页面上，安装或启动也非常简单，直接解压缩到指定的目录中即可。Alertmanager 启动命令是位于安装路径下的 alertmanager(.exe)，可以不做任何配置直接运行该命令，启动后它将在本机 9093 端口开放服务。如果可以看到图 7-7 所示的界面，就说明 Alertmanager 启动成功了。

7.4.2　报警配置

由于整个报警过程涉及 Prometheus 和 Alertmanager 两个组件，所以报警配置也需要分为两部分进行。一是在 Prometheus 服务端设置报警规则，另一个则是在 Alertmanager 中配置报警处理规则。

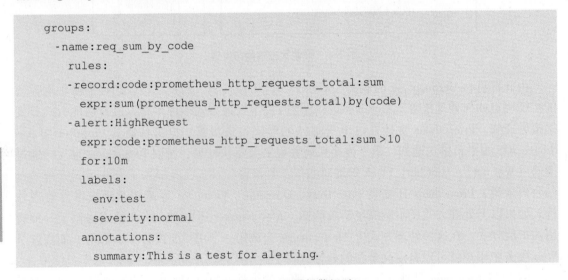

图 7-7　Alertmanager 界面

1. 配置报警规则

报警规则（Alerting Rule）与记录规则一样也是一种规则，它的配置也是位于 groups.rules 属性中，只是它的配置是通过 alert 子属性而不是 record。示例 7-19 配置了一个名为 HighRequest 的报警规则，它会在请求总量达到某一阈值时触发：

```
groups:
  -name:req_sum_by_code
    rules:
    -record:code:prometheus_http_requests_total:sum
      expr:sum(prometheus_http_requests_total)by(code)
    -alert:HighRequest
      expr:code:prometheus_http_requests_total:sum >10
      for:10m
      labels:
        env:test
        severity:normal
      annotations:
        summary:This is a test for alerting.
```

示例 7-19　配置报警规则

在示例 7-19 中声明的报警规则，使用了记录规则中定义的记录指标 code:prometheus_http_requests_total:sum，这个指标会按响应状态码定期统计请求总量。当报警规则定义的表达式返回满足条件的向量时，Prometheus 会将 labels 中定义的标记也附加到向量元素中。除了这些用户自定义的标记以外，Prometheus 还会将报警规则的名称添加为 alertname 标记的值。尽管 annotations 中定义的信息也是键值对形式，但它们并不会成为标记，而是会出现在报警规则的说明中。for 属性定义了报警激活后处于挂起状态的时间，它的默认值为 5m 即 5 分钟。所以总体来说，示例 7-19 的报警规则就是，如果在 10 分钟内按响应状态码统计的请求总量超过 10 就会触发报警。由于请求总量是一个单向增加的指标，示例 7-19 中定义的报警迟早都会触发，并且在触发后会一直保持有效。所以这个报警规则并不是一个实用的报警规则，实际应用中应该选择那些浮动变化的指标做运算，比如内存和 CPU 等计算资源的使用量等。读者在试验时可将指标替换为内存相关指标，比如 $go\_memstats\_heap\_alloc\_bytes$ 等。

Prometheus 在报警规则满足时会根据配置文件中定义的 Alertmanager 地址，将这些向量的元素发送至 Alertmanager，每一个向量元素都是一条报警信息。Alertmanager 地址可以通过 alerting. alertmanagers 属性设置，可设置单个或多个地址，如示例 7-20 所示。

```
alerting:
  alertmanagers:
   -static_configs:
    -targets:
      -"192.168.1.200:9093"
      -"192.168.1.201:9093"
```

示例 7-20　配置 Alertmanager 地址

在报警触发后，Prometheus 查询界面的 Alerts 菜单中可以看到具体的报警记录。报警记录中会包括报警规则、标记、状态、时间等信息，如果勾选了 Show annotations 还可以看到配置的 annotations。具体如图 7-8 所示。

图 7-8　Prometheus 中查看报警记录

2. 配置 Alertmanager

Alertmanager 将报警处理方式抽象为警报的接收者（Receiver），在 Alertmanager 的配置文件中也是通过 receivers 属性来设置。Alertmanager 默认使用的配置文件为安装路径下的 alertmanager. yml，可以通过启动参数--config. file 指向其他自定义的配置文件。receivers 属性可以指定多个接收者，不同种类的接收者使用不同的子属性作配置。比如邮件接收者可使用 email_configs 配置，而微信则可使用 wechat_configs 配置。示例 7-21 展示了使用邮件作为报警接收者的配置方法：

```
global:
  resolve_timeout:5m


route:
  receiver:'mails'
receivers:
 -name:"mails"
  email_configs:
  -to:"who. receive@ your. site"
    from:"who. send@ your. site"
    smarthost:"host:port"
    auth_username:"your username"
    auth_password:"your password"
```

示例 7-21　使用邮件接收

在示例 7-21 中 route. receiver 指向了一个名为 mails 的接收者名称，而这个接收者则是在 receivers 属性中定义。在 receivers 属性中定义的每个接收者都有一个名称，同时还会有一个与接收者类型相关的配置属性。比如示例 7-21 中就通过 email_configs 指定了邮件发送方、接收方以及 SMTP 相关配置等。读者需要使用可用邮件服务替换示例中的内容，这样在有报警触发时就会接收到邮件通知。

配置好接收者之后启动 Alertmanager，当有报警发送到 Alertmanager 时在其查询界面中就可以看到报警数据，报警数据中会包含配置文件中附加的标签。如果在报警规则中配置了 annotations，则在每条报警数据后还会出现 Info 按钮。点击该按钮则会看到 annotations 中配置的信息，如图 7-9 所示。

7.4.3　报警路由

在实际应用中，一个报警可能需要触发多种行为。比如当监控到 FTP 服务器磁盘紧张，除了要通过邮件、即时通信等方式向管理员发出通信以外，还可能需要启动一些应用程序清理磁盘空间。从 Alertmanager 的角度来看，就需要它能够将一个报警通知到不同的接收者。另一方面，在大型分布式系统中报警还需要细化到不同的应用或团队处理。比如同样是系统崩溃，中间件和业务系统往往由不同的团队维护，所以报警必须通知到相应的接收者。由此可见，Alertmanager 在管理报警处理方式时，不仅要能够配置多个接收者，还需要能够将报警细化和分组。

在示例 7-21 中 route 属性虽然只配置了一个接收者，但它其实还有一个子属性 routes。这个属性可递归地定义更多的接收者，这样从最顶层的 route 开始会形成一个接收者的树形结构。Alertmanager 在接收到报警后会遍历树形结构以寻找合适的接收者，这个过程在 Alertmanager 中被称为报警的路由（Route），而这种由接收者组成的树形结构则被称为路由树（Route Tree）。报警会从路由树的顶点开始，按层次遍历树中的每个节点。每个节

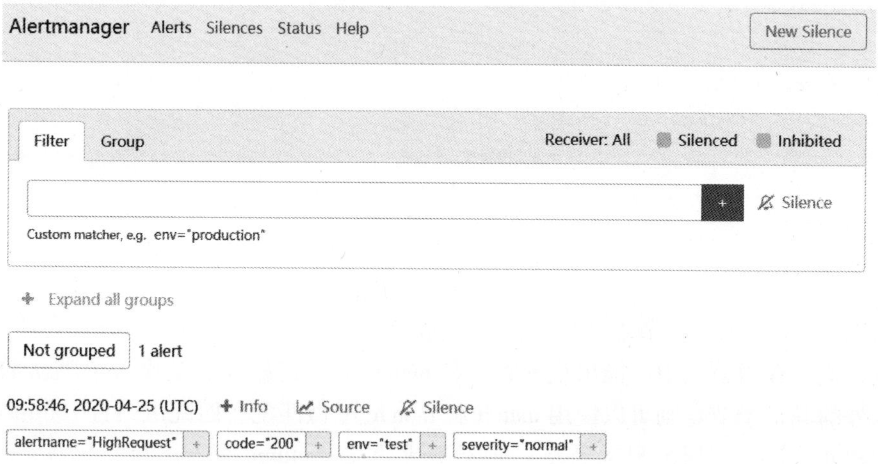

图 7-9　Alertmanager 中查看报警记录

点都可以包含 match 或 match_re 属性，它们可以用于定义匹配报警的规则。前者根据具体值匹配报警的标记值，而后者则可以使用正则表达式匹配报警标记值。如果 match 或 match_re 返回为真，则报警会沿着这个节点往下查找子节点，否则会继续遍历同一层次中的兄弟节点（Sibling Node）。每个路由节点还可以包含一个 continue 属性，用于确定当匹配成功后是否还继续遍历兄弟节点。默认情况下这个属性的值为 false，也就是一旦匹配成功就不再遍历兄弟节点。所以如果希望报警通知到多个接收者，则应该将 continue 属性设置为 true。

　　报警会沿匹配节点一直遍历到叶子节点，如果叶子节点也可以匹配成功，报警就会发送给叶子节点的接收者，否则会发送给父节点的接收者。以示例 7-22 配置的路由树为例：

```
route:
  receiver:'default-receiver'
  group_by:['service']
  group_wait:30s
  group_interval:5m
  repeat_interval:4h
  routes:
  -receiver:'database-pager'
    match_re:
      service:mysql|cassandra|mongodb
    continue:true
    routes:
    -receiver:'mysql-dba'
      match:
        service:'mysql'
```

```
   - receiver:'mongodb-dba'
     match:
     service:'mongodb'
  - receiver:'frontend-pager'
    match:
      service:frontend
```

示例 7-22　配置路由树

如示例 7-22 所示，根节点路由定义的接收者为 default-receiver，它必须要匹配所有报警。也就是说，在根节点中不能出现 match 和 match_re，这相当于是设置了默认的接收者。根节点以外的其他子节点则可以使用 match 和 match_re 做匹配，匹配成功且 continue 属性为 false 则会停止遍历同一层的兄弟节点，匹配不成功或 continue 为 true 则会继续遍历兄弟节点。示例 7-22 形成的路由树如图 7-10 所示。

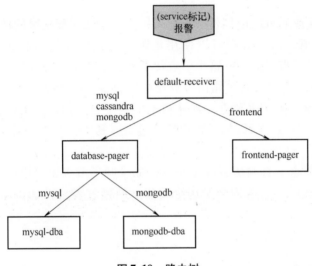

图 7-10　路由树

如图 7-10 所示，当报警 service 标记值为 mysql 时会发送给 mysql-dba，值为 mongodb 时发送给 mongodb-dba。但由于叶子节点中没有匹配 cassandra 标记的接收者，所以会使用父节点的 database-pager 作为最终接收者。

7.4.4　报警优化

在实际生产环境中，单个关键事件可能会触发多个报警。最简单的场景就是断电导致的物理设备宕机，在大型业务系统中这会触发成百上千的报警。如果这些报警不加整理就通知给接收者，会让接收者难以识别报警的真实原因。Alertmanager 在处理这种情况时可采取两种策略，它们就是分组（Group）和抑制（Inhibition）。所谓分组就是根据报警的标记值，将可能是相同类型的报警合并起来处理，比如从同一集群中发送出来的报警可合并起来发送给集群管理员等。所谓抑制则是指当某种类型的报警发生时，Alertmanager 会忽略同时发生的其他类型报警，这通常是严重报警压制轻微报警。比如当某个节点宕机时会触发节点不可达的报警，而此时该节点部署业务系统的业务处理成功率也会因此而急剧下降并触发报警。显然节点不可达的严重性要高于成功率，所以这时只要保留节点不可达的报警就足以说明问题了。分组和抑制实际上都是对报警处理的一种优化措施，下面就来看看 Alertmanager 是如何配置这些优化措施的。

1. 分组

分组基于路由树做配置，路由树中的每一个节点都可以配置自己的分组规则。在示例 7-21 中配置的路由树中并没有设置分组，所以它们都会被归入未分组报警中，图 7-9 展示的报警也是被放置在 Not grouped 条目下。报警分组的规则是通过报警的标记值确定的，具有相同标记值的报警就有可能被归入同一组中。每一个路由树节点中都可以包含一个 group_by 属性，而它配置的值则是一个或多个报警标记的名称。比如在示例 7-22 中配置的路由树主要是通过 service 标记决定报警路由，所以 default- receiver 节点中就通过"group_by：['service']"配置了通过 service 标记值做分组。group_wait 和 group_interval 定义了分组形成后到发送通知的时间间隔，目的是为了在这段时间间隔内合并尽可能多的报警。group_wait 定义了初始形成分组后的等待时间，默认值为 30s；而 group_interval 则定义了发过初始分组通知后的等待时间，默认值为 5min。

某些原因导致的报警可能在短时间内无法消除，比如停电导致的物理机停机。而在此期间持续发送报警的意义并不很大，所以路由树节点还提供了 repeat_interval 属性，用于定义通知发送的时间间隔。该属性值默认为 4h，官方文档建议为 3h 以上。

2. 抑制

如果一种类型报警是由另一种类型的报警引发，就应该使用后者抑制住前者，这可以将一些非直接原因导致的报警过滤掉。抑制规则也是通过 Alertmanager 配置文件指定，可通过 inhibit_rules 指定一条或多条抑制规则。抑制规则需要定义抑制和被抑制两个方面的报警，它们也都是通过匹配报警标记值的形式定义。inhibit_rules 的 source_match 和 source_match_re 定义抑制一方，target_match 和 target_match_re 则定义被抑制一方，而双方的匹配规则则是由 equal 属性定义。比如：

```
inhibit_rules:
-source_match:
    severity:'critical'
  target_match:
    severity:'warning'
  equal:['alertname','cluster','service']
```

示例 7-23　抑制规则

在示例 7-23 定义的抑制规则中，severity 标记为 critical 的报警会抑制 warning 报警，而两个报警的 alertname、cluster 和 service 标记值必须完全相同才会使抑制生效。所以示例 7-23 配制的抑制规则就是使用严重报警抑制轻微报警。

除了抑制以外，Alertmanager 还提供了一个被称为静默（Silence）的报警处理方式。这种处理方式是直接忽略报警而不做任何处理，它是一种在指定时间内静音警报的简单方法。所以静默一般有一个有效的时间范围，在这个时间范围内标记满足条件的报警就会被忽略。这通常应用于定期的停机维护中，防止在此期间产生不必要的报警。静默只能在 Alertmanager 界面中配置，可通过点击界面右上角的 New Silence 按钮添加静默规则。也可通过具体报警后的 Silence 按钮将报警直接静默，参见图 7-9。

第 8 章
Prometheus 客户端组件

Prometheus 客户端组件的职责是负责收集被监控系统的指标样本数据，然后再将它们以 Prometheus 支持的编码和通信协议暴露出来。这与 Zipkin、Jaeger 埋点库的职责类似，只是它们收集数据的内容完全不同。Prometheus 当前版本支持的编码是纯文本格式，而通信协议则采用 HTTP 协议，也就是以 HTTP 服务的形式返回纯文本的响应。有许多框架都可以实现这样的功能，但需要按 Prometheus 协议要求处理收集到的样本数据。Prometheus 客户端组件存在的意义就是简化这个过程，使得用户不用编写代码或编写极少代码就能实现指标暴露的服务。

Prometheus 客户端组件包括埋点库、导出器（Exporter）、推送网关（Push）等，它们虽然应用的领域不同，但都会向 Prometheus 开放拉取监控指标的 HTTP 服务。Prometheus 埋点库一般针对新开发的业务系统，导出器则针对已经存在监控解决方案的老系统或第三方组件。推送网关主要应用于短生命周期应用程序的监控，它可以缓存这些应用发送上来的指标数据。但不管是哪种客户端组件，它们都必须以 HTTP 协议向 Prometheus 开放拉取监控指标的服务。而从 Prometheus 的角度来看，它并不关心暴露给它监控指标的服务是什么组件，它只要能拉取到数据即可完成监控。这种设计保证 Prometheus 服务端只需要维护指标的拉取方式，而不必为一些例外情况增加指标的推送方式。同时，这也使得 Prometheus 服务端与客户端没有任何依赖关系，双方可以在遵守协议的情况下独立发展。

8.1　Prometheus 埋点库

Prometheus 埋点库与追踪系统的埋点库类似，也必须要与所监控系统使用的编程语言一致。官方提供了 Go、Java、Python 和 Ruby 等四种语言的埋点库，但第三方提供的其他埋点库则几乎涵盖了所有语言。本节以 Java 版本的埋点库 client-java 为例做讲解，它的源代码位于 Github 的 prometheus/client-java 中。

8.1.1　快速入门

在使用埋点库之前，首先还是要将它们以 Maven 依赖的形式添加到项目中来。Java 版本的埋点库被分成了多个构件，示例 8-1 添加了 3 个构件到项目中：

```
<dependency>
    <groupId>io.prometheus</groupId>
    <artifactId>simpleclient</artifactId>
    <version>${prometheus.version}</version>
</dependency>
<dependency>
    <groupId>io.prometheus</groupId>
    <artifactId>simpleclient_httpserver</artifactId>
    <version>${prometheus.version}</version>
</dependency>
<dependency>
    <groupId>io.prometheus</groupId>
    <artifactId>simpleclient_hotspot</artifactId>
    <version>${prometheus.version}</version>
</dependency>
```

示例8-1   Prometheus 埋点库 Maven 依赖

在这些构件中，simpleclient 构件是 Prometheus 埋点库中最基础、最核心的构件。它实现了 Prometheus 定义的四种指标类型，有关这些指标类型将在 8.2 节中详细介绍。simpleclient_httpserver 构件则使用 JDK 自带库，实现了以 HTTP 协议暴露监控指标的服务，这个构件只有 HTTPServer 一个类。simpleclient_hotspot 是一个即插即用的构件，可以将 Java 虚拟机的一些监控指标收集出来。由于 simpleclient_hotspot 构件在使用时仅需要编写一行代码，所以它更像是后面要介绍的导出器（Exporter）。但 simpleclient 构件在使用时则需要编写一些代码，示例8-2 中展示了这三个构件的使用方法：

```
public static void main(String[]args) throws IOException {
    Counter counter = Counter.build("demo_metric_total","a counter demo")
        .create()
        .register();
    counter.inc();

    DefaultExports.initialize();

    HTTPServer server = new HTTPServer(8888);
}
```

示例8-2   使用构件暴露指标

示例8-2 中使用的 Counter 属于 simpleclient 构件中定义的类，它是四种指标类型中最简单的一种。Counter 是埋点库支持的四种指标之一，它代表的是一个只能单向增加的计数器，而 counter.inc() 就是给计数器加一。Counter 的 build 方法可以生成创建 Counter 实例的构造器，两个参数分别代表指标名称和该指标的帮助信息。DefaultExports 属于 simpleclient_hotspot 构件中定义的类，其静态方法 initialize 相当于开启对虚拟机的监控。最后一个 HTTPServer 属于 simpleclient_httpserver 构件中定义的类，它会在/metrics 路径上开放指标暴露服务。示例 8-2 中指定了 HTTP 服务的端口为 8888，所以可通过 http://localhost:8888/metrics 地址获取样本数据。

　　由于加入了对虚拟机的监控，所以暴露出来的指标会非常多。读者可以将 DefaultExports. initialize( ) 注释掉，这时就只剩下 demo_metric_total 一个指标了。还有一个办法就是在请求地址后使用 name[ ] 参数过滤指标，比如在请求地址后添加 "?name[ ] = demo_metric_total" 就可以在返回结果中只包含 demo_metric_total 指标。如果想要选取多个指标，正确的方式是使用 & 符号连接多个 name[ ] 参数。需要注意的是，name[ ] 是 Prometheus 埋点库支持的特性，未使用埋点库实现的指标暴露服务并不一定支持。

　　这段代码虽然简单，但它说明了使用 Prometheus 埋点库收集样本数据的基本逻辑。对于需要做计数统计的服务来说，只要创建一个全局的 Counter 实例，然后在每次有请求访问服务时调用 inc 方法累加即可。其他类型的指标也是类似，但都需要想办法将它们与业务代码集成起来。

8.1.2　核心类

　　从实现上来说，Prometheus 埋点库也不复杂。首先必须要明确，指标暴露服务是通过注册表感知指标的存在。当 Prometheus 请求样本数据时，指标暴露服务通过查询一个全局的注册表将所有指标的样本数据返回。注册表在 Prometheus 埋点库中被定义为 CollectorRegistry，而全局注册表则定义在 CollectorRegistry 的静态属性 defaultRegistry 上。所有类型的指标在 Prometheus 中都被抽象为 Collector，Counter 代表的计数器指标就是 Collector 的间接子类。任何类型的指标在创建后都需要向注册表注册，示例 8-2 中调用 Counter 的 register 方法就是向全局注册表注册。在 CollectorRegistry 中定义了两个获取注册指标的方法，一个是 metricFamilySamples 方法，它可以得到注册表中的所有指标；另一个是 filteredMetricFamilySamples 方法，它可以根据指标名称筛选指标。前述使用 name[ ] 参数过滤指标的方法，底层代码就是通过 filteredMetricFamilySamples 方法实现的。使用注册表的好处显而易见，它将指标定义、样本收集与指标暴露服务隔离开来。在示例 8-2 中的代码也体现了这一点，HTTPServer 创建代码与 Counter 并没有做任何关联。

　　除了 Collector 和 CollectorRegistry 以外，还有一个非常重要的类 TextFormat。这个类属于 simpleclient_common 构件，它也是这个构件中惟一的一个类。simpleclient_common 构件是在添加 simpleclient_httpserver 构件时自动引入的，因为 HTTPServer 需要借助 TextFormat 将注册表中的指标转换成 Prometheus 理解的纯文本格式。TextFormat 的静态方法 write004 就可以实现这个功能，方法名称中 004 代表的含义是文本格式的版本 0.0.4 定义。当通过 HTTP 协议发布时，HTTP 的 Content-Type 报头也会包含这个版本信息，具体值为 "text/plain; version = 0.0.4"。这个版本的指标发布格式可以认为就是正在标准化中的 OpenMetrics，具体请参考下一小节中的详细介绍。

　　为了说明整个流程，示例 8-3 展示了一段向控制台输出样本数据的代码片段。只要将示例 8-3 中的输出流换成 HTTP 响应输出流，这段代码就成为指标暴露服务的核心代码逻辑了。

```
Enumeration<Collector.MetricFamilySamples>samples =
        CollectorRegistry.defaultRegistry.metricFamilySamples();
OutputStreamWriter writer = new OutputStreamWriter(System.out);
TextFormat.write004(writer,samples);
writer.flush();
```

示例 8-3　向控制台输出样本数据

总之，所有指标都需要注册给全局的 CollectorRegistry 实例，而指标暴露服务通过查询 CollectorRegistry 实例获得需要暴露的指标，最后再通过 TextFormat 将它们转换成文本格式并写入到响应中。图 8-1 将这些重要组件之间的关系展示了出来，理解了它们也就理解了 Prometheus 埋点库的基本逻辑。

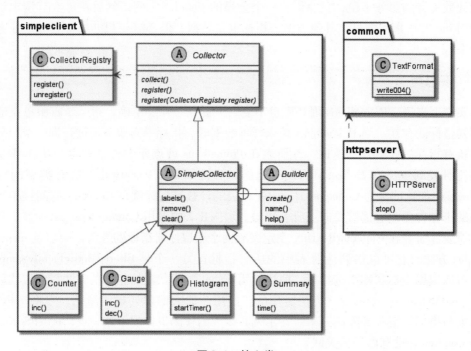

图 8-1　核心类

如图 8-1 所示，在 Collector 和四种具体指标类型之间还有一个抽象类 SimpleCollector。由于所有具体指标类型都继承自这个类，所以这个类在埋点库中至关重要，在 8.2.1 节中会详细介绍这个类的作用。

8.1.3　OpenMetrics

早期版本的 Prometheus 支持以纯文本、JSON、Protocol Buffer 等多种指标编码格式，但自 2.0 版本以后，Prometheus 组件只支持使用纯文本编码格式。如果通过浏览器直接访问被监控应用暴露指标的地址就可以看到这种纯文本格式的样子，比如访问 Prometheus 自身暴露监控指标的地址 http://localhost:9090/metrics，可以看到监控指标大体格式如下：

```
# HELP process_max_fds Maximum number of open file descriptors.
# TYPE process_max_fds gauge
process_max_fds 1.6777216e +07
# HELP process_open_fds Number of open file descriptors.
# TYPE process_open_fds gauge
process_open_fds 170
# HELP process_resident_memory_bytes Resident memory size in bytes.
# TYPE process_resident_memory_bytes gauge
process_resident_memory_bytes 5.4145024e +07
```

示例8-4 监控指标格式

由示例8-4可以看出,这种基于文本的编码格式简单明了,与一些软件的配置文件非常相似。比如,#号的含义就与配置文件一样,代表当前行属于注释内容。事实上这也是在2.0版本中只保留纯文本格式的一个重要原因,那就是它不仅适合软件解析也适合人类直接阅读。此外纯文本格式也比较容易实现,无论生成还是解析都可以通过简单的脚本完成。

Prometheus 纯文本编码格式目前还属于内部标准,不过人们也正在试图将它定义为开放标准,而这个标准就是前面提到的 OpenMetrics。OpenMetrics 现在已经被纳入 CNCF 的 Sandbox 项目中,所以未来很有可能会成为事实上的行业标准。OpenMetrics 官方网站是 https://openmetrics.io/,在 Github 上的地址是 https://github.com/OpenObservability/OpenMetrics。但由于 OpenMetrics 目前还处于讨论与起草阶段,在官网和 Github 上都没有太多实质性内容。OpenMetrics 制订的主要依据是 Prometheus 的纯文本格式,并且也有将 Protocol Buffer 纳入标准的计划。但毕竟这些还都处于起草阶段,所以本节主要介绍 Prometheus 官方定义的纯文本格式。

如示例8-4所示,Prometheus 纯文本格式其实并不复杂。首先,这种格式是面向行的,行与行之间用一个换行符"\n"分隔。如果是空行则会被直接忽略掉,每行前后出现的空白也将被忽略。如果一行开头的首个字符是#号,那么这一行就是注释,否则代表的就是一条监控指标的时序数据。对于这些非注释的行来说,每行又可以被分成多个单元。这些单元在 Prometheus 中被称为 Token,Token 与 Token 之间使用任意数量的空格、制表符分隔。比如"process_open_fds 170"这一行就被空格分隔成了两个 Token,前者代表的是指标名称,而后者则是时序数据的具体值。这种代表了监控指标时序数据的行有着非常严格的语法定义,具体如示例8-5所示:

```
metric_name[
"{" label_name "=" `"` label_value `"` { "," label_name "=" `"` label_value `"` }
[ "," ] "}" ]value[timestamp]
```

示例8-5 指标格式语法定义

由示例8-5所示的定义来看,一条时序数据可以由指标名称、标记列表、监控值和时间

211

截四个部分组成，并且指标名称和监控值必须要出现。标记列表是一组用逗号分隔开的键值对，它们也是位于大括号中。指标名称和标记列表的组合其实就是第 7 章 7.2 节中介绍的标注，它们的作用是标识一条时序数据，所以它们在所有行中必须是惟一的。

注释行在解析时一般会被忽略，但#号之后的 Token 如果是 HELP 或 TYPE 时就不一样了。当 Token 是 HELP 时，该行是对后续行时序数据的帮助说明。所以在 HELP 之后还至少需要一个 Token，它代表的是当前行的帮助说明所针对的指标名称。在这个 Token 之后所有文本内容都被认为是对该指标的具体说明。帮助行可以包含任意 UTF-8 字符组成的字符串序列，但是反斜杠和换行字符必须分别转义为 "\\" 和 "\n"。对于任何的指标名称，只能有一个帮助行。另一方面，如果#号之后的 Token 是 TYPE，则该行是对后续指标类型的说明。该行需要另外两个 Token，第一个是指标名称，而第二个则是 counter、gauge、histogram、summary 或 untyped，它们声明了指标的具体类型。与帮助行类似，一个指标名称也是只能有一个类型行。指标的类型行必须出现在该指标第一个样本之前，如果样本前没有类型行，则将该样本数据设置为无类型。指标样本数据的所有行必须作为一个单独的组整体出现，并且可选的帮助行和类型行必须要出现在样本数据之前。

8.2　Prometheus 指标类型

Prometheus 埋点库一共定义了四种监控指标类型，它们是计数器（Counter）、计量器（Gauge）、直方图（Histogram）和摘要（Summary）。这些指标类型有一个共同的父类 SimpleCollector，如图 8-1 所示。这个类虽然不会直接在代码中使用，但却定义了一些所有指标类型共享的重要方法，所以本节就先来介绍一下 SimpleCollector。

8.2.1　SimpleCollector

从代码逻辑上看，SimpleCollector 由两部分组成。一是定义了一个静态内部类 SimpleCollector. Builder，它是用于创建指标类型的构造器。但这个构造器是一个抽象类，所以具体的指标类型还需要实现它，以完成创建具体指标类型的功能。另一个就是它将有关标记的方法全部定义出来了，并且这些方法都不是抽象方法，所以在具体指标类型中就不需要再定义了。

1. 构造器

SimpleCollector. Builder 中用于创建指标实例的 create 方法是抽象的，所以具体指标类型还需要实现这个方法。SimpleCollector. Builder 定义了创建指标必需的一些属性，其中最重要的就是 name 和 help，对应 OpenMetrics 中的指标名称和帮助行信息。它们是 SimpleCollector. Builder 中必须要设置的属性，要么像示例 8-2 那样在创建构造器时就设置好，要么在创建构造器后通过相应的方法设置。此外还有 fullname、namespace、subsystem 和 labelNames 几个属性，其中 labelNames 代表了指标所有标记名称，而其余几个则都用于构建指标名称。事实上在 SimpleCollector. Builder 内部由 fullname 代表最终的指标名称，而其余几个都是用于形成 fullname，它们之间的关系可以简单描述为如下公式：

fullname = namespace + '_' + subsystem + '_' + name

也就是说，当 namespace 和 subsystem 为空时，name 就是最终指标的名称，否则它们就会成为指标名称的前缀。这样设计的目的可以方便服务或模块设置指标名称，防止出现指标名称重复的情况。

2. 标记

由于指标可能会有多个标记，而当这些标记的值不相同时，它们的样本数据应该分开计算，否则用户在查询样本数据时就没有办法通过标记过滤数据了。在 Prometheus 中这也同样成立，每种指标创建后都要维护一组指标的实例，而它们的样本数据也要分开计算。SimpleCollector 将指标区分为有标记指标和无标记指标两类，而指标对象在创建时就确定了指标是否有标记。比如示例 8-2 创建的 Counter 实例就是一个无标记指标，因为它没有在创建时设置任何指标名称。SimpleCollector. Builder 定义的 labelNames 方法用于设置指标名称，一旦为指标添加了标记，这个指标就属于有标记指标，并且标记名称不能再做变更。SimpleCollector 定义的 labels 方法则用于设置标记的值，该方法在设置标记值的同时也会生成一个真正用于计算样本数据的实例。这个实例在 SimpleCollector 中使用泛型来表示，所有具体指标类型都需要定义这个泛型的具体类型。以 Counter 为例，它实际用于计算样本数据的类是一个静态内部类 Counter. Child。换句话说，使用 Counter. Builder 的 create 方法创建出来的只是一个 Counter 的实例，其内部还维护着一个真正用于样本数据计算 Counter. Child 实例。示例 8-2 中调用 Counter 的 inc 方法，实际也调用 Counter. Child 实例的 inc 方法。示例 8-6 展示的代码片段体现了添加标记后计算样本数据的逻辑：

```
Counter counter = Counter.build("demo_counter_with_label_total",
    "a counter with label demo")
    .labelNames("label1","label2")
    .create()
    .register();
//counter.inc();
Counter.Child child = counter.labels("label1Value","lable2Value");
child.inc(10);
HTTPServer server = new HTTPServer(8888);
```

示例 8-6　添加标记

读者可以将示例 8-6 中注释的代码 counter. inc( ) 释放出来，这时候程序就会抛出空指针异常。这是因为 Counter 实例在创建时添加了标记名称，所以它就会被认为是有标记指标，再直接通过它计算样本数据就会出错。此外，labelNames 和 labels 方法都采用了可变长的参数列表，在调用 labels 方法传入的参数数量必须要与 labelNames 传入的标记名称数量相同，否则也会抛出异常。

8.2.2　Counter 与 Gauge

计数器（Counter）代表的样本数值只能递增或重置归零而不能减少，所以它是一个单调递增的累积指标。按 Prometheus 对指标名称的建议，这种类型的指标往往都以 total 作为名称后缀，第 7 章用到的 prometheus_http_requests_total 就是一个计数器类型的指标。计数器在 Prometheus 埋点库中由 io. prometheus. client. Counter 定义，示例 8-1 中使用的监控指标就是由其定义。Counter 实际计算样本数据的对象是 Counter. Child 实例，它的主要方法在前面已经介绍过，这里就不再赘述了。

计量器（Gauge）是一个代表单一数值的监控指标，它与计数器的区别就是它的值可增可减，所以它一般用于统计内存使用量、CPU 使用率等变动指标。按 Prometheus 对指标名称的建议，这些指标往往都以某一计量单位作为名称后缀。比如示例 8-2 中通过 simpleclient_hotspot 暴露的 jvm_buffer_pool_used_bytes 就是一个计量器指标，代表 JVM 缓冲区使用的字节数量，显然这个值就是一个可增可减的变化值。计量器在 Prometheus 埋点库中由 io. prometheus. client. Gauge 定义，实际计算样本数据的对象是 Gauge. Child 实例。

Gauge. Child 计算样本数据的方法也包含 inc，但它同时还有 dec 和 set 两个方法，dec 可以减少当前计量值，而 set 则用于直接设置计量值。如果想要获取某些指标的实时量，就可以通过 inc 和 dec 两个方法配合实现。比如计算队列中元素的数量，可以在元素进入队列时调用 inc 方法，而在退出队列时调用 dec 方法。再比如统计正在处理的请求个数时，可以在开始处理请求时调用 inc，而在处理结束后调用 dec 方法，示例 8-7 展示的代码就是这个计算的过程：

```
static Gauge gauge = Gauge. build("demo_gauge_count","a gauge")
    . labelNames("path")
    . create()
    . register();
public static void main(String[]args)throws Exception {
    HTTPServer server = new HTTPServer(8888,true);
    gauge. labels("/test"). inc();
    Thread. sleep(3000);
    gauge. labels("/test"). dec();
    System. in. read();
}
```

示例 8-7　使用 Gauge

示例 8-7 中 HTTPServer 的第二个参数用于设置是否以守护线程启动，此外为了防止主线程退出后 HTTPServer 终止服务，代码最后一行还添加了从控制台读取输入的代码，用于阻塞主线程。Gauge 还设计了一个用于计算耗时的类 Gauge. Timer，使用它可以轻松地实现对一段业务代码执行耗时的计算。示例 8-8 展示它的使用方法：

```
static Gauge gauge = Gauge. build("demo_gauge_timer_seconds",
    "a gauge timer")
    . labelNames("path")
    . create()
    . register();
public static void main(String[]args)throws Exception {
    HTTPServer server = new HTTPServer(8888,false);
```

```
Gauge. Timer timer = gauge. labels ("/test"). startTimer ();
Thread. sleep (3000);
timer. setDuration ();
gauge. labels ("/time"). setToTime (new Runnable () {
    @ Override
    public void run () {
        try {
            Thread. sleep (1000);
        } catch (InterruptedException e) {
            e. printStackTrace ();
        }
    }
});
System. in. read ();
}
```

示例 8-8　使用 Gauge. Timer

　　示例 8-8 展示两种使用 Timer 的形式，先看第一种形式。这种形式在业务执行之前调用 startTimer 方法启动计时并返回一个 Gauge. Timer 的实例，而当业务执行结束后则调用该实例的 setDuration 方法，这时执行的耗时就成为指标的样本数据了。第二种形式则是通过 Gauge. Child 的 setToTime 方法，该方法接收 Runnable 或 Callable 实例并在线程池中执行它们，并在执行结束后将耗时设置给指标。

8.2.3　Histogram

　　相对于计数器和计量器来说，直方图类型的指标更难理解一些。首先要明确的是，直方图类似于计数器，也是做数量的累加。但不同的是，它是按多个预先设定好的数值范围分别做累加。比如先确定两个值的范围 [1,5] 和 [6,10]，然后给定一组数值 1、3、5、7、9，那么数值落在 [1,5] 之间的个数为 3 个，而落在 [5,10] 之间的则为 2 个。之后再读入任何数值都会在这两个范围内做累加，而不会记录读入的数值本身。比如再给一个值 4，那么 [1,5] 范围内的个数就会由 3 变为 4。由于这些预先设定的值范围就像是盛放数值的水桶，所以在 Prometheus 中将它们称之为桶（Bucket）。以现实应用来看，直方图可以反映监控数据的分布情况。比如说可以在一定的时间范围内收集请求处理时间，然后再依据值的大小统计落入每个桶中的个数，这样就可以反映出请求处理时间的整体分布情况。

　　其次，Prometheus 的直方图是累积直方图。以前述两个数值范围来说，Prometheus 直方图会将它们分成小于等于 5 和小于等于 10 两个桶，所以落在两个桶中的数量就变成了 3 和 5。也就是说，小于等于 10 这个桶实际上包含了小于等于 5，所以落在小于等于 10 这个桶中的数量永远要大于小于等于 5。当然一定会有落在这两个桶之外的数值，Prometheus 会使用小于等于 + Inf 代表一个正无穷的桶，所有值都一定会落在这个桶中。在直方图指标的标记中都会包含一个名为 le 的标记，而它正是小于等于（Less than or Equal）的缩写，通过这个标记就可以知道样本数据所属的桶。

再次，Prometheus 直方图指标并不是只有一个名称。它一般来说会有一个基础名称，然后在暴露出来的指标中会有三个相关的指标名称，分别是在基础名称的结尾附加_bucket、_sum和_count 后缀。通过指标名称后缀可以判断出来这些指标的含义，_bucket 是按桶给出落入各桶的个数，_sum 则是所有数值的和，而_count 则是所有数值的个数。以 Prometheus 自身指标为例，有一个基础名称为 prometheus_http_request_duration_seconds 的监控指标，它代表的监控指标是请求处理的时长。所以在实际暴露出来的监控指标中就一定会包含带有_bucket、_sum 和_count 后缀的三个指标，示例 8-9 展示的样本数据就是 prometheus_http_request_duration_seconds_bucket 的返回结果：

```
prometheus_http_request_duration_seconds_bucket{le = "0.1"}  8
prometheus_http_request_duration_seconds_bucket{le = "0.2"}  8
prometheus_http_request_duration_seconds_bucket{le = "0.4"}  8
prometheus_http_request_duration_seconds_bucket{le = "1"}  8
prometheus_http_request_duration_seconds_bucket{le = "3"}  8
prometheus_http_request_duration_seconds_bucket{le = "8"}  8
prometheus_http_request_duration_seconds_bucket{le = "20"}  8
prometheus_http_request_duration_seconds_bucket{le = "60"}  8
prometheus_http_request_duration_seconds_bucket{le = "120"}  8
prometheus_http_request_duration_seconds_bucket{le = " + Inf"}  8
```

示例 8-9　**prometheus_http_request_duration_seconds_bucket** 返回结果

由示例 8-9 可以看出，每一条样本数据都包含有一个 le 标记，通过这个标记可以看出 prometheus_http_request_duration_seconds_bucket 指标预定义的分桶规则为

$\{0.1, 0.2, 0.4, .05, 1, 3, 8, 20, 60, 120, + \text{Inf}\}$

其中，+ Inf 就是前面说的正无穷。示例 8-9 所有样本数据都是 8，这说明落入每个范围的数量是相同的。由于 Prometheus 直方图属于累加直方图，所以这说明在监控周期内所有请求处理时间都落入到第一个区间了，也就是都小于 0.1 秒。由于 Prometheus 直方图指标体现的是数值分布情况，所以预定义的分桶规则就非常重要。合理的分桶规则可以让数值落入不同的桶内，而不合理的分桶规则则会让数值集中落入某一桶中。示例 8-9 中的分桶规则设置得就不是很合理，通过该指标的样本数据只能知道请求处理时间小于 0.1 秒，但在 0.1 秒范围内如何分布就不得而知了。在实际应用中，很难预先知道某一监控数据的分布情况，所以这个分桶规则也就需要在实践中逐渐调整。

在 Prometheus 埋点库中，直方图指标由 io. prometheus. client. Histogram 抽象。类似地，Histogram 的构造也是由 Histogram. Builder 完成，而该构造器最重要的就是设置分桶规则。Histogram. Builde 定义了三个用于设置分桶规则的方法，它们是 buckets、linearBuckets 和 exponentialBuckets。buckets 方法根据一个数组类型的参数直接设置分桶规则，linearBuckets 方法从一个起始值开始按线性增长的方式设置分桶规则，而 exponentialBuckets 方法则是按指数增长的方式设置分桶规则。Histogram. Builde 也定义了默认分桶规则，未明确设置时按如下规则分桶：

$\{.005, .01, .025, .05, .075, .1, .25, .5, .75, 1, 2.5, 5, 7.5, 10\}$

Histogram 实际做样本计算的也是一个静态内部类 Histogram. Child，做样本计算的方法为 observe，它的作用就是收集参与统计的数值。

```
static Histogram histogram = Histogram.build("demo_histogram_seconds",
        "a histogram")
        .labelNames ("path")
        .buckets (1, 2, 3, 4)
        .create()
        .register();
public static void main (String[] args) throws Exception {
    HTTPServer server = new HTTPServer (8888, false);
    histogram.labels ("/test") .observe (0.8);
    histogram.labels ("/test") .observe (1.8);
    histogram.labels ("/test") .observe (2.8);
    histogram.labels ("/test") .observe (3.8);
    histogram.labels ("/test") .observe (4.8);
    System.in.read();
}
```

示例 8-10　使用 Histogram

示例 8-10 指标设置的分桶规则为 {1,2,3,4}，而通过 observe 方法收集到的数值分别为 {0.8,1.8,2.8,3.8,4.8}。它们刚好在每个桶中落入一个，但由于 Prometheus 中的直方图是累积直方图，所以返回结果如示例 8-11 所示：

```
# HELP demo_histogram_count a histogram
# TYPE demo_histogram_count histogram
demo_histogram_count_bucket{path = "/test",le = "1.0",} 1.0
demo_histogram_count_bucket{path = "/test",le = "2.0",} 2.0
demo_histogram_count_bucket{path = "/test",le = "3.0",} 3.0
demo_histogram_count_bucket{path = "/test",le = "4.0",} 4.0
demo_histogram_count_bucket{path = "/test",le = " +Inf",} 5.0
demo_histogram_count_count{path = "/test",} 5.0
demo_histogram_count_sum{path = "/test",} 10.5
```

示例 8-11　使用 Histogram 收集数据

由示例 8-11 返回的结果可以看出，直方图只统计个数而不记录具体值。除了 observe 方法以外，Histogram 也可以使用 Timer 对执行过程做计时，计时的结果会作为输入数值并依据分桶规则做统计。直方图反映的是某一指标在监控周期内的统计情况，使用 histogram_quantile 方法，可根据直方图指标计算指标的分位数，比如：

histogram_quantile（0.9，prometheus_http_request_duration_seconds_bucket）

histogram_quantile 方法返回的结果也是一个向量，每个元素的样本数据代表的是 90% 请求处理的时间范围。比如 {handler = "/metrics", instance = "localhost:9090", job = "prometheus"} 的样本数据是 0.38，这说明在/metrics 这个地址上九成请求处理时间都小于 0.38 秒。由于直方图并不保存实际数据，而只是按分桶规则统计落入每一个桶中数值的个数，所以 histogram_quantile 最终返回的分位数肯定也是近似值。分桶规则越接近实际数值分布情况，最终的分位数也就越准确。

8.2.4　Summary

摘要与直方图非常相似也是通过 observe 方法进行采样，但它并不是按分桶规则统计落入每一桶中数值的个数，而是直接记录这些值并进行分位数运算。所以使用摘要做统计时，最重要的就是设置分位数的具体点。此外，摘要指标名称与直方图类似，也会添加 "_sum" 和 "_count" 两个后缀，形成累加与计数两个新指标名称。但由于摘要没有所谓分桶的概念，所以摘要的主要指标名称不会添加 "_bucket" 后缀。

在 Prometheus 埋点库中，摘要指标由 io.prometheus.client.Summary 抽象。与其他指标类型一样，Summary 的构造也是通过一个静态内部类 Summary.Builder 创建，实际做样本运算的则是 Summary.Child。通过 Summary.Builder 的 quantile 方法可以给摘要设置多个分位数，在返回的指标中会包含一个名为 quantile 的标记，其值就是分位数的具体点位。Prometheus 自身监控指标中也包含摘要类型的指标，比如 prometheus_engine_query_duration_seconds 就是一个摘要指标，它设置的分位数点位包括 0.5、0.9 和 0.99 三个。示例 8-12 展示了一段使用摘要指标生成样本的代码：

```
static Summary summary = Summary.build("demo_summary_seconds",
    "a summary")
    .labelNames ("path")
    .quantile (0.5, 0.01)
    .quantile (0.9, 0.01)
    .create()
    .register();
public static void main (String[] args) throws Exception {
    HTTPServer server = new HTTPServer (8888, false);
    summary.labels ("/test").observe (0.8);
    summary.labels ("/test").observe (1.8);
    summary.labels ("/test").observe (2.8);
    summary.labels ("/test").observe (3.8);
    summary.labels ("/test").observe (4.8);
    System.in.read();
}
```

示例 8-12　使用 Summary

示例 8-12 中 Summary.Builder 通过 quantile 方法设置了 0.5、0.9 两个分位数的点位，quantile 方法的第二参数代表可接受错误的百分比。示例 8-12 中的代码同样收集了 {0.8,

1.8,2.8,3.8,4.8｝五个数值，摘要指标会根据这些值分别计算 0.5 和 0.9 的分位数。所以在返回的样本数据中就会包含两个与分位数相关的指标：

```
# HELP demo_summary_seconds a summary
# TYPE demo_summary_seconds summary
demo_summary_seconds{path = "/test",quantile = "0.5",} 1.8
demo_summary_seconds{path = "/test",quantile = "0.9",} 3.8
demo_summary_seconds_count{path = "/test",} 5.0
demo_summary_seconds_sum{path = "/test",} 14.0
```

示例 8-13　Summary 指标计算结果

由示例 8-13 可以看出，直方图和摘要其实都可以用来计算分位数。但直方图计算分位数是通过分桶规则做的估算，所以当分桶规则与实际数值分布不相符时，估算结果会与实际结果有较大的误差。而摘要则直接使用观察到的样本数据做运算，所以它得到的结果会更加准确，但这也意味着摘要运算会更耗资源。基于以上特征可看出，如果对分位数结果并不要求十分精确，应该选择直方图，否则选择摘要。

8.3　使用 Micrometer

尽管 Prometheus 埋点库提供了非常全面的功能，但在实际开发中使用它直接做监控埋点的其实并不多见。由于现在越来越多的应用采用 Spring Boot 框架开发，直接使用 Spring Boot 的 Actuator 模块做监控埋点反而更为普遍。Prometheus 埋点库 client-java 提供了一个用于集成 Spring Boot 的构件 simpleclient_spring_boot，但这个构件基于 Spring Boot 的版本比较老旧，其源代码最近一次更新也是在三年前了。另一方面，Spring Boot 新版本的 Actuator 模块中采用 Micrometer 暴露监控指标，而 Micrometer 本身又独立于后台监控服务，所以无论从使用上还是从灵活性上来说，使用 Spring Boot 的 Actuator 都更胜一筹。

Micrometer 是 Pivotal 公司开源的一套监控埋点库，它的目标是成为指标监控领域的 Slf4j 框架。Micrometer 官方网站为 http://micrometer.io，其源代码也是托管在 Github 上，网址为 https://github.com/micrometer-metrics/micrometer。Micrometer 官方网站将 Micrometer 描述为 "Vendor-neutral application metrics facade"，也就是与具体指标监控实现无关的门面框架。用户只需要面向 Micrometer 接口编程，由 Micrometer 负责将它们与具体的监控系统关联起来。

Spring Boot 的 Actuator 模块在 Micrometer 的基础上又做了进一步封装，用户只需要简单配置一下就可以向不同监控系统提供指标数据。本节会在介绍 Micrometer 的基础上，讲解 Spring Boot 应用向 Prometheus 暴露指标的方法。

8.3.1　Micrometer

由于 Micrometer 定位为与具体监控系统无关的埋点库，所以理论上说它需要适配所有市面上已经存在的监控系统或时序数据库。Micrometer 官方网站中声明支持的监控系统或时序数据库有近 20 种，其中就包括了本书介绍的 Prometheus。所以 Micrometer 发布出来的构件也大体上分为两部分，一部分是与具体实现无关的核心构件 micrometer-core，另一部分则是与具体实现绑定的构件。用户在使用 Micrometer 时需要引入核心构件，并且还需要根据选择的具体实现选择绑定构件。以使用 Prometheus 实现为例，需要按如示例 8-14 的方式引入相关构件：

```
<dependencies>
    <dependency>
        <groupId>io.micrometer</groupId>
        <artifactId>micrometer-core</artifactId>
        <version>${micrometer.version}</version>
    </dependency>
    <dependency>
        <groupId>io.micrometer</groupId>
        <artifactId>micrometer-registry-prometheus</artifactId>
        <version>${micrometer.version}</version>
    </dependency>
</dependencies>
```

示例 8-14   引入 Micrometer 依赖构件

如示例 8-14 所示，micrometer-registry-prometheus 构件就是绑定 Prometheus 实现的构件。实际上引入 micrometer-registry-prometheus 构件就会顺带将 micrometer-core 引入，示例 8-14 明确引入该构件只是为了向读者展示单独引入它时的用法。此外还需要注意，Micrometer 基于 Java 语言开发，所以 Micrometer 只能针对基于 JVM 运行的系统做埋点。

从编程角度看，Micrometer 与 Prometheus 埋点库十分相似。Micrometer 也有一组不同种类的指标类型，指标同样需要在注册表中注册才能发布出来，只不过它们的名称及使用方式与 Prometheus 略有不同。

1. 注册表

指标在 Micrometer 中称为 Meter，它们的注册表则为 MeterRegistry。MeterRegistry 是一个抽象类，不同的监控系统需要提供相应的注册表实现，这也是 MeterRegistry 与具体监控系统绑定的关键。事实上在示例 8-14 中引入的 Prometheus 绑定构件中，就包含了一个 Prometheus 的注册表实现 PrometheusMeterRegistry。一般来说每种注册表实现都需要提供一些配置，这个配置由 MeterRegistryConfig 抽象，它通常会以构造方法参数的形式在创建注册表时传入。每种绑定构件中都会提供 MeterRegistryConfig 的默认实现，比如在 Prometheus 绑定构件中就定义了 PrometheusConfig，默认实现为 PrometheusConfig.DEFAULT。

Micrometer 核心构件库中还提供了一个注册表的简单实现 SimpleMeterRegistry，该注册表不与任何监控系统绑定，而只是将指标保存在内存中故而可用于测试。另一个由核心库提供的注册表 CompositeMeterRegistry 也比较有用，它就是 Spring Boot 的 Actuator 模型底层使用的注册表。CompositeMeterRegistry 可以认为是多个注册表的容器，这可以使其将注册进来的指标发布给多个监控系统。示例 8-15 展示一段向 CompositeMeterRegistry 中添加多个注册表的代码片段：

```
1.    public static void main(String[]args){
2.        CompositeMeterRegistry composite = new CompositeMeterRegistry();
3.        Counter counter = composite.counter("test");
4.        counter.increment();
5.        System.out.println(counter.count());
6.        SimpleMeterRegistry simple = new SimpleMeterRegistry();
7.        PrometheusMeterRegistry prom = new PrometheusMeterRegistry(Prometheus-
Config.DEFAULT);
8.        composite.add(simple);
9.        composite.add(prom);
10.        counter.increment();
11.        System.out.println(counter.count());
12.        System.out.println(prom.scrape());
13.    }
```

示例 8-15　使用 CompositeMeterRegistry

如示例 8-15 所示，CompositeMeterRegistry 创建后生成了一个 Counter，这是一种计数器类型的指标。当 CompositeMeterRegistry 中没有添加实际注册表时，调用 Counter 的 increment 方法不会起到任何作用，所以第 5 行打印出来的计数仍然是 0；而在添加了注册表之后再调用 increment 方法就会加 1，所以在第 11 行就会打印出 1.0。示例 8-15 也展示了使用 PrometheusMeterRegistry 发布指标的方式，即调用其 scrape 方法将注册在案的指标转换为 Prometheus 格式的指标数据。

由于 CompositeMeterRegistry 实用性比较强，所以 Micrometer 提供了一个全局的 CompositeMeterRegistry，它位于工具类 Metrics 的静态属性 globalRegistry。

2. 指标

Micrometer 中指标的抽象为 Meter，它包括 Counter、Gauge、DistributionSummary 等多种类型，它们基本上都能与 Prometheus 四种类型的指标对应起来。如示例 8-15 所示，所有指标的创建都可以通过注册表完成，在创建的同时指标也会向注册表中注册。此外，Metrics 工具类中也提供了创建所有类型指标的静态方法，通过这些方法创建的指标会被注册到全局注册表 Metrics.globalRegistry 中。

在不同的监控系统或时序数据库中，指标命名有着不同的约定。比如 Prometheus 和 InfluxDB 在命名上都使用下划线 "_" 分隔，而 Graphite 则使用点 "." 分隔。而 Micrometer 属于独立于特定实现的门面库，所以它的命名约定需要适用于各种情况。Micrometer 也定义了统一的命名约定，并在与具体实现绑定后转换成相应的命名方式。

与 Prometheus 指标标记（Label）类似，Micrometer 指标也有相应的概念，但在 Micrometer 中称为标签（Tag）而不是标记。不管怎么称呼它们，二者的作用类似，都是提供了细化指标的维度。Micrometer 中指标和标签的名称都建议使用小写，并且采用点 "." 分隔不同的名称单元。比如定义 HTTP 请求访问次数的计数器，可以定义为 "http.requests"；在与 Prometheus 绑定后会转换为 "http_requests_total"，其中采用了下划线分隔单词并附加了 total

后缀以表明其为计数器类型的指标。

　　Micrometer 中的标签也是字符串类型的键值对，所以它们经常会以一组字符串的形式出现。比如在创建指标时，标签就是以可变长的字符串参数定义的。这些参数每两个为一组形成一个标签的定义，所以它们的个数必须是偶数个。除了在创建指标时定义标签，对于在每个指标中都需要出现的标签，Micrometer 还提供了定义通用标签的功能。通用标签定义在注册表上，可通过 MeterRegistry. Config 的 commonTags 方法添加。例如：

```
public static void main(String[]args){
    PrometheusMeterRegistry registry =
        new PrometheusMeterRegistry(PrometheusConfig. DEFAULT);
    registry. config(). commonTags("env","test");
    registry. counter("http. request","code","200");
    registry. gauge("jvm. mem. size",2048);
    System. out. println(registry. scrape());
}
```

示例 8-16　使用通用标签

　　如示例 8-16 所示，由于 env 标签是通过 commonTags 添加，所以 http. request 和 jvm. mem. size 两个指标中都会包含。此外，由于使用了绑定 Prometheus 的注册表 PrometheusMeterRegistry，所以尽管指标名称采用点"."分隔，但在最终通过 scrape 方法返回的指标中将全会被替换为下划线"_"。

8.3.2　Spring Boot Actuator

　　Spring Boot 的 Actuator 模块包含有监控功能，而其底层采用的框架即为 Micrometer。Actuator 模块默认并不会开启，需要在 POM 文件中将该模块对应的依赖添加进来。当添加了 Actuator 模块对应的 Starter 后，Spring Boot 会自动将所有类路径中出现的 MeterRegistry 实现都添加到全局注册表 Metrics. globalRegistry 中。如果类路径中有多个注册表的实现，Actuator 模块会将它们先包装成一个复合注册表，然后再将这个复合注册表添加到全局注册表中。所以如果想让 Spring Boot 支持某种监控方式，只要在添加 Actuator 模块依赖以外，再将它们对应的注册表也引入就可以了。比如希望 Spring Boot 支持 Prometheus 拉取数据，只要添加如下依赖即可：

```
<dependency>
    <groupId>org. springframework. boot</groupId>
    <artifactId>spring-boot-starter-actuator</artifactId>
</dependency>
<dependency>
    <groupId>io. micrometer</groupId>
    <artifactId>micrometer-registry-prometheus</artifactId>
</dependency>
```

示例 8-17　添加 Actuator 相关依赖

　　Actuator 模块支持用于监控和管理的二十多种服务，它们可通过 JMX 或 HTTP 服务的形式开放出来。由于这些服务往往会包含应用的一些关键信息，所以在默认情况下它们通常只开启 JMX 服务。而对于 HTTP 服务来说，Actuator 模块仅开放/health 和/info 两个服务，它们都位于/actuator 路径下。由于 Prometheus 只能通过 HTTP 协议拉取指标，所以 Actuator 对 Prometheus 没有 JMX 服务的支持。Actuator 对应 Prometheus 的 HTTP 服务是/prometheus，同样也位于/actuator 路径下。开启 Actuator 的 HTTP 服务可通过 management. endpoints. web. exposure. include 配置，开启多个服务可使用逗号分隔开来。例如可在 Spring Boot 配置文件 application. yml 中添加如下配置：

　　management. endpoints. web. exposure. include：info，health，prometheus

上述配置即开启了 info、health 和 prometheus 三个服务，Actuator 模块可开启的 HTTP 服务可参考 Spring Boot 相关文档。添加了上述配置后再启动 Spring Boot 应用，访问 HTTP 端口下的/actuator/prometheus 即可看到 Prometheus 格式的指标数据。Actuator 会将 Java 虚拟机、Tomcat 服务器等相关的指标自动添加进来，但与应用业务相关的指标则需要通过 Micrometer 接口自行添加。一种方式是将 MeterRegistry 自动注入进来，然后再调用它们相关的方法创建指标；另一种则是使用 Metrics 工具类的静态方法创建指标。例如：

```
@Autowired
MeterRegistry meterRegistry;

@RequestMapping("/")
public String home(){
    Metrics.counter("visit.times").increment();
    meterRegistry.gauge("mem.size",
            Runtime.getRuntime().freeMemory());
    return "welcome!";
}
```

示例 8-18　Actuator 中自定义指标

示例 8-18 使用了两种方式添加了 visit. times 和 mem. size 两个指标，它们最终都会转换成底层监控系统识别的指标。更重要的是，当更换监控系统时示例中的代码并不需要更改，而这也正体现了使用 Micrometer 的优势。

8.4　导出器与推送网关

导出器（Exporter）与推送网关（Pushgateway）都是独立于 Prometheus 服务的客户端组件，它们虽然应用场景不同但却都是被监控系统与 Prometheus 之间的桥梁。导出器可以认为是 Prometheus 与第三方组件或系统已有指标数据之间的桥梁，它们可以将这些数据以 Prometheus 支持的协议和格式暴露出来。而推送网关则是 Prometheus 与一些短生命周期应用程序之间的桥梁，它可以缓存应用程序以推送方式发送过来的指标数据，并代替应用程序接收 Prometheus 拉取指标数据的请求。

不同组件或系统对应着不同的导出器，所以存在着一组支持各种组件或系统的导出器。

这些导出器往往需要与组件或系统部署在一起，并通过组件或系统支持的方式收集它们的指标数据。而推送网关则只有一种，它通常独立于 Prometheus 和应用单独部署，是对 Prometheus 指标数据拉取方式的一种补充。

8.4.1 导出器

除了使用 Prometheus 监控用户自行开发的系统以外，Prometheus 更多地是用于监控一些第三方组件或系统。有相当一部分第三方组件或系统自身就支持 Prometheus，比如本书介绍的 Zipkin、Jaeger 等追踪系统就支持按 Prometheus 要求的格式暴露监控指标，所以只要将它们暴露出来的监控端点配置给 Prometheus 就可以实现监控。但 Prometheus 从诞生到现在也没有多少时间，而许多数据库、操作系统却已经存在了几十年了，所以不支持 Prometheus 的第三方组件或系统还是占了绝大多数。这些组件或系统在 Prometheus 诞生之前就已经提供了查看监控指标的方式，比如在 MySQL 中就可以通过 show status 命令查询到一些监控指标。所以如果能将这些监控指标转换成 Prometheus 能够理解的格式，并以 HTTP 协议暴露出来就无须修改它们，而导出器的作用就在于此。

导出器适用于不能直接使用 Prometheus 埋点库的第三方组件或系统，一般由 Prometheus 官方发布和维护。但 Prometheus 官方提供的导出器并不多，而由其他组织提供的导出器却相当丰富。所有这些导出器加起来有几百种，即使是在官网列出的导出器也有 150 多种，几乎涵盖了所有可能的第三方系统。导出器不仅要从第三方获取指标数据，还要将它们以 HTTP 协议暴露出来。由于单台物理机上可能会部署多个导出器，所以为了防止导出器之间出现端口冲突的情况，Prometheus 在其 Github 的 Wiki 上对这些导出器端口做了约定。这些导出器端口目前从 9100 开始，至本书结稿时已经注册到了 9678。官方建议发布新导出器端口前，应该到 Wiki 中注册以防止冲突，该 Wiki 地址为 https://github. com/prometheus/prometheus/wiki/Default-port-allocations。

由于这些导出器数量太过庞大，本书不可能将它们全部介绍到，本节只示意性的介绍两种常用导出器。

1. Node 导出器

Node 导出器属于 Prometheus 官方较早支持的导出器之一，这从其暴露监控指标的默认端口 9100 就可以看出。Node 导出器主要用于转换与硬件、操作系统相关的基础指标，且主要针对 Unix、Linux 等操作系统而不能应用于 Windows 操作系统。Node 导出器的源代码托管在 Github 上的 prometheus/node_exporter 项目中，地址是 https://github. com/prometheus/node_exporter。在该项目的 releases 页面上找到最新发布包，下载后解压缩运行 node_exporter 命令即可启动 Node 导出器。运行 node_exporter --help 可以查看命令使用的方法，其中有相当一部分参数与收集器（Collector）相关。

熟悉 Linux 操作系统的读者想必应该清楚，Linux 中大多数与运行状态相关的指标数据都保存在/proc 和/sys 两个虚拟目录中，而 Node 导出器也正是基于这两个目录中的文件对外暴露监控指标数据。所以在 node_exporter 的命令行参数中，有两个参数专门用于配置这个虚拟目录的路径，它们是--path. procfs 和--path. sysfs。Node 导出器针对不同的统计文件定义了不同的收集器（Collector），在启动时可通过 "--collector. <name>" 和 "--no-collector. <name>" 开启或关闭收集器，其中的 "<name>" 即为收集器的名称。这些收集器非常多，表8-1列出了一部分在 Linux 系统中支持的收集器名称及其对应的虚拟文件。

表 8-1　Node 导出器部分收集器

名称	文件	说明
arp	/proc/net/arp	ARP（Address Resolution Protocol）统计数据
bcache	/sys/fs/bcache/	BCache（Block Cache）统计数据
conntrack	/proc/sys/net/netfilter/	连接追踪的统计数据
cpu	\	CPU 使用的统计数据
cpufreq	\	CPU 频率数据
diskstats	\	硬盘统计数据
filefd	/proc/sys/fs/file-nr	文件描述符统计数据
hwmon	/sys/class/hwmon/	硬件监控数据
ipvs	/proc/net/ip_vs /proc/net/ip_vs_stats	IPVS 状态
mdadm	/proc/mdstat	设备统计数据
netclass	/sys/class/net/	网络接口信息
netstat	/proc/net/netstat	网络统计数据
nfs	/proc/net/rpc/nfs	NFS 客户端统计数据
nfsd	/proc/net/rpc/nfsd	NFS 内核统计数据
rapl	/sys/class/powercap	暴露 powercap 中的统计数据
schedstat	/proc/schedstat	定时任务统计数据
sockstat	/proc/net/sockstat	Socket 统计数据
softnet	/proc/net/softnet_stat	从 softnet_stat 中暴露统计数据
stat	/proc/stat	从 stat 中暴露统计数据
udp_queues	/proc/net/udp /proc/net/udp6	UDP 队列统计数据
time	\	当前系统时间
vmstat	/proc/vmstat	vmstat 中的统计数据
xfs	\	XFS 运行时数据
zfs	\	ZFS 性能统计数据

　　Node 导出器启动后默认会在 9100 端口监听 HTTP 请求，而暴露指标数据的路径默认则为/metrics。可通过--web. listen-address 参数修改监听端口，也可通过--web. telemetry-path 修改暴露指标数据的路径。此外，Node 导出器默认还会暴露一些自身的指标数据，可通过--web. disable-exporter-metrics 关闭这些指标。

2. MySQL 导出器

MySQL 导出器也属于 Prometheus 官方支持的导出器，暴露监控指标的默认端口为 9104。

源代码则位于 prometheus/mysqld_exporter 项目中，地址是 https://github. com/prometheus/mysqld_exporter。MySQL 导出器的安装很简单，可在该项目的 releases 页面上找到最新发布包，地址为 https://github. com/prometheus/mysqld_exporter/releases。下载后直接解压缩即可使用，启动命令是解压目录下的 mysqld_exporter（. exe）。在启动 MySQL 导出器之前，需要通过环境变量 DATA_SOURCE_NAME 设置连接 MySQL 的数据源。由于 MySQL 导出器采用 Go 语言编写，所以数据源的格式也要遵从 Go 语言的格式，如：

  export DATA_SOURCE_NAME = 'user:password@（hostname:3306）/'

  其中，user 和 password 代表连接 MySQL 时使用的用户名和密码，而 hostname 则是 MySQL 所在主机名或地址。在设置好正确的数据源后，直接运行 mysqld_exporter(. exe)，若无异常就可以通过 http://localhost:9104/metrics 获取到 MySQL 的监控指标了。也可以使用 Docker 以镜像的方式运行，如示例 8-19 所示：

```
docker network create my-mysql-network
docker pull prom/mysqld-exporter

docker run-d \
  -p 9104:9104 \
  --network my-mysql-network  \
  -e DATA_SOURCE_NAME = "user:password@ (my-mysql-network:3306)/" \
  prom/mysqld-exporter
```

示例 8-19 使用 Docker 方式运行 MySQL 导出器

  MySQL 导出器监听 HTTP 请求的端口为 9104，暴露指标的路径默认也是/metrics，它们同样可通过- - web. listen- address 和- - web. telemetry- path 修改。MySQL 导出器也可以通过- - help查看所有可选命令行参数，由于这些参数的数量比较庞大，请读者自行参考 Github 相关页面的说明。

8. 4. 2 推送网关

  Prometheus 拉取监控数据的方式仅适用于那些长时间运行的服务，但有些应用程序运行时间非常短，还没等到 Prometheus 的监控请求就已经结束运行了。还有一些应用程序运行时间可能并不短，但运行的物理地址却不确定，这导致它们没有办法开放固定的监控地址。比如多数命令行工具不仅运行时间短而且运行的节点也不固定，它们就不适合以开放监控服务的形式提供监控数据。

  Prometheus 针对这种情况提供了由埋点库推送监控数据的方案，它通过一个中间组件缓存监控数据以供 Prometheus 拉取数据使用，这个中间组件就是所谓的推送网关（Push Gateway）。推送网关以服务的形式长时间运行，一方面它接收埋点库推送过来的监控数据，而另一方面它又以 HTTP 服务的形式暴露这些监控数据。也就是说 Prometheus 将推送网关作为监控目标，但推送网关暴露出来的不仅只是自身指标，还包括第三方应用推送上来的监控指标。而对于 Prometheus 服务来说，它获取样本数据的方式还是拉取。

  由于推送网关是独立组件，所以首先需要下载安装，或者使用 Docker 镜像直接启动。

推送网关可从 Prometheus 在 Github 上的 prometheus/pushgateway 项目中下载，在该项目的 release 页面上可找到针对各操作系统的安装包，具体地址为 https://github. com/prometheus/pushgateway/releases。推送网关默认会在 9091 端口开启 HTTP 服务，可通过启动参数--web. listen-address 修改监听端口。所以在使用 Docker 镜像启动推送网关时，也需要将这个端口映射出来：

```
docker run -d -p 9091:9091 prom/pushgateway
```

推送网关在/metrics 端点暴露监控指标，该端点路径可通过另一个启动参数--web. telemetry-path来修改。从上述两个参数可以看出，推送网关在命令行参数上与导出器非常接近。但推送网关同时也会在这个地址上接收推送指标，它以 REST 接口的形式提供对指标的操作。与 Prometheus 服务类似，推送网关也使用作业（Job）来分组监控指标。所以推送网关的推送地址格式是/metrics/job，后接作业名称及任意个标记键值对，具体如示例 8-20 第一行所示：

```
1. /metrics/job/<JOB_NAME>{/<LABEL_NAME>/<LABEL_VALUE>}
2. echo "a_metric{label1=\"label1_value\"} 1" | curl --data-binary @-http://
   localhost:9091/metrics/job/job1/label2/label2_value
3. echo "b_metric{label1=\"label1_value\"} 1" | curl -X PUT --data-binary @-ht-
   tp://localhost:9091/metrics/job/job1/label2/label2_value
4. curl -X DELETE http://localhost:9091/metrics/job/job1/label2/label2_value
```

示例 8-20　推送地址格式

在推送地址中，<JOB_NAME> 最终会成为指标 job 标记的值，而后续的/<LABEL_NAME>/<LABEL_VALUE>也会以标记的形式添加到监控指标上。具体监控指标的样本数据则需要通过请求体发送给推送网关，使用 curl 命令可按示例 8-20 第二行的格式发送推送请求。它将会把 a_metric 指标推送到网关中，同时还会添加 label1、label2 及 job 等几个标记。推送后的指标结果如示例 8-21 所示：

```
# TYPE my_metric untyped
a_metric{instance="",job="job1",label1="label1_value",label2="label2_
value"} 1
```

示例 8-21　推送指标的结果

可通过 PUT、POST 和 DELETE 三种请求方法调用推送网关的 REST 接口，示例 8-20 第二行实际采用的就是 POST 方法。由于推送网关是以作业为单元来分组监控指标，所以当以 POST 请求某一作业时会向该作业中添加新指标，而 PUT 则会整体替换作业中的指标。以示例 8-20 第三行为例，如果以 POST 方法执行则会有 a_metric{job="job1"} 和 b_metric{job="job1"}，也就是将 b_metric 也添加到 job1 作业中；但如果以 PUT 方法执行则 b_metric{job="job1"} 会替换掉原来在这个作业下的所有指标，也即只有 b_metric{job="job1"} 一个指标会被保存下来。DELETE 方法相对来说比较容易理解，就是根据作业名称和其他标记值删除样本数据。

这些操作看起来有点复杂，但在使用 Prometheus 埋点库时并不需要通过 REST 接口推送样本数据，可通过 io. prometheus. client. exporter. PushGateway 直接完成推送操作。例如：

```
static Counter counter = Counter. build("demo_push_gateway",
        "a push gateway demo")
    .create()
    .register();
public static void main(String[]args)throws Exception {
    counter. inc();
    PushGateway pushGateway = new PushGateway("localhost:9091");
    pushGateway. push(counter,"myjob");
}
```

示例 8-22　使用 PushGateway 推送指标

如示例 8-22 所示，在创建 PushGateway 实例时指定了推送网关的地址，然后通过 push 方法将 counter 代表的指标推送至该地址。除了 push 方法，PushGateway 还定义了 pushAdd 和 delete 方法。显然，delete 方法对应着 REST 的 DELETE 请求，而 push 和 pushAdd 则分别对应 PUT 和 POST 请求。示例 8-22 中只推送了一个指标的样本数据，实际上 push 和 push-Add 也可以使用注册表 CollectorRegistry 的实例作为参数，这可以将注册中注册的所有指标全部推送至网关。

默认情况下，推送网关会将推送上来的样本数据保存在内存中。这意味着一旦推送网关崩溃或是重启，所有已经推送上来的样本数据就会全部丢失。但推送网关也提供了持久化的功能，可以将推送上来的监控指标保存到指定的文件中。推送网关有两个与此相关的启动参数，它们是 -- persistence. file 和 -- persistence. interval。前者用于设置持久化使用的文件，它的默认值是空，代表不持久化；而后者则用于设置持久化样本数据的时间间隔，默认值是 5m 即 5 分钟（min）。例如，下面的命令代表的含义就是每隔 1s 向 metrics_persist_file 中持久化样本数据：

pushgateway（. exe）-- persistence. file = "metrics_persist_file" -- persistence. interval = 1s

当推送网关被设置为监控对象时，拉取配置中的 honor_labels 一般来说应该设置为 true。因为无论推送上来的指标来源于何处，它们最终都需要通过推送网关暴露给 Prometheus，所以这些指标的 job 和 instance 标记就都只能是推送网关相关的值。因为 job 和 instance 标记与其他标记不同，它们在默认情况下由 Prometheus 在拉取样本数据时根据配置自动添加到指标中。如果被拉取的指标中已经包含了这两个标记，那它们的名称会被重新命名为 exported_job 和 exported_instance。但当 honor_labels 配置为 true 时，Prometheus 则会将 job 和 instance 两个标记的原始值保留下来，最终就可以体现出它们的真实来源了。这也是为什么推送网关的 REST 接口要以作业为分组的方式，因为这样才可以强制客户端推送指标时必须要指定作业名称。

最后需要注意，推送指标的时间戳不是推送的时间而是拉取时的时间戳。在 Prometheus 的世界里指标可以在任意时间里被爬取，一个不能被爬取到的指标相当于不存在了。如果 Prometheus 在 5 分钟之内不能拉取到一个指标的样本，那么它会认为这个指标从来就不存在。Prometheus 拉取到一个 5 分钟之前的指标样本，它会认为这个样本已经过时而将其丢弃。所以使用推送网关时如果给指标附加了时间戳，那 Prometheus 有可能在 5 分钟之后才拉取到。正是基于这个原因，推送网关会拒绝任何附加了时间戳的指标样本。

第**9**章
OpenCensus 与 OpenTelemetry

无论是微服务追踪还是微服务监控，它们都需要预先在业务服务中埋点。所以埋点库采用的编程语言需要与业务系统相同，并且埋点库往往还需要与服务端采用的追踪或监控技术一致。一旦业务系统采用了某种追踪或监控技术对应的埋点库，再想切换成其他追踪或监控技术就比较困难了。比如采用了 Brave 在业务服务中埋点后，再想向 Jaeger 代理组件上报跨度数据就必须要修改埋点库的代码了。为了使业务系统的开发部署与追踪或监控技术解除耦合，人们做出了一些有价值的尝试。比如在第 6 章中介绍的 OpenTracing 就是统一追踪埋点库的尝试，而第 8 章中介绍的 Micrometer 则是统一监控埋点库的尝试。它们都已经在各自的领域中被人们广泛接受和应用，并成为解除客户端与服务端耦合的设计典范。

本章将要介绍的 OpenCensus 与 OpenTelemetry 是对解耦的全新尝试。OpenCensus 试图将追踪与监控的埋点库统一起来，而 OpenTelemetry 则期望将追踪、监控以及日志全部集成起来。OpenTelemetry 被认为是下一代的 OpenTracing 和 OpenCensus，可以认为 OpenTracing 加上 OpenCensus 就是 OpenTelemetry。OpenTelemetry 从 OpenTracing 中借鉴了追踪接口的设计，同时又从 OpenCensus 中借鉴了监控接口的设计，并提供了统一的规则将它们整合在一起。但 OpenTelemetry 绝不是简单地将这二者合并起来，它的目标是成为可观察性的最终解决方案。从目前的进展来看，追踪与日志已经有了比较明确的整合方法，但监控指标在 OpenTelemetry 中还没有与追踪、日志关联起来的方案。OpenTelemetry 未来有可能会提供一个统一的上下文，追踪、指标和日志都可以访问其中的信息。但这其实还有许多问题有待解决，比如上下文的存储和传播等问题，它们在 OpenTelemetry 中还没有完全得到解决。所以 OpenCensus 和 OpenTelemetry 其实都还处于开发中，尤其是 OpenTelemetry 的一些功能还没有完全实现。比如对监控指标的整合，OpenTelemetry 就没有完全支持。本章介绍的 OpenTelemetry 基于其 Snapshot 版本，所以未来很可能会有极大变化，但其基本思想应该不会发生太多变化。读者应重点掌握其设计思想，这样即使未来在接口上有了变化也能快速上手。

9.1 OpenCensus 追踪埋点

OpenCensus 是由 Google 一组被称为 Census 的库演变而来，Census 库主要用于自动收集调用链路追踪和监控指标数据。后来 Google 将其开源并更名为 OpenCensus，现在该项目由一组云服务供应商、APM 供应商和开源贡献者共同维护。OpenCensus 官方网站是 https：//opencensus.io/，官方网站包含有详细文档和示例说明。OpenCensus 目前已经处于维护状态，下一个版本会被合并到 OpenTelemetry 中。但由于 OpenTelemetry 还处于开发早期，尤其是各种编程语言的实现进度各不相同，像 Java 语言的 OpenTelemetry 实现就相当不完善。考虑到 OpenTracing 不包含监控指标的内容，那 OpenTelemetry 监控指标就只能从 OpenCensus 中借鉴，所以学习 OpenCensus 对于未来理解和使用 OpenTelemetry 有一定意义。

从总体上来说，OpenCensus 就是一组用于各种编程语言的埋点库。它不仅可以应用于追踪埋点，也可以应用于监控埋点。OpenCensus 不包括后端追踪和监控的解决方案，用户可以根据实际需要选择不同的供应商。但通过提供独立于供应商的埋点库，OpenCensus 可以解除业务服务对追踪和监控供应商的耦合。OpenCensus 目前支持 Go、Java、C#、Node.js、C++、Ruby、Erlang/Elixir、Python、Scala、PHP 等多种语言，支持的后端服务包括 Azure Monitor、Datadog、Instana、Jaeger、SignalFX、Stackdriver 和 Zipkin。OpenCensus 这些编程语言对应的埋点库都托管在 GitHub 上，地址是 https：//github.com/census-instrumentation。本节以 Java 语言的埋点库为例，项目位于 census-instrumentation/opencensus-java 中。

9.1.1　体系结构

在使用 OpenCensus 之前需要将 OpenCensus 相关的依赖引入进来，Java 版本的 OpenCensus 大体上可分为三个部分。第一部分是定义了 OpenCensus 接口的构件库 opencensus-api，其中定义了与实现方案无关的追踪和监控埋点接口，比如 Span、Tracer 等都定义在这个构件库中；另一部分则是定义了 OpenCensus 接口实现的构件库 opencensus-impl，其中定义了 opencensus-api 构件中接口的具体实现，Span、Tracer 的实现类就是在这个构件库中定义；最后一部分就是用于向特定的追踪或监控系统导出数据的构件库，这种构件库与特定实现相关，OpenCensus 支持多少种实现就需要有多少个这样的构件库。以向 Zipkin 上报追踪信息为例，需要引入的依赖构件如示例 9-1 所示：

```xml
<dependencies>
    <dependency>
        <groupId>io.opencensus</groupId>
        <artifactId>opencensus-api</artifactId>
        <version>${opencensus.version}</version>
    </dependency>
    <dependency>
        <groupId>io.opencensus</groupId>
        <artifactId>opencensus-impl</artifactId>
        <version>${opencensus.version}</version>
    </dependency>
    <dependency>
        <groupId>io.opencensus</groupId>
        <artifactId>opencensus-exporter-trace-zipkin</artifactId>
        <version>${opencensus.version}</version>
```

```
</dependency>
</dependencies>
```

示例 9-1　引入 OpenCensus 依赖

如示例 9-1 所示，如果希望向 Jaeger 上报追踪数据，则只需要将导出构件替换为 open-census- exporter- trace- jaeger 即可；而如果希望向 Prometheus 开放指标数据，则需要添加 opencensus- exporter- stats- prometheus 依赖。目前 Java 版本的 OpenCensus 支持导出的追踪系统包括 Jaeger、Zipkin、Instana 和 Stackdriver，而支持的监控系统则包括 Prometheus、Sig-nalFx 和 Stackdriver。它们对应的导出器构件名称都以 opencensus- exporter- 开头，追踪系统构件后接 trace 而监控系统则后接 stats，最后再以后端系统的小写名称为结尾。由这些构件库之间的关系也可以大体看出 OpenCensus 整体结构，即接口、实现和导出器三大部分，如图 9-1 所示。

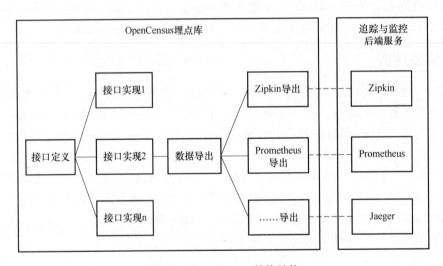

图 9-1　OpenCensus 整体结构

9.1.2　追踪埋点

总体来说，OpenCensus 在追踪埋点上与 Brave 埋点库更为接近。跨度的管理也是通过 Tracer 实现，而 Tracer 则是由 Tracing 创建。具体来说，跨度的创建虽然是由 SpanBuilder 完成，但 SpanBuilder 则需要通过 Tracer 创建。Tracer 还可以构建跨度之间的父子关系，在单个进程中形成完整的调用链路。另一方面，OpenCensus 中的跨度模型也是 Span，而跨度的标识符等关键信息也是保存在跨度上下文 SpanContext 中。OpenCensus 中跨度也有标签和标注的概念，只不过标签在 OpenCensus 中被称为属性（Attribute）。标签可通过 Span 的 putAt-tribute 方法添加，而标注则可以通过 addAnnotation 方法添加。示例 9-2 展示一段通过 Open-Census 向 Zipkin 上报一对父子跨度的代码：

```
public static void main(String[]args){
    ZipkinTraceExporter.createAndRegister(ZipkinExporterConfiguration.builder()
```

```
            .setV2Url("http://localhost:9411/api/v2/spans")
            .setServiceName("census-service").build());
    Tracer tracer = Tracing.getTracer();
    Span parentSpan = tracer.spanBuilder("census-parent-span")
        .setSampler(Samplers.alwaysSample())
        .startSpan();
    parentSpan.addAnnotation("start.event");
    System.out.println(parentSpan.getContext());
    Span childSpan = tracer.spanBuilderWithExplicitParent("census-child-span",
        parentSpan).setSampler(Samplers.alwaysSample())
        .startSpan();
    System.out.println(childSpan.getContext());
    childSpan.putAttribute("test.attr",
        AttributeValue.stringAttributeValue("a string value"));
    childSpan.end();
    parentSpan.addAnnotation("end.event");
    parentSpan.end();
    Tracing.getExportComponent().shutdown();
}
```

示例 9-2　OpenCensus 向 Zipkin 上报父子跨度

在示例 9-2 中通过 ZipkinTraceExporter 的 createAndRegister 方法注册了 Zipkin 地址，该方法接收的参数类型为 ZipkinExporterConfiguration。它除了可以设置 Zipkin 上报地址以外，还可以设置上报时使用传输组件 Sender、数据编码格式等。

在示例 9-2 中，创建跨度时都使用 SpanBuilder 的 setSampler 方法设置了采样器（Sampler）。OpenCensus 中的采样器与 Zipkin 中的概念类似，大体来说包括 AlwaysSampleSampler、NeverSampleSampler 和 ProbabilitySampler 三种实现类。但这三种实现类都是包内可见，必须要像示例 9-2 中那样通过 Samplers 的工厂方法创建。此外，采样器也没有必要每次创建跨度时都设置，而是应该通过 Tracing 做全局设置。示例 9-3 展示了设置全局采样器的方法：

```
TraceParams traceParams = Tracing.getTraceConfig()
    .getActiveTraceParams()
    .toBuilder()
    .setSampler(Samplers.probabilitySampler(0.5))
    .build();
Tracing.getTraceConfig().updateActiveTraceParams(traceParams);
Tracer tracer = Tracing.getTracer();
```

示例 9-3　OpenCensus 设置全局采样器

如示例 9-3 所示，采样器可通过 TraceParams 相关的方法设置，然后再通过 TraceConfig 方法的 updateActiveTraceParams 方法传递给 Tracing，这样通过 Tracing 创建出来的 Tracer 就

会采用设置的全局采样器了。

9.1.3　跨度传播

与 Brave、OpenTracing 类似，OpenCensus 的跨度传播也可以大体上分为进程内和进程间两种传播方式。

1. 进程内传播

OpenCensus 在进程内共享跨度的方法也是使用 ThreadLocal，有两种方式可以将跨度保存到 ThreadLocal 中。一种方式是使用 SpanBuilder 的 startScopedSpan 方法在跨度创建时保存；另一种则是先将跨度创建出来，再使用 Tracer 的 withSpan 方法将其保存起来。示例 9-4 展示了以上两种共享跨度的方法：

```
Tracer tracer = Tracing.getTracer();
Scope parentScope = tracer.spanBuilder("parent")
        .startScopedSpan();
tracer.getCurrentSpan().addAnnotation("span.start");
Span childSpan = tracer.spanBuilder("child")
        .startSpan();
Scope childScope = tracer.withSpan(childSpan);
Span grandChildSpan = tracer.spanBuilder("grandchild")
        .startSpan();
grandChildSpan.end();
childScope.close();
childSpan.end();
parentScope.close();
```

示例 9-4　OpenCensus 进程内跨度传播

由于使用 startScopedSpan 方法开启跨度返回的是 Scope 对象，所以这种方法没有办法直接获得跨度 Span 的引用。如果希望设置跨度的标注或标签，就只有通过 Tracer 的 getCurrentSpan（）方法获取跨度了。而使用 withSpan 方法是先创建跨度，所以跨度引用一直都可见，这也是两种方式共享跨度的区别之一。

2. 进程间传播

OpenCensus 中进程间跨度传播也跟 Brave 类似，传播的跨度数据也是由跨度上下文代表。跨度传播同样是借助载体（Carrier）完成，具体的传播动作也是注入（Inject）和提取（Extract）。由于载体保存跨度数据也是通过键值对的形式，所以注入与提取必须要遵从相同的传播协议。OpenCensus 目前支持传播协议包括 Zipkin 的 B3 协议，同时也支持 W3C 定义的 Trace Context 协议。示例 9-5 展示通过 B3 传播协议在进程间传播跨度的代码：

```
public static void main(String[]args)throws SpanContextParseException {
    Map < String,String > carrier = new HashMap < > ();
    Tracer tracer = Tracing.getTracer();
```

```
Span span = tracer. spanBuilder ("propagation-span")
        . setSampler (Samplers. alwaysSample ())
        . startSpan ();
SpanContext context = span. getContext ();
System. out. println (context);
Tracing. getPropagationComponent ()
        . getB3Format ()
        . inject (context,carrier,new TextFormat. Setter <Map <String,String > > () {
            @ Override
            public void put (Map <String,String >carrier,String key,String value) {
                carrier. put (key,value);
            }
        });
System. out. println (carrier);


SpanContext extractContext = Tracing. getPropagationComponent ()
        . getB3Format ()
        . extract (carrier,new TextFormat. Getter <Map <String,String > > () {
            @ Nullable
            @ Override
            public String get (Map <String,String > carrier,String key) {
                return carrier. get (key);
            }
        });
System. out. println (extractContext);
}
```

示例 9-5　OpenCensus 进程间跨度传播

如示例 9-5 所示，通过 Tracing. getPropagationComponent 方法可获取到进程传播组件，再通过传播组件的 getB3Format 方法则可获得支持 B3 协议的编码格式。除了 getB3Format 方法以外，进程传播组件还可通过 getTraceContextFormat 方法获取支持 W3C 协议的编码格式。读者可自行尝试将示例 9-5 中的 getB3Format 替换为 getTraceContextFormat，看看注入到载体中的文本编码有什么不同。有关 W3C 协议的编码格式，请参考第 3 章 3. 4. 2 节。

通过本节简单的介绍可以看出，OpenCensus 在总体上与 Brave 的设计与实现一致。但 Brave 的设计与 OpenTracing 相较有比较大的区别，这或许也是 OpenCensus 无法与 OpenTracing 整合的重要原因之一。

9. 2　使用 OpenCensus 监控埋点

相较于 OpenCensus 追踪埋点，OpenCensus 监控埋点的原理理解起来就有些难度了。因为 OpenCensus 追踪埋点的概念与 Zipkin 比较接近，但其监控埋点的概念则与 Prometheus 埋点库和 Micrometer 有很大的不同。首先，OpenCensus 监控埋点不是直接输出指标数据，而是对原始数据的统计结果的导出。OpenCensus 有关监控埋点的包、工具类等组件名称中好多都含有 stat，而 stat 正是统计英文单词 statistic 的缩写。其次，OpenCensus 监控埋点还明确提出了上下文概念，这与追踪中的跨度上下文类似但又有很大区别。它们虽然都用于数据传播，但跨度上下文传播的是跨度标识符等数据，而监控的上下文则传播指标的标签（Tag）。OpenCensus 监控中的标签就是 Prometheus 中指标的标记（Label），它为指标提供了更多的细化维度。

9.2.1　测度与测量

OpenCensus 记录业务服务在运行时产生的原始数据，而监控所需的指标数据则是由这些原始数据聚合而成。所以在 OpenCensus 监控埋点中有两个最基本的概念，它们就是测度（Measure）和测量（Measurement）。测度代表一种需要测量的类型，比如请求时延、内存大小等；而测量则是某一测度在某个时间点上的具体数值，OpenCensus 支持以 64 位的整型或浮点型数据表示测量值。所以测度是抽象而测量则是具体，一个测度包含多个不同时间点上的测量，而每一个测量又一定属于某一种类型的测度。

测度所代表的测量类型与数据类型不同，最重要的区别就在于测度一定要有测量单位，而数据类型仅是数值本身不相同。比如请求的时延和数据量，它们的测量值可能都是整型数值，但前者的测量单位一般是秒而后者则是字节。所以测度通常由三部分组成，除了名称和描述以外，最重要的就是测量的单位。测度的名称虽然没有明确限制，但要求在整个库中惟一。测度的描述是对测度更为详细的说明，所以对它的惟一性没有要求。测度的单位比较特殊，它需要与计量单位统一代码中定义的标准一致。计量单位统一代码（Unified Code for Units of Measure，UCUM）定义了一套计量单位的统一代码，目的是在人类、机器之间明确无歧义地表示计量单位，具体请参考 http://unitsofmeasure.org/ucum.html。从测度与测量这两个定义来看，OpenCensus 与 Prometheus 有很大区别，它其实更接近于 InfuxDB 中有关时序数据的定义。

从 Java 语言版本的 OpenCensus 埋点库来看，测度由抽象类 io.opencensus.stats.Measure 定义，而创建测度的实例也就需要名称、说明和单位三个参数。由于测量值包括 64 位整型和浮点类型两种，这对于 Java 来说就是 long 类型和 double 类型，所以 Measure 定义了 MeasureDouble 和 MeasureLong 两个静态内部类。与它们相对应的测量也有两种类型，它们是 Measurement.MeasurementLong 和 Measurement.MeasurementDouble。但通常来说只需要定义全局的测度实例，而不需要生成测量的实例。因为每做一次测量值的记录就会自动生成一个测量 Measurement，而这样一次记录需要通过 StatsRecorder 保存起来。OpenCensus 这些概念不太容易理解，下面通过一段代码来说明它们的用法，例如：

```
public static void main(String[]args)throws IOException {
    StatsRecorder recorder = Stats.getStatsRecorder();
    Measure.MeasureLong memSize = Measure.MeasureLong.create("mem","available
memory size","By");
```

```
    Measure.MeasureDouble time = Measure.MeasureDouble.create("time","current
time","ms");

    MeasureMap measureMap = recorder.newMeasureMap();
    measureMap.put(memSize,Runtime.getRuntime().freeMemory())
        .put(time,System.currentTimeMillis())
        .record();
}
```

示例 9-6　OpenCensus 测量记录

示例 9-6 定义了 memSize 和 time 两个测度，并且将它们的一次测量值添加到 Measure-Map 中。MeasureMap 由 StatsRecorder 生成，而调用它的 record 方法就是生成一次测量的记录。record 方法的另一个重要作用，就是它将测量记录与当前标签上下文关联起来，这样在聚合这些测量记录时就可以生成带有标签的指标了。MeasureMap 可以一次添加多种测度的测量数据，示例 9-6 就是向 MeasureMap 添加了 memSize 和 time 两个测度的测量数据，这样通过一次 record 调用就可以将它们都与标签上下文关联起来。

9.2.2　聚合与视图

示例 9-6 中的代码只是记录了一次测量数据，它们要想形成指标还必须要进行聚合（Aggregation）。聚合后的测量数据要想发布给具体的后端服务，还必须要以视图（View）的形式定义出来。聚合是一种针对测量数据的算法，而视图则赋予这种算法一定的含义。以 Prometheus 为例，默认情况下它每隔 15s 才会拉取一次指标数据，而在这期间埋点库可能已经记录了大量测量数据。所以在 Prometheus 拉取数据时就必须对这期间记录的测量数据做聚合运算，同一组测量数据可能会做不同的聚合运算并以不同的视图发布出来。比如在示例 9-6 中记录的 memSize，如果对它做累加聚合那就会形成一个计数器类型的指标，而如果对它做数据分布情况的聚合，那么它就会形成一个直方图类型的指标。

OpenCensus 中将聚合运算抽象为 io.opencensus.stats.Aggregation，目前支持的聚合算法包括 Aggregation.Count、Aggregation.Sum、Aggregation.LastValue 和 Aggregation.Distribution 四种。如果对应到 Prometheus 指标类型的话，Aggregation.Count 和 Aggregation.Sum 都可以认为是计数器（Counter），其中 Aggregation.Count 只统计测量数据记录的次数，而 Aggregation.Sum 则会将每次记录的值累加起来。比如两次记录的值分别为 10 和 20，则它们的 Aggregation.Count 聚合值为 2，而 Aggregation.Sum 值则为 30。Aggregation.LastValue 则可以认为是计量器（Gauge），它取最近一次记录的测量值作为聚合结果。还是以两次记录值为 10 和 20 为例，Aggregation.LastValue 的聚合结果为 20。最后 Aggregation.Distribution 聚合是运算记录数据的分布情况，这与 Prometheus 中的直方图（Histogram）或摘要（Summary）类似。

由此可见，OpenCensus 中的聚合并不与实际测量数据或指标数据关联，它们仅代表一种算法或是一种聚合类型。一种测度的测量数据可以采用多种聚合类型做运算，而一个聚合类型也可以应用于多种测度的测量数据。但在对测量数据做聚合前必须要让测度与聚合关联起来，而让它们关联起来的组件就是视图（View）。换句话说，视图定义了将什么的聚合类型应用于哪些测度之上。这就相当于通过不同聚合算法去体现测量数据，从而为用户监控系统提供了不同的视角，这也是它之所以被 OpenCensus 称为视图的原因。

正因为视图要关联测度和聚合，所以它们也是创建视图时必须要提供的参数。除此之外还需要为视图设置名称和说明，它们最终在导出指标时将成为指标的名称和说明。与 Micrometer 类似，视图名称的不同单元之间可以使用点 "."，但在最终发布时会依据相关实现的命名约定做转换。最后一个需要设置的参数是视图的标签集合，它们最终将转换为指标的标记，如果没有标记则可以设置一个空的集合。示例 9-7 展示了创建聚合和视图的代码：

```
private static final StatsRecorder recorder = Stats.getStatsRecorder();
private static final Measure.MeasureDouble memSize = Measure.MeasureDouble.create
("mem",
        "available memory size","Mb");
private static final Measure.MeasureLong time = Measure.MeasureLong.create("time",
        "current time","ms");
private static final Aggregation count = Aggregation.Count.create();
private static final Aggregation sum = Aggregation.Sum.create();
private static final Aggregation lastValue = Aggregation.LastValue.create();
private static final Aggregation distribution = Aggregation.Distribution.create(
        BucketBoundaries.create (Arrays.asList (40.0, 45.0, 50.0, 60.0, 80.0, 120.0,
200.0))
);
private static final List < TagKey > noTags = new ArrayList < > ();
public static void main(String[]args)throws IOException,InterruptedException {
    View countMemView = View.create(View.Name.create("mem.record.times"),
        "mem record times",memSize,count,noTags);
    View countTimeView = View.create(View.Name.create("time.record.times"),
        "time record times",time,count,noTags);
    View sumMemView = View.create(View.Name.create("mem.sum"),
        "mem sum",memSize,sum,noTags);
    View lastMemView = View.create(View.Name.create("mem.gauge"),
        "mem now",memSize,lastValue,noTags);
    View disMemView = View.create(View.Name.create("mem.dis"),
        "mem distributeion",memSize,distribution,noTags);
    Stats.getViewManager().registerView(countMemView);
    Stats.getViewManager().registerView(countTimeView);
    Stats.getViewManager().registerView(sumMemView);
    Stats.getViewManager().registerView(lastMemView);
    Stats.getViewManager().registerView(disMemView);
    PrometheusStatsCollector.createAndRegister();
    new HTTPServer(12345,true);

    for(int i =0; i <10; i ++){
```

```
recorder.newMeasureMap()
        .put(memSize,Runtime.getRuntime().freeMemory()/(1024*1024.0))
        .put(time,System.currentTimeMillis())
        .record();
    Thread.sleep(1000);
    System.out.println("Record for the "+i+" times!");
    }
    System.in.read();
}
```

示例 9-7　OpenCensus 创建视图

示例 9-7 中创建了全部四种类型聚合运算的视图，但它们针对的测度却都是 memSize。视图创建后需要向 ViewManager 注册，注册后的视图才会在最终发布时体现为监控指标。

9.2.3　标签上下文

OpenCensus 中的标签就是 Prometheus 中指标的标记，所以它也是由字符串组成的键值对。OpenCensus 对标签的抽象为 Tag，同时还将标签键抽象为 TagKey，标签值则抽象为 TagValue，它们都位于 io.opencensus.tags 包中。由于 TagKey 和 TagValue 都是抽象类，可通过它们的工厂方法 create 创建它们实例。一般来说，标签的键名称都是固定的，所以 TagKey 应该做成全局的；而 TagValue 在每次记录测量时都有可能不相同，所以它应该在每次记录测量数据时设置。在示例 9-7 中创建视图时需要提供的参数中，最后一个就是标签键 TagKey 的列表。如果在创建视图时提供了一个空的列表，那么最终在导出的指标上就不会有任何标记。

OpenCensus 中标签的另一个重要特点就是它是可以传播的，这类似于追踪系统中的跨度传播。跨度传播的内容主要是跨度的标识符，而标签传播的内容则主要是标签的值。由于同属于 OpenCensus，标签传播在编码风格上与跨度传播保持了相当的一致性。首先它们都可以区分为进程内传播和进程间传播两种，其次在进程内传播时采用了 Scope 组件管理有效范围，而在进程间传播时则同样使用了载体、注入和提取等概念。

跨度传播的主要数据是跨度上下文 SpanContext，而标签传播的主要数据则是标签上下文 TagContext。进程内传播跨度可通过 Tracer 实现，而进程内传播标签则通过 Tagger 完成，如示例 9-8 所示：

```
private static final StatsRecorder recorder = Stats.getStatsRecorder();
private static final Measure.MeasureDouble memSize = Measure.MeasureDouble.
create("mem",
        "available memory size","Mb");
private static final Aggregation lastValue =Aggregation.LastValue.create();
private static final TagKey status =TagKey.create("status");
private static final Tagger tagger = Tags.getTagger();
```

```
public static void main(String[]args)throws IOException,InterruptedExcep-
tion {
    View memView = View. create (View. Name. create ("mem. size"),"mem record
times",memSize,lastValue,Arrays. asList(status));
    Stats. getViewManager(). registerView(memView);

    PrometheusStatsCollector. createAndRegister();
    new HTTPServer(12345,true);

    Scope scope = tagger. emptyBuilder()
            . put(status,TagValue. create("success"),TagMetadata. create(Tag-
Metadata. TagTtl. UNLIMITED_PROPAGATION))
            . buildScoped();
    recorder. newMeasureMap()
            . put (memSize, Runtime. getRuntime(). freeMemory() / (1024 * 1024.0))
            . record();
    scope. close();

    System. in. read();
}
```

示例 9-8　　OpenCensus 进程内标签传播

示例 9-8 通过 Tagger 的 emptyBuilder 方法创建了一个生成 TagContext 的构建类，并且向 TagContext 中添加了一个标签 status。添加标签时的三个参数除了标签键和值以外，第三个参数是标签的元数据，主要就是标签的 TTL（Time To Live），也就是标签的生存周期。示例 9-8 中的代码将标签的 TTL 设置为 UNLIMITED_PROPAGATION，也就允许标签一直传播下去。此外，示例 9-8 中最终并没有创建 TagContext，而是直接通过 buildScoped 方法返回了 Scope 组件。这种风格与追踪中的代码十分相似，也是实际应用中的主要使用方法。在 Scope 被关闭之前，通过 MeasureMap 的 record 方法做了一次测量数据记录。这条记录将与 Scope 中共享的 status 标签关联起来，所以尽管 memSize 没有显式与任何标签做关联，但在最终发布出来的指标中将会包含 status 标签。

除了采用示例 9-8 中的方法直接创建 Scope 组件以外，也可以先创建 TagContext 再通过 Tagger 的 withTagContext 方法将它关联到 Scope 组件上，例如：

```
TagContext tagContext = tagger. emptyBuilder()
        . put(status,TagValue. create("success"),TagMetadata. create(Tag-
Metadata. TagTtl. UNLIMITED_PROPAGATION))
        . build();
Scope scope = tagger. withTagContext(tagContext);
```

示例 9-9　　OpenCensus 使用 TagContext 共享标签

如示例 9-9 所示，调用 Tagger 的 withTagContext 方法将返回 Scope 组件，同时会将 Tag-

Context 中的标签共享出来。

9.2.4　关联上下文

标签的跨进程传播也存在一个类似追踪上下文（Trace Context）的 W3C 标准，这个标准称为关联上下文（Correlation Context）。但这个标准目前还处于起草阶段（Draft），网址为 https://w3c.github.io/correlation-context/。关联上下文与 3.4.2 节介绍的追踪上下文（Trace Context）虽然都属于 W3C 的协议，并且它们也都是关注追踪传播问题，但它们传播的内容却不尽相同。追踪上下文传播的是追踪相关的标识符，使用的 HTTP 报头为 traceparent 和 tracestate；而关联上下文则传播追踪相关的键值对，使用的 HTTP 报头则为 Correlation-Context。关联上下文报头可以有多个，它的值格式定义为

name1 = value1 ［; properties1］, name2 = value2 ［; properties2］

也就是说，关联上下文报头的值是使用逗号分隔的键值对，键值之间则使用等号分隔开来。每一个键值对又可以带多个属性，属性与属性之间则使用分号分隔开来。例如：

;k1 = v1;k2;k3 = v3

关联上下文是监控指标的标签或标记传播标准，OpenCensus 以此为基础实现标签在进程间的传播。但显然这个标准并非只可应用于标签或标记传播，也可以用于对追踪或日志等领域的键值对传播。OpenTelemetry 中监控指标的跨进程传播也同样采用了这个标准，所以掌握它显然还是很有意义的。具体到 OpenCensus 的接口实现来说，它同样采用了载体、注入及提取的概念。用户可通过注入操作将标签上下文保存至载体中，然后传播至指定的进程中再通过提取操作将标签上下文还原回来，例如：

```java
public static void main(String[] args) throws Exception {
    Tagger tagger = Tags.getTagger();
    TagContext tagContext = tagger.emptyBuilder()
            .put(TagKey.create("status"), TagValue.create("success"),

  TagMetadata.create(TagMetadata.TagTtl.UNLIMITED_PROPAGATION))
            .build();
    Map<String, String> carrier = new HashMap<>();
    Tags.getTagPropagationComponent().getCorrelationContextFormat()
            .inject(tagContext, carrier, new TagContextTextFormat.Setter<Map<
String, String>>() {
                @Override
                public void put(Map<String, String> carrier, String key, String
value) {
                    carrier.put(key, value);
                }
            });
    System.out.println(carrier);
```

```
      TagContext extractContext = Tags.getTagPropagationComponent().getCorrelation-
ContextFormat()
            .extract(carrier, new TagContextTextFormat.Getter < Map < String,
String >>(){
                @Nullable
                @Override
                public String get(Map < String, String > carrier, String key){
                    return carrier.get(key);
                }
            });
    System.out.println(extractContext);
}
```

示例 9-10　OpenCensus 跨进程传播标签上下文

通过示例 9-10 可以看出，OpenCensus 中监控传播的数据是标签上下文，从代码风格上来看与追踪传播也非常像。追踪中通过 Tracing 获取传播组件，而监控中则通过 Tags 获取传播组件，并且获取传播格式的方法为 getCorrelationContextFormat。但它们在注入和提取操作上基本一致，这也体现了 OpenCensus 致力于统一追踪与监控的设计目标。

9.3　OpenTelemetry 概览

OpenTelemetry 是 OpenTracing 与 OpenCensus 相互妥协的结果。OpenTracing 虽然在追踪领域的设计上更为优雅，但却不包含监控埋点的内容。而 OpenCensus 虽然整合了追踪和监控，但追踪接口的设计却不够理想。OpenTelemetry 则吸收了这两者的优点，并且试图将可观察性中的日志也整合进来。OpenTelemetry 目前已经是 CNCF 的 Sandbox 项目，这使得它有希望成为未来在可观察性领域的行业标准。OpenTelemetry 的官方网站 https://opentelemetry.io，目前还没有正式发布的版本。所有正在进行的开发都在 Github 上进行，网址为 https://github.com/open-telemetry。

与 OpenTracing 和 OpenCensus 类似，OpenTelemetry 也可以分为规范和接口两部分。OpenTelemetry 规范定义了与语言无关的组件、协议等基本概念，而接口则是各种编程语言的具体实现。所以 OpenTelemetry 规范只有一份而接口则有多个，本节主要以 Java 语言的实现为基础做讲解。

9.3.1　体系结构

由于 OpenTelemetry 站在了两个巨人的肩膀上，这使得它在整体设计上更为优雅。从横向来看，OpenTelemetry 可以分为 API 和 SDK 两层，此外还包括发布数据的导出器和一些工具等组件。其中，API 包括公共组件的抽象定义，而 SDK 包括的则是这些公共组件的具体实现。OpenTelemetry 区分 API 和 SDK 的设计思想，显然是从 OpenCensus 分离 opencensus-api 与 opencensus-impl 构件中吸收的经验。这样可以让用户只面向 API 编程，从而屏蔽不同接口实现之间的差异。从纵向来看，OpenTelemetry 则由追踪、监控和日志三条主线组成，这三者还同时共享相同的上下文（Context）传播策略。当然从目前 OpenTelemetry 的进度来看日志还没有被整合进来，即使是追踪和监控这两个领域的实现也还不能做到真正的完善。但从 OpenTelemetry 当前规范和接口的定义来看，基本上已经可以窥探到其最终的样子了。图 9-2 所示为 OpenTelemetry 大致的体系结构。

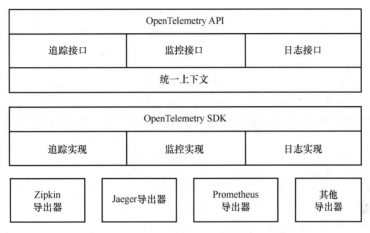

图 9-2　OpenTelemetry 大致的体系结构

　　由图 9-2 可以看出，OpenTelemetry 整体结构上借鉴了 OpenCensus 的设计思想。通过 API 与 SDK 的设计，将用户接口与具体实现隔离开；而通过导出器的设计，则将整个 Open-Telemetry 与具体的后端服务隔离开。所有这些设计最终目标还是为了达成软件组件之间的松散耦合，避免用户与某一种实现方案硬绑定。

9.3.2　核心组件

　　OpenTelemetry 追踪埋点中的核心概念与 OpenTracing 基本一致，主要也包括跨度、采样等基本概念。但在具体接口设计上与 OpenTracing 还是有一些差异，而与 OpenCensus 追踪埋点接口相比较差别就更大了。而 OpenTelemetry 监控埋点中的核心概念则与 OpenCensus 更为接近，但相比 OpenCensus 来说更为清晰。不仅如此，由于有机会重新设计和规划这两个领域的接口，OpenTelemetry 的接口风格上也更为统一。

　　首先，OpenTelemetry 采用 Java 中的 SPI 技术，无缝地实现了 API 与 SDK 之间的关联。具体来说，OpenTelemetry 的 API 中分别定义了 TraceProvider 和 MetricsProvider 两个接口，它们可以理解成是追踪与监控的 SPI 接口。这两个接口都定义了一个 create 方法，TraceProvider 的 create 方法用于创建 TracerProvider，而 MetricsProvider 的 create 方法则用于创建 Meter-Provider。注意 TraceProvider 与 TracerProvider 虽然只有一个字母的差别，但它们的作用却完全不同。TraceProvider 和 MetricsProvider 是 SPI 接口，作用是关联 API 与 SDK，用户最终不会与这两个接口打交道；而 TracerProvider 和 MeterProvider 则可以认为是追踪与监控的入口组件，它们分别用于创建 Tracer 和 Meter 组件，而 Tracer 和 Meter 才是提供给用户管理跨度与指标的最终组件。

　　OpenTelemetry 定义了一个门面类 io. opentelemetry. OpenTelemetry，这个类在实例化时会

采用依据 SPI 规范在类路径中查找 TraceProvider 和 MetricsProvider 两个接口的实现类。所以只要按照 SPI 的规范将实现类放置在类路径中，OpenTelemetry 就可以将它们加载进来。OpenTelemetry 的 Java 构件中不仅提供了 API 定义，还提供了一个默认的 SDK 实现，所以只要同时将它们引入到工程的依赖中就可以将它们关联起来。本书所述内容基于 OpenTelemetry 0.4.0 的 Snapshot 版本，所以在引入时还需要特别指定构件仓库地址：

```xml
<repositories>
    <repository>
        <id>oss.sonatype.org-snapshot</id>
        <url>https://oss.jfrog.org/artifactory/oss-snapshot-local</url>
    </repository>
</repositories>

<dependencies>
    <dependency>
        <groupId>io.opentelemetry</groupId>
        <artifactId>opentelemetry-api</artifactId>
        <version>${opentelemetry.version}</version>
    </dependency>
    <dependency>
        <groupId>io.opentelemetry</groupId>
        <artifactId>opentelemetry-sdk</artifactId>
        <version>${opentelemetry.version}</version>
    </dependency>
    <dependency>
        <groupId>io.opentelemetry</groupId>
        <artifactId>opentelemetry-exporters-prometheus</artifactId>
        <version>${opentelemetry.version}</version>
    </dependency>
    <dependency>
        <groupId>io.prometheus</groupId>
        <artifactId>simpleclient</artifactId>
        <version>0.8.1</version>
    </dependency>
    <dependency>
        <groupId>io.prometheus</groupId>
        <artifactId>simpleclient_httpserver</artifactId>
        <version>0.8.1</version>
    </dependency>
</dependencies>
```

示例 9-11　OpenTelemetry 引入依赖

　　由于示例 9-11 中引入了 Prometheus 导出器依赖，所以最后还将 Prometheus 埋点库中相关的依赖也引入了。由于 Snapshot 版本随时都有可能会发生变化，所以本章基于此版本编写的代码在读者学习时有可能会发生较大变化。但只要读者掌握了 OpenTelemetry 的基本设计思想和原理，相信一定可以依据本章提供的文档链接找到修改代码的方法。

门面类 OpenTelemetry 在加载了 TraceProvider 和 MetricsProvider 实例后，会分别调用它们的 create 方法创建 TracerProvider 和 MeterProvider 实例。而在门面类 OpenTelemetry 中定义的 getTracerProvider 和 getMeterProvider 两个方法，则是最终面向用户提供这两个组件实例的方法。图 9-3 展示了 API 中这些组件之间的关系。

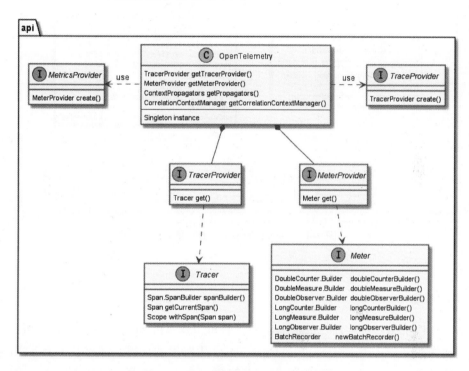

图 9-3　OpenTelemetry API 核心组件

为了能够配置 SDK 中的实现，OpenTelemetry 提供的 SDK 中也定义了一个与 io. opentelemetry. OpenTelemetry 类似的门面类，它就是 SDK 的门面类 io. opentelemetry. sdk. OpenTelemetrySdk。这个类虽然与 API 中的门面类没有语法上的关系，但它们在定义上却十分接近。比如它们的构造方法都是私有的而不能被实例化，所以它们都是通过静态方法向用户提供服务。不仅如此，这两个门面类定义的静态方法也几乎是一样的。比如它们都定义了 getTracerProvider、getMeterProvider 和 getCorrelationContextManager 方法，但 OpenTelemetry 中的这些方法返回的是 API 中的接口定义，而 OpenTelemetrySdk 中则返回这些接口的具体实现类。由于 OpenTelemetrySdk 返回的都是实现类，所以会有更为丰富的方法可以供用户调用，其中就包含了对这些实现类进行配置的一些方法。从使用者的角度来看，从 OpenTelemetry 门面类获得的组件可以直接用于追踪和监控埋点，而通过 OpenTelemetrySdk 获得的组件则可以用于配置这些核心组件。图 9-4 展示了 SDK 中这些组件之间的关系。

本节介绍的这些组件现在看起来比较抽象，但等学习完后续内容再来看这些组件会有新的体会。所以建议读者可以先简单学习一下这些组件，然后结合后续内容再来温习这些组件

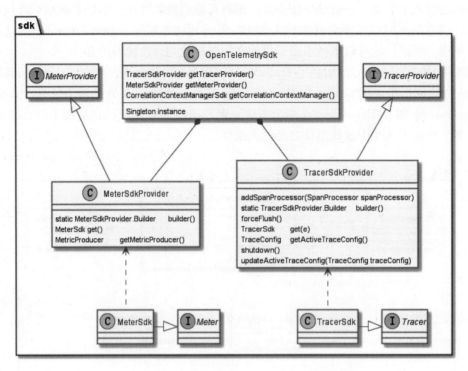

图 9-4　OpenTelemetry SDK 核心组件

及其关系。

9.3.3　上下文

　　上下文（Context）是一种数据传播机制，它可以跨 API 边界和逻辑关联的执行单元传递数据。比如在 Brave、OpenTracing 和 OpenCensus 中跨度的传播，都提及了上下文的概念。OpenTelemetry 致力于定义追踪、监控与日志的统一上下文规范，但在 Java 语言的 API 与 SDK 中并没有定义上下文组件，而是复用了 gRPC 中用于上下文传播的 io. grpc. Context。io. grpc. Context 并非专门用于追踪、监控传播，主要还用于身份认证等安全信息的传播。但它在接口设计上却完全满足 OpenTelemetry 规范的要求，所以直接被复用于 OpenTelemetry 的 Java 实现中。

　　根据 OpenTelemetry 规范的要求，上下文必须要提供根据键设置值和获取值的方法，这两个方法是针对上下文实例的方法。除此以外，上下文还要提供获取当前上下文、绑定当前上下文和解绑当前上下文的全局方法。所谓当前上下文就是与当前执行环境绑定的上下文，比如在同一个线程或同一个进程中，具体到 Java 实现中其实主要就是 ThreadLocal 代表的线程环境。io. grpc. Context 从本质上来说就是采用的 ThreadLocal 机制，但在接口设计上与规范要求还是有一些区别。示例 9-12 展示了一段使用 io. grpc. Context 在线程中共享数据的代码片段：

```
public static void main(String[]args)throws IOException {
    Context. Key key = Context. key("my_key");
```

```
Context context = Context. current (). withValue (key, "my_value");
Context previous = context. attach ();
try {
    System. out. println (key. get ());
} finally {
    context. detach (previous);
}
System. out. println (key. get ());
}
```

示例 9-12　使用 Context

　　由示例 9-12 可以看出 io. grpc. Context 虽然具有规范要求的方法，但从实现细节上看与规范要求仍然有一些区别。首先，io. grpc. Context 具有获取当前上下文、绑定上下文和解绑上下文的方法，但只有获取当前上下文的 current 方法是静态的，而 attach 和 detach 方法则是实例方法。此外，绑定方法返回的上下文为之前绑定的上下文，而解绑上下文时则可以将之前的上下文作为参数传入以恢复为之前的上下文。上下文如果没有父上下文则默认为 Context. ROOT，这个上下文中不保存任何数据。上下文的父子关系可通过其 fork 方法生成，子上下文成为当前上下文后会继承父上下文中的数据。其次，上下文获取键对应的值并不非通过上下文 Context，而是通过键 Context. Key 获取到的。在示例 9-12 中，当上下文绑定为当前上下文后通过 Context. Key 的 get 方法可以获取到数据，而在解绑后就无法再获得到数据了。

　　在 OpenTelemetry 中管理上下文传播的主要组件为 Scope，可以将它理解为上下文有效的范围。为了更好地让 Context 与 OpenTelemetry 结合，OpenTelemetry 中还专门提供了一个工具类 ContextUtils。通过它可以将上下文转换为 Scope，从而以 OpenTelemetry 的方式管理上下文的生命周期，例如：

```
public static void main (String[ ]args) throws IOException {
    Context. Key key = Context. key ("my_key");
    Context context = Context. current (). withValue (key, "my_value");
    try (Scope scope = ContextUtils. withScopedContext (context)) {
        System. out. println (key. get ());
    }

    System. out. println (key. get ());
}
```

示例 9-13　使用 ContextUtils

　　由示例 9-13 所示，由于 Scope 继承了 Closeable 接口，所以可以在 Java 增强的 try 语句块中使用。在 try 语句块结束后 Scope 会被自动关闭，这时再通过 Context. Key 就无法再获取到数据了。

9.3.4　OpenTracing Shim

OpenTelemetry 声称会兼容 OpenTracing，它兼容 OpenTracing 的方式是提供了一个中间层。这个中间层可以将 OpenTracing 与 OpenTelemetry 桥接起来，在 Java 语言的实现中对应的构件就是 OpenTracing Shim，可按示例 9-14 所示的方式将它引入到项目中：

```
<dependency>
    <groupId>io.opentelemetry</groupId>
    <artifactId>opentelemetry-opentracing-shim</artifactId>
    <version>${opentelemetry.version}</version>
</dependency>
```

示例 9-14　引入 OpenTracing Shim

OpenTracing Shim 的基本思想就是生成 OpenTracing 兼容的接口实现，并在实现中将接口调用转发给 OpenTelemetry 的相应组件。由于 OpenTracing 中管理跨度的核心组件也是 Tracer，所以一般只要使用 OpenTracing Shim 生成 OpenTracing 中的 Tracer 就可以了：

```
public static void main(String[]args){
    Tracer tracer=TraceShim.createTracerShim();
    Span span=tracer.buildSpan("opentelemetry-shim-span")
        .withTag("aKey","aValue")
        .start();

    span.finish();
}
```

示例 9-15　使用 OpenTracing Shim 生成 Tracer

如示例 9-15 所示，OpenTracing Shim 惟一对外开放的类为 TraceShim，通过它可直接创建 OpenTracing 中的 Tracer，进而完成从 OpenTracing 到 OpenTelemetry 的桥接。所以在示例 9-15 中创建的 Tracer 实际上是 OpenTracing 中的 Tracer 接口实现，只是在调用它的方法时会将处理逻辑转发给 OpenTelemetry。

9.4　OpenTelemetry 追踪埋点

OpenTracing Shim 是 OpenTelemetry 对 OpenTracing 的桥接，但其底层仍然是采用 OpenTelemetry 自身组件实现跨度管理。OpenTelemetry 中管理跨度的核心组件也被抽象为 Tracer，位于 io.opentelemetry.trace 包中。Tracer 组件由 io.opentelemetry.TracerProvider 创建，而 TracerProvider 则可通过门面类 io.opentelemetry.OpenTelemetry 获取。示例 9-16 展示了一段使用 OpenTelemetry 创建跨度的代码：

```
public static void main(String[]args)throws IOException {
    Tracer tracer = OpenTelemetry.getTracerProvider().get("simple");
    Span span = tracer.spanBuilder("telemetry-span")
            .startSpan();
    try(Scope scope = tracer.withSpan(span)){
        //business code here
        System.out.println(span.getContext());
    } catch(Exception e){
        span.setStatus(Status.UNKNOWN
                .withDescription("exception occur!"));
    } finally {
        span.end();
    }
}
```

示例 9-16　OpenTelemetry 创建跨度

示例 9-16 展示的代码就是 OpenTelemetry 中典型的跨度管理方法，即使用 Scope 在进程内传播跨度，并在发生异常时使用 setStatus 方法设置错误信息。需要注意的是，在 OpenTelemetry 中 Scope 关闭后并不会自动将跨度结束，所以必须要在 finally 块中显式的调用 end 方法结束跨度。

9.4.1　跨度模型

OpenTelemetry 中跨度的核心模型也是 Span，跨度的标识符等关键信息同样也被封装至跨度上下文 SpanContext 中，示例 9-16 中调用 Span 的 getContext 方法获取到的就是 SpanContext 实例。OpenTelemetry 中跨度也有标注和标签的概念，只不过它们的名称是事件（Event）和属性（Attribute）。与标注一样，事件的核心特征也是带有时间戳，作用是对跨度执行的时间分布做细化；而属性则是键值对的集合，目的是给跨度添加标签信息以便于检索。给跨度添加事件可通过 Span 的 addEvent 方法，而添加属性则应该通过 Span 或 Span.Builde 的 setAttribute 方法。也就是说，属性在创建跨度时和跨度生成后都可以添加，而事件则只能在跨度执行期间动态添加。

与 OpenTracing 不同的是，OpenTelemetry 的跨度模型中除了定义父子关系以外，还明确定义了跨度之间的链接（Link）关系。链接的概念与 OpenTracing 中的引用（Reference）差不多，主要的区别是链接并不包括父子关系。在 OpenTracing 中为跨度添加引用，引用指向的跨度有可能会形成父子关系，而在 OpenTelemetry 中添加链接却肯定不会形成父子关系。但在本质上，链接与引用想要描述的事情并无区别。它们都是希望将跨度间的非父子关系也体现在跨度模型中，毕竟父子关系在跨度上下文中已经有所体现。链接与引用的另一个区别是链接可以包含属性，属性可以为关联关系添加更多的标识信息。

链接和引用最典型的应用场景是在批处理业务中，批处理通常是为了提升性能而采取的处理策略。即当调用发生时并不直接处理业务，而是等业务积累到一定数量或超时才处理。

所以一次批处理可能会与多个上游业务存在关联关系，而这种情况再采用父子关系描述调用链路就不合适了。有了引用或链接关系，就可以在调用批处理业务时为批处理跨度添加关联关系，这样在批处理业务执行结束时就可以在跨度数据中看到所有上游业务了。OpenTelemetry 中添加链接的方法为 addLink，示例 9-17 展示了为跨度设置父子关系、添加事件、属性和链接的代码片段：

```
Span parentSpan = tracer. spanBuilder("parent-span")
        . startSpan();
Span linkSpan = tracer. spanBuilder("link-span")
        . startSpan();

Span childSpan = tracer. spanBuilder("child-span")
        . setParent(parentSpan)
        . setAttribute("start. time",System. currentTimeMillis())
        . addLink(SpanData. Link. create(linkSpan. getContext()))
        . startSpan();
childSpan. setAttribute("attr. run","attr. value");
Map attr = new HashMap < String,AttributeValue > ();
attr. put("event. attr",AttributeValue. stringAttributeValue("event.at-
tr. value"));
Event event = SpanData. TimedEvent. create(System. currentTimeMillis() +100,
        "after. start",attr);
childSpan. addEvent(event);
```

示例 9-17　OpenTelemetry 跨度属性、事件与链接

示例 9-17 虽然只为事件添加了属性，但可以通过类似的方式为链接也添加属性。此外，跨度的生命周期自调用 startSpan 方法后开始，直到调用 end 方法结束。跨度默认会以当前系统时间为跨度设置开始和结束时间，但也可通过 setStartTimestamp 显式地设置跨度开始时间。

9.4.2　配置追踪

在 9.3.2 节中曾经介绍过，OpenTelemetry 的配置可通过 SDK 中的门面类 OpenTelemetrySdk 来完成。对于追踪来说就是通过 OpenTelemetrySdk 获取 TracerProvider 的实现类 TracerSdkProvider，然后再通过 TracerSdkProvider 对追踪行为做配置。TracerSdkProvider 提供的配置方法可配置跨度导出器（Exporter）、采样器（Sampler）等，这主要是通过 addSpanProcessor 和 updateActiveTraceConfig 两个方法实现的。

1. SpanProcessor

SpanProcessor 是 OpenTelemetry 中处理跨度的主要方式，它定义的 onStart 和 onEnd 方法就是在跨度生命周期开始与结束时回调的处理方法。这与 Brave 中的 FinishedSpanHandler 在设计思想上非常接近，只不过 FinishedSpanHandler 只在跨度结束时回调，而 SpanProcessor 则

给跨度开始和结束都预留了回调接口。通过 TracerSdkProvider 的 addSpanProcessor 方法可以为跨度添加多个 SpanProcessor，它们会在跨度生命周期中依次被调用。

OpenTelemetry 提供了两个 SpanProcessor 的主要实现类，它们是 SimpleSpansProcessor 和 BatchSpansProcessor。这两个类都可以用于向追踪的后端服务导出跨度数据，所以在创建它们的实例时都需要向它们提供一个 SpanExporter，而 SpanExporter 就是面向后端具体追踪服务的导出器。SimpleSpansProcessor 和 BatchSpansProcessor 的区别在于 SimpleSpansProcessor 会在跨度结束时直接将跨度上报，而 BatchSpansProcessor 则会先缓存跨度至一定数量或超时后才上报。示例 9-18 展示了向 Jaeger 上报跨度的代码片段：

```
JaegerGrpcSpanExporter exporter = JaegerGrpcSpanExporter.Builder.fromEnv()
    .build();
SpanProcessor processor = SimpleSpansProcessor.create(exporter);
OpenTelemetrySdk.getTracerProvider().addSpanProcessor(processor);
//创建跨度的代码
......
processor.forceFlush();
```

示例 9-18　OpenTelemetry 向 Jaeger 上报跨度

由示例 9-18 可见，当前 OpenTelemetry 版本中 Jaeger 的 SpanExporter 是通过 gRPC 形式上报。由于 Jaeger 代理组件（Agent）并没有 gRPC 通道，所以这种上报方式是向 Jaeger 收集组件（Collector）的 14250 端口直接上报。为了保证程序结束后跨度一定会上报至 Jaeger，示例 9-18 中还特意调用了 SpanProcessor 的 forceFlush 方法，它可以强制将已经结束的跨度上报至 Jaeger。除了像示例 9-18 那样显式添加 SpanProcessor 的方式导出跨度数据以外，JaegerGrpcSpanExporter.Builder 还提供了一个 install 方法可以直接设置跨度导出，如示例 9-19 所示：

```
JaegerGrpcSpanExporter.Builder.fromEnv()
    .install(OpenTelemetrySdk.getTracerProvider());
//创建跨度的代码
......
OpenTelemetrySdk.getTracerProvider().shutdown();
```

示例 9-19　OpenTelemetry 中直接安装 Jaeger 导出器

按示例 9-19 中的方式安装 Jaeger 导出器虽然方便，但由于跳过了创建 SpanProcessor 的过程，所以也就无法拿到 SpanProcessor 的引用并调用 forceFlush 方法了。为了保证跨度在这种情况下也能上报，可以像示例 9-19 那样调用 TracerSdkProvider 的 shutdown 方法。该方法在显式关闭 TracerSdkProvider 的同时，会将未上报的跨度全部上报至追踪服务端。

与 Zipkin 相对应的 SpanExporter 虽然也已经开发出来，但目前还没有正式发布并且还只是包内可见的类。也就是说使用当前版本的 OpenTelemetry 追踪埋点库还不能向 Zipkin 上报跨度，但从其接口设计来看未来的使用方法跟 Jaeger 应该没有太大区别。示例 9-20 展示了向 Zipkin 上报跨度时的伪代码：

```
OkHttpSender sender = OkHttpSender.create ("http://localhost:9411/api/v2/
spans");
ZipkinExporterConfiguration config = ZipkinExporterConfiguration.builder()
        .setServiceName("test")
        .setSender(sender)
        .build();
ZipkinSpanExporter expoter = ZipkinSpanExporter.create(config);
SpanProcessor processor = SimpleSpansProcessor.create(expoter);
OpenTelemetrySdk.getTracerProvider().addSpanProcessor(processor);
```

示例 9-20　OpenTelemetry 向 Zipkin 上报跨度

示例 9-20 虽然只是伪代码，但其中只有 ZipkinSpanExpoter 因为是包内可见而不能使用。除此之外，其他的代码都符合语法可以执行。ZipkinSpanExpoter 位于 io. opentelemetry. exporters. zipkin 包中，笔者认为在未来正式发布时，大体的代码逻辑应该不会有太大变化。

2. TraceConfig

TraceConfig 是 OpenTelemetry 中追踪相关的配置类，通过它可以配置追踪的采样器以及事件、属性、链接等数量的上限。默认情况下，OpenTelemetry 中采用的采样器会将所有跨度都上报，而跨度的属性、事件和链接的数量上限分别为 32、128 和 32 个。此外事件和链接也可以设置属性，属性的数量上限则都是 32 个。

OpenTelemetry 中采样器被定义在 SDK 中，具体为 io. opentelemetry. sdk. trace. Sampler。OpenTelemetry 虽然提供了三种采样器的具体实现，但它们都被定义为另一个工具类 Samplers 的私有类，只能通过 Samplers 的静态方法创建，即 Samplers. alwaysOn()、Samplers. alwaysOff() 和 Samplers. probability（double probability）。示例 9-21 展示了通过 TraceConfig 设置各种数量上限及采样器的代码片段：

```
TraceConfig config = TraceConfig.getDefault()
        .toBuilder()
        .setMaxNumberOfAttributes(10)
        .setMaxNumberOfLinks(10)
        .setMaxNumberOfEvents(10)
        .setSampler(Samplers.alwaysOn())
        .build();
OpenTelemetrySdk.getTracerProvider().updateActiveTraceConfig(config);
```

示例 9-21　OpenTelemetry 设置追踪采样器和其他属性

除了使用 TraceConfig. getDefault() 方法生成默认 TraceConfig 的实例以外，也可以通过 TracerSdkProvider 的 getActiveTraceConfig 方法获取已经生效的 TraceConfig，在此基础上修改 TraceConfig 可以保留之前已经生效的一些设置。

9.4.3　跨进程传播

OpenTelemetry 跨度在进程内传播与其他埋点库类似，在示例 9-16 中使用的 Scope 对象就是管理跨度在进程内传播的核心组件。跨进程传播跨度使用的组件则为 ContextPropagators，位于 io. opentelemetry. context. propagation 包中，可通过门面类 OpenTelemetry 的 getPropagators 方法获取到。ContextPropagators 可以认为是跨进程传播方式的集合，通过它可以获取到所有 OpenTelemetry 支持的传播格式或协议。目前正在开发的版本中默认只支持 W3C 的追踪上下文（Trace Context）协议，但只要添加相应的构件也可以支持 Zipkin 的 B3 传播协议。

1. Trace Context 协议

总的来看，OpenTelemetry 的跨进程传播设计思想与 OpenTracing、OpenCensus 类似，也是通过载体（Carrier）的形式注入和提取跨度数据。但在 OpenTelemetry 中向载体注入的上下文并不是跨度上下文 SpanContext，而是采用 9.3.3 节中介绍的 gRPC 上下文 io. grpc. Context。如示例 9-22 所示：

```
Map < String,String > carrier = new HashMap < > ();
Span span = tracer. spanBuilder ("telemetry-span")
      . startSpan ();
Scope scope = tracer. withSpan (span);
System. out. println (Context. current ());
OpenTelemetry. getPropagators ()
      . getHttpTextFormat ()
      . inject (Context. current (),carrier,(c,key,value)- > c. put (key,value));
System. out. println (carrier);
scope. close ();
span. end ();
```

示例 9-22　OpenTelemetry 向载体注入跨度

示例 9-22 采用 Map 作为传播跨度的载体，在实际应用中一般还是通过 HTTP 报头作为载体，这只需要定义相应的 HttpTextFormat. Setter 即可。此外由于注入的对象是 io. grpc. Context，所以首先必须要通过 Tracer 的 withSpan 方法将跨度置于上下文中。这时带有跨度数据的上下文会成为当前上下文，调用 Context. current() 方法就可以得到这个上下文。与注入类似，OpenTelemetry 从载体中提取出来的也是 io. grpc. Context，如示例 9-23 所示：

```
Context context = OpenTelemetry. getPropagators ()
      . getHttpTextFormat ()
      . extract (Context. current (),carrier,(c,key)- > c. get (key));
Scope scope = ContextUtils. withScopedContext (context);
Span span = tracer. spanBuilder ("child-span")
      . startSpan ();
System. out. println (carrier);
```

```
System. out. println(span. getContext());
scope. close();
span. end();
```

示例 9-23　OpenTelemetry 从载体提取跨度

如示例 9-23 所示，通过 HttpTextFormat 的 extract 方法可从载体中提取 io. grpc. Context。由于不能直接通过 io. grpc. Context 创建跨度，所以示例 9-23 中通过 ContextUtils 的 withScope-dContext 方法将上下文关联到追踪中，这样创建出来的新跨度就会自动成为子跨度了。

2. B3 协议

早期 OpenTelemetry 版本中直接支持使用 B3 协议传播跨度，但在后期版本中对 B3 传播协议的支持被转移至其他构件中了。所以如果想要添加对 B3 协议的支持，首先就需要按示例 9-24 的方式添加构件：

```
< dependency >
    < groupId >io. opentelemetry </groupId >
    < artifactId >opentelemetry-contrib-trace-propagators </artifactId >
    < version > $ {opentelemetry. version} </version >
</dependency >
```

示例 9-24　OpenTelemetry 添加 B3 协议支持构件

添加了示例 9-24 中的构件后，还要为 ContextPropagators 添加新的 HttpTextFormat。门面类 OpenTelemetry 中包含一个 setPropagators 方法，可以设置用户自定义的 ContextPropagators，例如：

```
OpenTelemetry. setPropagators(DefaultContextPropagators. builder()
    .addHttpTextFormat(new B3Propagator())
    .build());
```

示例 9-25　OpenTelemetry 自定义 ContextPropagators

由示例 9-25 可见，通过 DefaultContextPropagators. builder() 生成创建 ContextPropagators 的构建类，然后再通过 addHttpTextFormat 方法即可为其添加新的编码协议。示例 9-25 中使用的 B3Propagator 就是支持 B3 传播协议的格式，添加后会在注入的载体中增加符合 B3 传播协议的数据。

9.5　OpenTelemetry 监控埋点

OpenTelemetry 监控埋点与追踪埋点在编程风格上非常接近，管理监控指标数据的组件为 Meter，而 Meter 实例也可以间接通过门面类 OpenTelemetry 获取。Meter 属于 OpenTeleme-try 监控 API 中的组件，位于 io. opentelemetry. metrics 中，它的作用与追踪 API 中的 Tracer 类似。通过 Tracer 组件可以创建追踪中使用的跨度，而通过 Meter 则可以创建监控中使用的各种指标。示例 9-26 展示了通过 Meter 创建计数器指标的代码片段：

```
Meter meter = OpenTelemetry.getMeterProvider().get("opentelemetry");
LongCounter counter = meter.longCounterBuilder("test.counter")
    .setUnit("l")
    .setDescription("test counter")
    .build();
counter.add(10);
```

示例 9-26　OpenTelemetry 创建计数器指标

示例 9-24 通过 Meter 的 longCounterBuilder 方法创建了一个 LongCounter，这是一个整数类型的计数器指标。OpenTelemetry 中的计数器可以暂且理解为是一个单调增加的指标，所以默认情况下它的 add 方法只能使用正整数为参数。OpenTelemetry 向 Prometheus 导出监控指标的方式，也是通过向 Prometheus 全局注册表 CollectorRegistry.defaultRegistry 注册 Collector 的形式实现。OpenTelemetry 定义了一个 Collector 实现类 PrometheusCollector，通过它可以将 OpenTelemetry 生成的指标以 HTTP 形式导出，如示例 9-27 所示：

```
MeterSdkProvider provider = OpenTelemetrySdk.getMeterProvider();
PrometheusCollector.newBuilder()
    .setMetricProducer(provider.getMetricProducer())
    .buildAndRegister();

new HTTPServer(12345);
```

示例 9-27　OpenTelemetry 向 Prometheus 导出指标

在示例 9-27 中，通过 setMetricProducer 方法将 PrometheusCollector 与 OpenTelemetry 的 MetricProducer 关联起来，而通过 MetricProducer 则可以获取到所有指标。

9.5.1　埋点工具

OpenTelemetry 指标被抽象为 Instrument 接口，它位于 io.opentelemetry.metrics 包中，这与 OpenCensus、Prometheus 中的名称都不相同。OpenTelemetry 这种在指标名称上的变化，体现了人们对监控指标认识的深化。OpenTelemetry 认为指标类型之所以会在类型上有区别，是因为它们在埋点方式上有所不同，而 Instrument 的中文含义就是埋点工具。换句话说，OpenTelemetry 只是定义了不同的埋点工具，而不同的埋点工具则会产生不同类型的指标数据。Instrument 接口共有三种类型的子接口，它们是 Counter、Measure 和 Observer，代表了计数器、测度和观察者等三种埋点工具。由于指标数值包括整型和浮点型两种，所以每一种埋点工具又包括两种具体数据类型的子接口。比如 Counter 接口就有两个子接口，它们是 LongCounter 和 DoubleCounter。

所有 Instrument 的子接口都定义在 OpenTelemetry 的 API 中，而它们的实现则定义在 SDK

中。对于最终用户来说，一般需要通过 Instrument. Builder 来构建具体的埋点工具。比如在示例 9-26 中通过 Meter 组件的 longCounterBuilder 方法，获取到的就是 LongCounter 的构建类。Meter 为每一种类型的埋点工具都提供了创建构建类的方法，所以通过 Meter 组件就可以创建所有类型的埋点工具。通过 Instrument. Builder 可以设置埋点工具的计量单位、描述等基本信息，这与 OpenCensus 中定义的测度又比较接近。

OpenTelemetry 默认 SDK 中也采用了注册表机制管理埋点工具，当通过 Meter 创建具体埋点工具实例时都会向注册表中注册。注册表在 SDK 中被抽象为 InstrumentRegistry，位于 io. opentelemetry. sdk. metrics 包中。通常来说用户并不需要直接与这个注册表打交道，它通常只在导出监控指标时由导出器使用。比如在示例 9-27 中使用的 MetricProducer，它就定义了一个获取所有监控指标的 getAllMetrics 方法，而这个方法就必须要访问 InstrumentRegistry 以获取所有注册的埋点工具。

1. Counter

Counter 类型的埋点工具比较简单，默认情况下它就是一个单调增长的计数器。在示例 9-26 中已经展示了它的用法，它只有一个收集数据的方法 add 用于累加。但在 OpenTelemetry 中，Counter 也可以设置成非单调增长的计数器。也就是说可以将它设置成允许减小的计数器，这可通过 Counter 构建类的 setMonotonic 方法实现，例如：

```
LongCounter counter = meter. longCounterBuilder("test. counter")
        . setUnit("l")
        . setDescription("test counter")
        . setMonotonic(false)
        . build();
counter. add(-10);
```

示例 9-28　OpenTelemetry 设置 Counter 非单调增长

默认情况下，当向 Counter 的 add 方法传入负数时会抛出异常。但是如果像示例 9-28 那样通过 setMonotonic 方法将 Counter 的单调增长设置为 false，则可以向 add 方法传入负数。事实上，OpenTelemetry 规范中将埋点工具区分为累加（Additive）和非累加（Non-Additive）两个大类。Counter 和 Observer 这两种埋点工具就属于累加类型，而 Measure 则属于非累加类型。对于累加类型的埋点工具，OpenTelemetry 又将它们分为单调（Monotonic）和非单调（Non-Monotonic）两大类。单调埋点工具只允许采集的数据为正数，而非单调埋点工具则可以采集负数。比如计数器在规范中分为 Counter 和 UpDownCounter 两类，Counter 属于单调计数器，而 UpDownCounter 则属于非单调计数器。只是在 Java 版本的实现中并没有将它们区分得那么细致，而是通过 setMonotonic 设置它们是否为单调类型。

2. Observer

Observer 类型的埋点工具通过设置回调函数收集监控指标，它会在导出或上报监控指标时执行回调函数，而回调函数中则定义了收集指标数据的逻辑。Observer 与 Counter 一样也属于累加类型的埋点工具，所以它采集的监控指标也应该是累加数据。两者区别在于 Counter 是一种同步（Synchronous）累加，而 Observer 则是异步累加（Asynchronous）。简单来说，

Counter 会在前一次累加的基础上做累加，它每一次采集的监控数值都会累加到指标上；而 Observer 每一次采集到的监控数值就是指标的最终累加值，也就是它不会在之前的数值上再做累加。如果与 Prometheus 指标类型类比的话，Observer 采集到的就是 Gauge 类型的指标，或者是 OpenCensus 中的 Aggregation. LastValue 聚合。

　　由于属于累加类型的埋点工具，所以 Observer 也分为单调和非单调两种类型。在 OpenTelemetry 规范中它们分别是 SumObserver 和 UpDownSumObserver，而在 Java 语言的定义中则是通过 setMonotonic 设置它们是否为单调类型。与 Counter 埋点工具不同的是，Observer 在默认情况下是非单调类型的埋点工具。Observer 也只有一个与埋点相关的方法，这就是用于设置回调函数的 setCallback 方法，如示例 9-29 所示：

```
Meter meter = OpenTelemetry. getMeterProvider (). get ("opentelemetry");
LongObserver observer = meter. longObserverBuilder ("test. observer")
     .setUnit ("By")
     .setDescription ("free. mem. size")
     .setMonotonic (true)
     .build ();
observer. setCallback (result- > result. observe (Runtime. getRuntime (). freeMemo-
ry ()));
```

示例 9-29　OpenTelemetry 使用 Observer 埋点

　　setCallback 方法接收的参数为 Instrument. Callback 类型，示例 9-29 采用了 Lambda 表达式的形式设置了该参数，当然也可以使用自定义类或内部类的形式创建该参数。当发布或上报监控指标时，OpenTelemetry 会执行中 Instrument. Callback 的代码将数据采集出来。

3. Measure

　　尽管 Measure 埋点工具在名称上与 OpenCensus 中的测度（Measure）完全相同，但它们却是完全不相同的概念。Measure 在 OpenTelemetry 中是一种埋点工具，最终会形成一种特定类型的指标；而 Measure 在 OpenCensus 中则是测量的种类，它与 OpenTelemetry 中的 Instrument. Builder 更为接近。

　　Measure 属于非累加类型的埋点工具，这体现在它采集的监控数据并非累加值，而是某一指标的一系列状态，比如请求处理的时间、CPU 占用率等。所以 Measure 埋点工具采集监控指标的方法为 record，它可以在每次业务执行时都做记录。这些记录下来的数据是离散的而非累积的，对应到 Prometheus 指标类型为概要或直方图，例如：

```
Meter meter = OpenTelemetry. getMeterProvider (). get ("opentelemetry");
LongMeasure measure = meter. longMeasureBuilder ("request. process. time")
     .setDescription ("request process time")
     .setUnit ("ms")
     .build ();
measure. record (380);
```

```
measure.record(810);
measure.record(450);
measure.record(672);
```

示例9-30　OpenTelemetry 使用 Measure 埋点

示例 9-30 调用了多次 record 方法，但在实际应用时它们在业务方法中应该只调用一次。在业务方法多次执行后，就会自然而然形成多条记录数据。

9.5.2　标记绑定

OpenTelemetry 中标记（Label）的概念与 Prometheus 中一样，也是用于进一步细化指标的维度。在 OpenTelemetry 中为指标添加标记有三种方式，一是在创建埋点工具时添加标记，另一种方式是在采集指标数据时动态添加，最后一种则是通过生成 InstrumentWithBinding.BoundInstrument 类型的埋点工具与特定的标记绑定。

在创建埋点工具时添加的标记将会出现在所有由该工具生成的指标中，所以它们也被 OpenTelemetry 称为常量标记（Constant Labels）。常量标记由 Instrument.Builder 中的 setConstantLabels 方法设置，它接收由标记键值对组成的 Map 对象作为参数，例如：

```
Meter meter = OpenTelemetry.getMeterProvider().get("opentelemetry");
LongCounter counter = meter.longCounterBuilder("label.counter")
      .setUnit("1")
      .setDescription("counter with label")
      .setConstantLabels(Collections.singletonMap("aKey","aValue"))
      .build();
counter.add(10);
counter.add(20,"xKey","xValue");
```

示例9-31　OpenTelemetry 添加标记

在示例 9-31 中通过 setConstantLabels 方法设置了常量标记，它将出现在所有由 counter 生成的指标中。而后续两个 add 方法会生成两个独立的指标，它们都会包含键名为 aKey 的标记，但只有后面一个才会包含键名为 xKey 的标记。所有埋点工具的采集方法都可以接收可变长的键值对为参数，所以它们都可以设置多组标记，但必须按键、值的顺序成对出现，例如：

```
longMeasure.record(20,"measureKey","measureValue");
longObserver.setCallback(result->
      result.observe(100,"observerKey","observerValue"));
```

示例9-32　OpenTelemetry 为 Measure 和 Observer 添加标记

由示例 9-32 可见，为 Measure 添加标记与 Counter 的 add 方法类似，而 Observer 则是在回调函数中添加标记。但总的来说它们都相当于是在数据收集时才添加标记，这是它们与常量标记的最显著区别。

最后一种添加标记的方法是采用了一种新的埋点工具类型 BoundInstrument，它是 InstrumentWithBinding 的内部接口。BoundInstrument 与 Instrument 一样都属于埋点工具，只不过是与一些标记绑定了起来特殊埋点工具。BoundInstrument 的创建与 Instrument 有很大区别，因为它是通过 InstrumentWithBinding 的 bind 方法创建出来的，而 InstrumentWithBinding 又是 Instrument 的子类。换句话说，创建 BoundInstrument 首先要创建不带标记的埋点工具，再通过 bind 方法将它与标记绑定起来。而在 Instrument 所有子类型中，Counter 和 Measure 属于 InstrumentWithBinding 的子类型。也就是说只有 Counter 和 Measure 才可以创建 BoundInstrument，而 Observer 则不行。BoundInstrument 虽然和 Instrument 无继承关系，但它却与 Instrument 一样也属于埋点工具。所以它也有类似 Counter 和 Measure 的具体子类型，它们是 DoubleCounter. BoundDoubleCounter、DoubleMeasure. BoundDoubleMeasure、LongCounter. BoundLongCounter 和 LongMeasure. BoundLongMeasure。这部分内容描述起来比较复杂，但通过代码示例可能就比较容易理解了。例如：

```
LongCounter longCounter =meter.longCounterBuilder("bind.counter")
    .build();
LongCounter.BoundLongCounter boundCounter1 =longCounter.bind("key","value");
LongCounter.BoundLongCounter boundCounter2 =longCounter.bind("key","value");
boundCounter1.add(10);
boundCounter2.add(20);
System.out.println(boundCounter1 ==boundCounter2);
```

示例 9-33　OpenTelemetry 使用 BoundInstrument

在示例 9-33 中，longCounter 是一个普通的 Instrument 实例，通过它的 bind 方法将它与一个标记绑定了起来。绑定后生成的实例 boundCounter1 和 boundCounter2 就是 BoundInstrument 的实例，而它们可以像 Instrument 实例一样当成是埋点工具使用。尽管示例 9-33 通过 longCounter 生成了两个 BoundInstrument 实例，但它们实际上是指向相同对象的引用，所以 boundCounter1 == boundCounter2 返回的结果是 true。这是因为它们在调用 bind 方法时绑定了相同的标记，不仅键名称相同值也相同，所以它们会被 OpenTelemetry 认为是同一监控指标。尽管在示例 9-33 中它们分别调用了 add 方法，但最终体现出来的指标数据将是二者的累加值 30。

由此可见，OpenTelemetry 维护了两套埋点工具的体系，它们是 Instrument 和 BoundInstrument。BoundInstrument 是通过 Instrument 中的 InstrumentWithBinding 类型创建，这些类之间的关系如图 9-5 所示。

限于版面，图 9-5 并未完整描述组件间的所有关联关系。比如所有的 BoundInstrument 组件都是定义为相应 Instrument 组件的内部接口，还有所有 Instrument 子接口也都定义了相应的 Instrument. Builder 的实现。但如果将所有这些关联关系都加入图 9-5 中，会让图显得非常乱，希望读者可以在图 9-5 的基础上结合文档去厘清它们的关系。

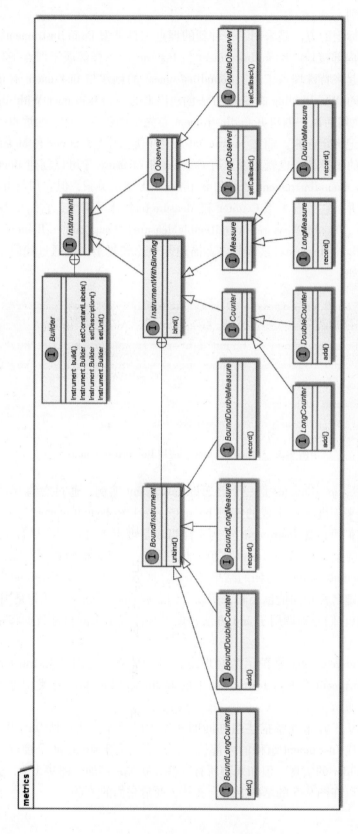

图 9-5 Instrument 和 BoundInstrument 之间的关系

9.5.3　标记传播

OpenTelemetry 监控传播也同样是传播标记，无论是进程内传播还是进程间传播。Open-Telemetry 进程内传播与 OpenCensus 非常接近，只不过上下文不是 TagContext 而是 Correla-tionContext，它的名称显然与 W3C 标准更为接近。通过 OpenTelemetry 门面类可以获取到 CorrelationContextManager，而通过它则可以进一步构建 CorrelationContext。在创建好 Correla-tionContext 后，通过 CorrelationContextManager 的 withContext 方法可以按 Scope 的方式在线程内共享上下文，如示例 9-34 所示：

```
Meter meter = OpenTelemetry.getMeterProvider().get("opentelemetry");
EntryMetadata entryMetadata = EntryMetadata.create(EntryMetadata.EntryTtl.
UNLIMITED_PROPAGATION);
CorrelationContext correlationContext = OpenTelemetry.getCorrelationContext-
Manager()
        .contextBuilder()
        .put(EntryKey.create("a"),EntryValue.create("b"),entryMetadata)
        .put(EntryKey.create("x"),EntryValue.create("y"),entryMetadata)
        .build();

Scope scope = OpenTelemetry.getCorrelationContextManager()
        .withContext(correlationContext);
LongCounter counter = meter.longCounterBuilder("test")
        .setDescription("for test")
        .build();
counter.add(10);
scope.close();
```

示例 9-34　OpenTelemetry 进程内传播标记

由示例 9-34 可以看出，OpenTelemetry 进程内共享标记的代码与追踪非常相似，只不过共享的内容并不相同罢了。但需要说明的是，由于 OpenTelemetry 还处于开发阶段，示例 9-32 中的代码并不一定可以正确执行，并且在未来的发布版本中很有可能会有比较大的变化。但是通过示例 9-34 中的代码片段，基本上已经可以窥探到 OpenTelemery 在进程内共享标记的大体设计思路了。

与进程内传播类似，OpenTelemery 跨进程传播标记的开发也没有完成。但相信与示例 9-22 和示例 9-23 中代码不会有太多的出入，只是需要将其中 Scope 生成的代码替换成示例 9-34 中的样子。毕竟 OpenTelemetry 的目标之一就是想用统一的上下文将它们整合起来，相信在未来正式发布的版本中代码风格只会更为接近，例如：

```
Map < String,String > carrier = new HashMap < > ();
EntryMetadata entryMetadata = EntryMetadata.create(EntryMetadata.EntryTtl.
UNLIMITED_PROPAGATION);
```

```
CorrelationContext correlationContext = OpenTelemetry.getCorrelationContext-
Manager()
        .contextBuilder()
        .put(EntryKey.create("a"),EntryValue.create("b"),entryMetadata)
        .put(EntryKey.create("x"),EntryValue.create("y"),entryMetadata)
        .build();
Scope scope = OpenTelemetry.getCorrelationContextManager()
        .withContext(correlationContext);
OpenTelemetry.getPropagators()
        .getHttpTextFormat()
        .inject(Context.current(),carrier,(c,key,value)->c.put(key,value));
scope.close();
```

示例 9-35　OpenTelemetry 跨进程传播标记

示例 9-35 中先通过 CorrelationContextManager 创建标记上下文 CorrelationContext 并在进程内共享，然后再通过 ContextPropagators 将其注入到 Map 对象代表的载体中。事实上，门面类 OpenTelemetry 提供了设置自定义 ContextPropagators 的方法，可以像示例 9-25 中那样设置自定义的 ContextPropagators 以支持标记传播。只是在目前的版本中还没有添加对关联上下文（Correlation Context）协议的支持，相信在未来正式发布的版本中一定会相应的组件供用户使用。